ZHONGDENGZHIYEXUEXIAOJIXIELEIZHUANYEGUIHUAJIAOCAI

中等职业学校机械类专业规划教材

U0727304

钳工工艺及实训

QIANGONGGONGYIJISHIXUN

主　编：李东明　秦代华

副主编：刘　军　王　丹　袁智强　唐以贵

参　编：柴彬堂　杨泽群　贺贵川　江　念

　　　　王大鹏　周禄康　陈　燚　邱　庆

国家一级出版社　全国百佳图书出版单位

西南师范大学出版社

内容简介

本教材以培养技能型人才为出发点，根据"理实一体化"原则，力求体现国家倡导的"以就业为导向，以能力为本位"的精神，结合国家劳动和社会保障部制定的职业技能鉴定标准，采用项目教学法，明确技能训练项目，紧贴技能鉴定要求，将工艺知识贯穿于每个项目和任务的操作过程之中。

全书共5个模块，主要内容包括：钳工概述、钳工基本技能、锉配、钳工技能综合运用、技能鉴定训练。

本书主要用作技校、中职、高职、高专学校的教学用书，也可用作培训部门、职业技能鉴定机构、再就业和农村劳动力转移培训机构的教材及相关从业人员的参考书。

图书在版编目(CIP)数据

钳工工艺及实训/李东明，秦代华主编.—重庆：
西南师范大学出版社，2010.5(2020.1重印)
中等职业学校机械类专业规划教材
ISBN 978-7-5621-4913-2

Ⅰ.①钳… Ⅱ.①李…②秦… Ⅲ.①钳工－工艺－
专业学校－教材 Ⅳ.①TG9

中国版本图书馆 CIP 数据核字(2010)第 077678 号

钳工工艺及实训

主编:李东明　秦代华

出 版 人:周安平
总 策 划:刘春卉　杨景罡
策　　划:李玲
责任编辑:王　宁　曾　文
封面设计:戴永曦
责任照排:夏　洁
出版发行:西南师范大学出版社
　　　　(重庆·北碚　邮编:400715
　　　　网址:www.xscbs.com)
印　　刷:重庆荟文印务有限公司
幅面尺寸:185 mm×260 mm
印　　张:15.5
字　　数:417 千字
版　　次:2010 年 7 月第 1 版
印　　次:2020 年 1 月第 6 次
书　　号:ISBN 978-7-5621-4913-2
定　　价:39.00 元

尊敬的读者，感谢您使用西师版教材！如对本书有任何建议或要求，请发送邮件至 xszjfs@126.com。

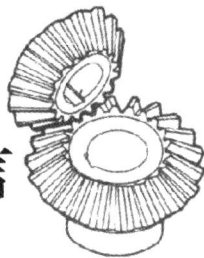

教育部《关于进一步深化中等职业教育教学改革的若干意见》(教职成[2008]8号)明确指出:必须以邓小平理论和"三个代表"重要思想为指导,深入贯彻落实科学发展观,认真贯彻党的教育方针,全面实施素质教育;坚持以服务为宗旨、以就业为导向、以提高质量为重点,面向市场、面向社会办学,增强职业教育服务社会主义现代化建设的能力;深化人才培养模式改革,更新教学内容,改进教学方法,突出职业道德教育和职业技能培养,全面培养学生的综合素质和职业能力,提高其就业创业能力.

职业教育在教学工作中如何体现"以全面素质为基础,以职业能力为本位,以提高技能水平为核心"的教学指导思想,如何处理提高学生的文化素质与强化技能培训的关系、职业岗位需要与终身学习需要的关系以及扩大专业服务面向与加强职业岗位针对性的关系;在课程模式上,如何从具体国情出发,引进、借鉴国外经验,适应工学结合、校企合作等人才培养模式的需要,创新课程模式;在课程结构上,如何改变学科课程结构,实现课程的模块化、综合化;在教材建设中,如何改变传统的学科型教材,开发和编写符合学生认知和技能养成规律,体现以应用为主线,具有鲜明职业教育特色的教材体系及其配套的数字化教学资源.这些都是职教工作者需要思考的问题.

为了切实贯彻落实上述教学指导思想,西南师范大学出版社联合相关学会组织,邀请高校专家、中职一线教师及企业工程技术人员,结合重庆实际,注重应用性、普适性和前瞻性,以够用、实用为原则,共同开发编写了这套教材.

这套教材的特色在于,严格按照《教育部关于制定中等职业学校教学计划的原则意见》(教职成[2009]2号),紧密结合"机械类专业人才培养方案及教学内容体系改革的研究"与重庆市教育科学规划重点课题《重庆中等职业教育战略发展研究》的成果来编写.一方面把最新的技术信息和科研成果引入教材,有效避免了书本知识与实际应用之间脱节;另一方面严格遵照职业教育教学规律,运用较强的理论基础和典型的操作技能,把企业中最新发展的技术和知识结构灵活地固化为教学内容,保证教材的科学性和可接受性,充分反映区域和行业特色,紧贴社会实际,紧贴就业市场.

这次教材编写还注重突出以下几个方面：

1. 坚持以能力为本位，重视实践能力的培养，突出职业技术教育特色．根据机械类专业学生所从事职业的实际需要，合理确定学生应具备的能力结构与知识结构，对教材内容的深度、难度做了较大程度的调整．同时，进一步加强实践性教学内容，以满足企业对技能型人才的需求．

2. 根据科学技术发展，合理更新教材内容，尽可能多地在教材中充实新知识、新技术、新设备和新材料等方面的内容，力求使教材具有鲜明的时代特征．同时，在教材编写过程中，严格贯彻最新的国家有关技术标准．

3. 努力贯彻国家关于职业资格证书与学历证书并重、职业资格证书制度与国家就业制度相衔接的政策精神，力求使教材内容涵盖有关国家职业标准（中级）的知识和技能要求．

4. 在教材编写模式方面采用项目教学，尽可能使用图片、实物照片或表格等形式将各个知识点生动地展示出来，力求给学生营造一个更加直观的认知环境．同时，针对相关知识点，设计了很多贴近生活的导入和互动性训练等，意在拓展学生思维和知识面，引导学生自主学习．

学校是学生走向社会的起点，教材是教学的基础，没有高质量的教材，就不可能有高质量的教学．希望这套中职机械类专业规划教材的编写出版，能提升中职学校机械类课程的教学水平，为中职学生专业发展和终身学习奠定基础！

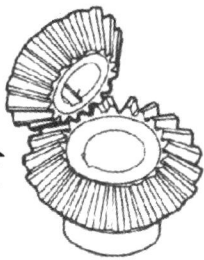

为适应职业教育的发展形势,提高学生的动手技能,培养学生的工作能力,以更好地服务于社会,本教材以项目式教学法为主线,突出以任务为引领,以能力为本位的教学理念,将"学"与"用"相联系,将"知识"与"技能"相融合,将"项目任务"和"生产实际"相结合,力求做到"实在、实用、适度",增强实训教学的生动性、趣味性和创造性.

钳工是传统工种,人们在长期的生产活动中积累了大量的经验和智慧.由于信息时代的来临和大量新技术、新工具的广泛使用,部分过去必须靠手工操作的工作逐步被现代化的设备替代,这是科技发展的必然趋势.这便会给人们一个错觉:"认为钳工没有技术含量甚至会被淘汰".这种认识的直接结果是造成我国技工人才的青黄不接,广州、深圳等地区早已出现了高级钳工的薪酬超过研究生的现象.实际上,先进的设备也需要灵巧的双手去驾驭和淋漓尽致的发挥,钳工的本质是训练一双灵巧的双手和积累丰富的工艺知识,比如一个合格的模具钳工就需要驾驭各种数控设备和常规设备及钳工工具,然后凭借自己丰富的工艺知识和灵巧的双手组织生产,将一套套生产美轮美奂产品的模具制作出来.但是,即使是操作过十分高端的数控设备的数控操作人员,也无法替代模具钳工进行生产.

本书共分5个模块,共17个项目.由李东明、秦代华主编,李东明统稿,其中钳工概述、锉削(平面锉削)、钻削、绞手制作、小虎钳制作由李东明编写;划线、錾削、锉削(曲面锉削)、角度样板锉配由秦代华编写;锯割、T形体锉配由袁智强编写;矫正与弯曲、四方体锉配由唐以贵编写;铆接、刮削与研磨、六角形体锉配、小角尺制作、技能鉴定模拟训练由王丹编写;划规制作由刘军编写;另外柴彬堂、杨泽群、贺贵川、江念、王大鹏、周禄康、陈燚、邱庆等同志参加了本书的部分章节的编写和绘图工作.在内容上,本书添加了部分新工艺和新工具等内容,拓宽了知识面.同时,每个项目和任务注意了学时的弹性问题,以满足不同学校、不同专业、不同对象、不同课时的教学和使用的需要.

本书是中等职业学校机械类专业的教学用书,可作为其他工科类专业的教材,也可作为高职高专机械类专业用教材,还可作为各级各类社会培训教材和钳工从业人员的参考书.

由于编者水平有限,加上时间仓促,书中缺点和讹误在所难免,恳请广大专家和读者批评指正,以利于我们再版时修正和改进.读者的建议和问题可发送至邮箱:936471453@qq.com.

目录

MULU

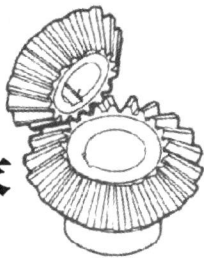

模块一 钳工概述

模块描述

钳工是使用手工工具并经常在台虎钳上进行手工操作的一个工种.钳工主要从事各种工具、量具、刀具、夹具、模具的加工,以及各种专用设备、机械设备的制造、装配和修理.

随着加工制造业的高速发展,钳工的工作范围日益广泛,专业分工更细,如分成装配钳工、机修钳工、汽修钳工、模具钳工、工具钳工、划线钳工等.同时对钳工的要求越来越高,如模具钳工要求能进行模具设计、数控编程、操作不同类型的机床,有"万能工种"之称.不论哪种钳工,首先都应全面掌握钳工的技术知识和各项基本操作技能,如划线、锯削、錾削、锉削、钻孔、扩孔、锪孔、铰孔、攻丝、套丝、矫正、弯曲、铆接、粘接、刮削、研磨以及基本测量技能和简单的热处理等,然后再根据分工进一步学习,掌握好零件、产品和设备的加工、装配、修理等技能.

钳工基本操作技能的项目较多,各项技能的学习、掌握又具有一定的相互依赖关系,钳工基本操作技能就是和谐地控制行为,由有意识的练习而形成高质量的动作技巧.钳工的最终目标是训练我们灵巧的双手加工出美轮美奂的现代化产品.我们必须循序渐进,由易到难,由简单到复杂,按要求一步一步地学习、掌握每项技能.要自觉遵守纪律,有吃苦耐劳的精神,严格按照每个项目和任务的要求进行操作,只有这样,才能形成真正的技能.

钳工的特点:

1. 加工灵活.在不适于机械加工的场合,尤其是在机械设备的维修工作中,钳工加工可获得满意的加工效果.

2. 可加工形状复杂和高精度的零件.技术熟练的钳工可加工出比现代化机床加工的零件还要精密和光洁的零件,可以加工出连现代化机床也无法加工的形状非常复杂的零件,如高精度量具、样板、开头复杂的模具等.

3. 投资小.钳工加工所用工具和设备价格低廉,携带方便.

4. 生产效率低,劳动强度大.

5. 加工质量不稳定.加工质量的高低受工人技术熟练程度的影响.

学习目标

掌握钳工基本定义、基本技能的内容;掌握钳工的适用范围、种类和钳工基本设备的用法.

能力目标

通过本项目的学习,了解钳工的基本技能内容和钳工常用设备.树立学习钳工技能的信心,激发学习钳工技术的热情.

模块内容

钳工的相关设施和基本操作技能主要内容如下:

一、钳工的工作场地

钳工的工作场地主要安装的设备有钳桌、台虎钳、平口钳、砂轮机、划线平台、台式钻床、立式钻床和摇臂钻床等.后三种设备将在钻削项目中介绍.

1. 工作台

工作台简称钳台或钳桌,一般由低碳钢制成,亦可用硬木料加工而成,其高度约 800～900 mm,长度和宽度可随工作需要而定.钳桌用来安装台虎钳和放置工具、量具、工件和图样等.面对操作者,在钳桌的边缘装有防护网,以防止工作时发生意外事故,工作台上台虎钳的钳口高度恰好齐人手肘为宜.其抽屉用来放置工量具.如图 1-1 所示.

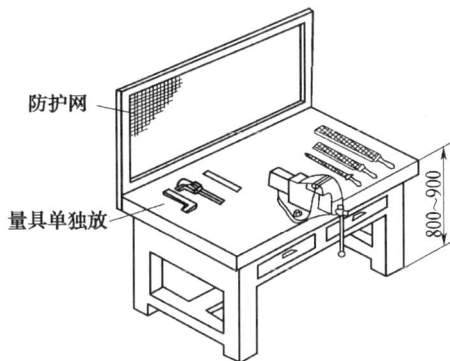

图 1-1　钳台

2. 台虎钳

台虎钳是用来夹持工件的通用夹具,由紧固螺栓固定在钳桌上,用来夹持工件.其规格以钳口的宽度表示,常用的有 100 mm、125 mm、150 mm 等,如图 1-2 所示.

台虎钳有固定式(如图 1-2a 所示)和回转式(如图 1-2b 所示)两种类型.后者使用较方便,应用较广,由活动钳身、固定钳身、丝杆、螺母、夹紧盘和转盘座等主要部分组成.操作时顺时针转动长手柄,可使丝杆在螺母中旋转,并带动活动钳身向内移动,将工件夹紧;当逆时针旋转长手柄时,可使活动钳身向外移动,将工件松开;若要使台虎钳转动一定角度,可逆时针方向转动短手

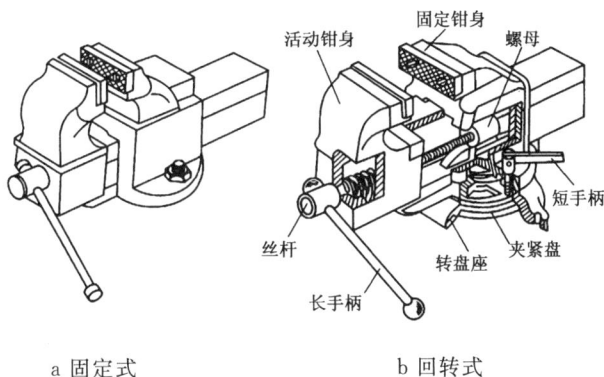

a 固定式　　　　　b 回转式

图 1-2　钳工虎钳

柄,双手扳动钳身使之转所需角度,然后顺时针转动短手柄,将台虎钳整体锁紧在底座上.在钳台上安装台虎钳时,必须将固定钳身的工作面处于钳台边沿外,保证长工件在夹持时不受边沿的阻碍.

使用台虎钳时应注意:

(1)工件尽量夹在钳口中部,以使钳口受力均匀.

(2)夹紧后的工件应稳定可靠,便于加工,并不产生变形.

(3)夹紧工件时,只允许依靠手的力量来扳动手柄,不能用手锤敲击手柄或随意套上长管子来扳手柄,以免丝杆、螺母或钳身损坏.

(4)不要在活动钳身的光滑表面进行敲击作业,以免降低配合性能.

(5)加工时用力方向最好是朝向固定钳身.

(6)丝杆、螺母和其他配合表面都要经常保持清洁,并加油润滑,以使操作省力,防止生锈.

3. 砂轮机

砂轮机(图 1-3)是用来磨削各种刀具或工具的,如磨削錾子、钻头、刮刀、样冲、划针等.砂轮机由电动机、砂轮、机座及防护罩等组成.为减少尘埃污染,应配有吸尘装置.

砂轮安装在电动机转轴两端,要做好平衡,使其在工作中平衡运转.砂轮质硬且脆,转速很高.

使用砂轮机时一定要遵守安全操作规程:

(1)砂轮的旋转方向要正确,以使磨屑向下飞离,而不致伤人.

(2)砂轮启动后,应使砂轮旋转平稳后再开始磨削.若砂轮跳动明显,应及时停机修整.

(3)启动后,要防止工具和工件对砂轮发生剧烈的撞击或施加过大的压力.砂轮表面有明显的不平整时,应及时用修整器修正.

(4)砂轮机的搁架与砂轮之间的距离应保持在 3 mm 以内,以防止磨削件扎入,造成事故.

(5)磨削过程中,操作者应站在砂轮的侧面或斜对面,而不要站在砂轮的正对面.

(6)安装时砂轮两面要装有法兰盘,其直径不得少于砂轮直径的三分之一,砂轮与法兰盘之间应垫好衬垫.

(7)拧紧螺帽时,要用专用的扳手,不能拧得太紧,严禁用硬的东西锤敲,防止砂轮受击碎裂.

(8)磨刀人员应戴好防护眼镜.

(9)有吸尘机的砂轮机应保证吸尘机完好,如发现故障,应及时修复,否则应停止磨刀.

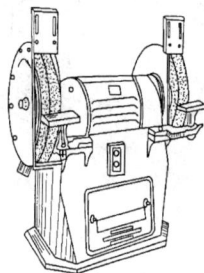

图 1-3　砂轮机

图 1-4　平口钳

4. 平口钳

平口钳又名机用虎钳,是一种通用夹具,常用于安装小型工件.它是铣床、钻床的随机附件.将其固定在机床工作台上,用来夹持工件进行切削加工.

(1)平口钳的工作原理和结构

用扳手转动丝杆,通过丝杆螺母带动活动钳身移动,形成对工件的夹紧与松开.平口钳的规格应与被夹工件的尺寸相适应.

平口钳是可拆卸的螺纹连接和销连接;活动钳身的直线运动是由螺旋运动转变的;工作表面是螺旋副、导轨副及间隙配合的轴和孔的摩擦面.由图 1-4 可见,平口钳组成简练,结构紧凑.

(2)在平口钳中装夹工件的注意事项

1)工件的被加工面必须高出钳口,否则就要用平行垫铁垫高工件.

2)为了能装夹得牢固,防止加工时工件松动,必须把比较平整的平面贴紧在垫铁和钳口上.要使工件贴紧在垫铁上,应该一面夹紧,一面用手锤轻击工件的平面,光洁的平面要用铜棒进行敲击以防止敲伤光洁表面.

3)为了不使钳口损坏和保持已加工表面,夹紧工件时在钳口处垫上铜片.用手挪动垫铁以检查夹紧程度,如有松动,说明工件与垫铁之间贴合不好,应该松开平口钳重新夹紧.

4)工件需要垫实,以免夹紧力使工件变形.

二、钳工基本技能

1.划线

在工件的毛坯或半成品上按零件图样要求的尺寸划出加工界线或找正线的一种方法.

2. 锯割

用手锯对材料或工件进行切断或切槽的操作方法.

3. 锉削

用锉刀对工件表面进行切削加工的方法,多用于锯削之后,所加工出的表面粗糙度 Ra 值可达 $1.6\sim0.8\ \mu m$,锉削是钳工中最基本的操作技能.

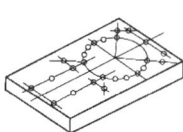 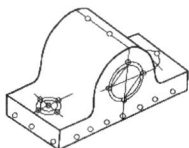 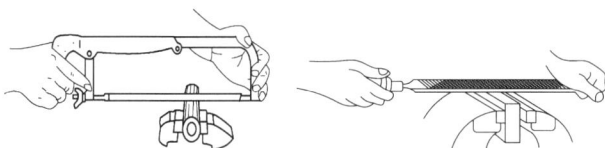

图 1-5　划线　　　　　　图 1-6　锯割　　　　　　图 1-7　锉削

4. 钻孔

用钻头在实体材料上加工孔的方法.钻孔属于粗加工,其尺寸公差等级一般为 IT11~IT10,表面粗糙度值为 $Ra100\sim25\ \mu m$.

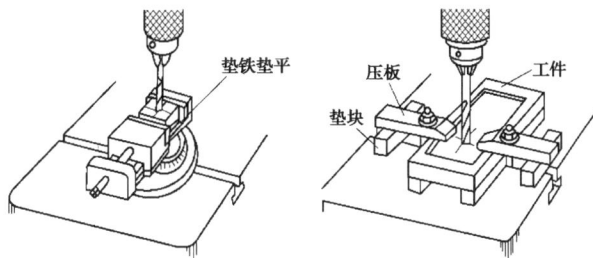

图 1-8　钻孔

5. 扩孔

用扩孔钻扩大已有孔(锻出、铸出或钻出的孔)的方法.扩孔属于半精加工,其尺寸精度可达 IT10~IT9,表面粗糙度值可达 $Ra25\sim6.3\ \mu m$.

6. 铰孔

用铰刀对孔进行最后精加工的方法.铰孔属于精加工,尺寸公差等级可达 IT9~IT7,(手铰甚至可达 IT6)表面粗糙度值可达 $Ra1.6\sim0.8\ \mu m$.

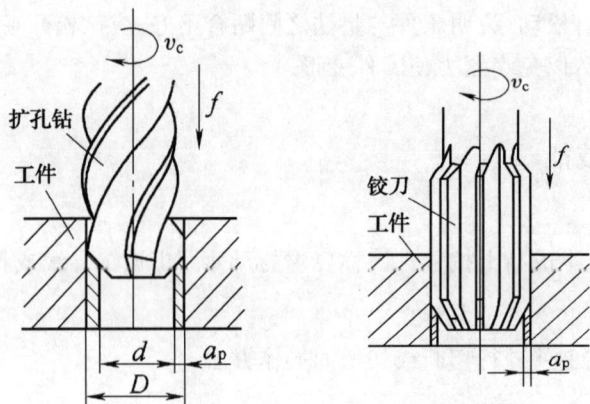

图 1-9　扩孔与铰孔

7. 攻螺纹

用丝锥加工内螺纹的方法.

8. 套螺纹

用板牙加工外螺纹的方法.

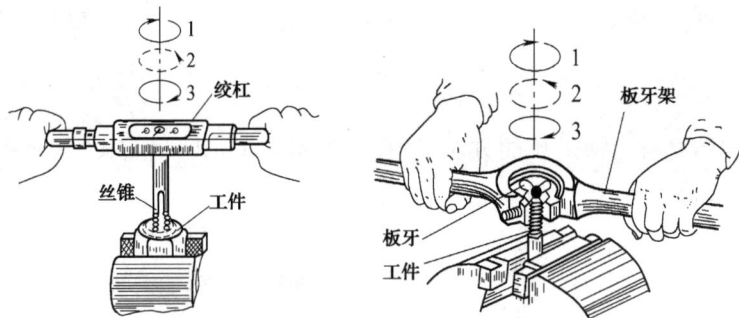

图 1-10　攻螺纹与套螺纹

9. 刮削

用刮刀从工件表面上刮去一层很薄的金属的方法.刮削属于精密加工,加工后表面的形状精度较高,表面粗糙度 Ra 值较低.

10. 研磨

利用研磨工具和研磨剂从工件上研去一层极薄表面层的精密加工方法.尺寸公差等级可达 IT3,表面粗糙度值可达 Ra1.6～0.012 μm,尺寸精度可达 0.001～0.005mm.

图 1-11　刮削

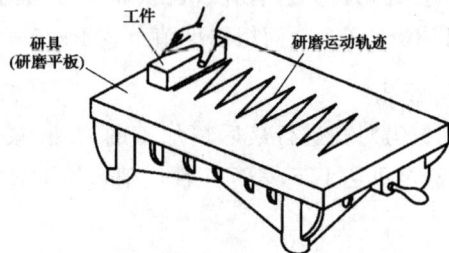

图 1-12　研磨

【技能训练】

1. 整队、检查着装是否符合要求,分组定工位,安排实训项目组长和工量具责任人.

2. 熟悉钳工工作场地,领取工量刃具,登记工量具流水号及编码,整理清点工具柜并按操作规程要求摆放好钳工实训中所使用的工量具.

3. 按指导教师的工艺步骤要求拆装台虎钳,熟记台虎钳的结构,在虎钳上进行工件的装夹练习.

4. 工量具和设备保养.

5. 项目结束后,将工量刃具放回原处,做好场地清洁,全体同学集合由指导教师进行模块实训小结.

【钳工安全文明操作规程】

1. 工作台与周围必须保持清洁,不得堆放与当班生产无关的物体.

2. 工作前要检查工、夹具,如手锤、钳子、錾子、锉刀等是否完好,锤端与錾子端不得有卷边毛刺.

3. 工作前必须穿戴好防护用品,衣边袖口不许飘摆,长发要挽入帽内.

4. 使用錾子时,对面不许站人,必要时应设挡网,以防飞屑伤人.

5. 挥锤时不许戴手套(2磅以上的)以免滑脱伤人,不准将锉刀当手锤或撬杠使用,以免折断.

6. 扳手不能当手锤使用,活络扳手不准反向使用,不准在扳手中间加垫片扳小件.

7. 不准将虎钳当砧磴用,不准在虎钳把上用加力管或用手锤击扳把.

8. 禁止使用缺手柄的锉刀、刮刀,以免扎破手.

9. 使用什锦锉时,不要用力过猛.

10. 刮研工件时,不要用力过猛.研薄工件时,手不可放入透孔中推拉以免研手,用三角刮刀刮削轴孔时,刮动方向应左右移动,不准顺长刮削.

11. 划线平台用后要及时擦油,不得把无关的物品放在上面,严禁在平台上敲打物体.

12. 在虎钳上夹紧光滑工件时,必须加铜钳口或其他防护用具,以防将工件夹伤.

13. 敲打平整薄板和有色金属材料(板料)及表面易损的工件,必须用木榔头(非金属物),严禁用铁手锤敲打,以防损伤工件.

14. 刃磨錾子和钻头等刀具时,需戴好防护眼镜;磨狭小物件时,要特别注意防止手指磨伤;刃磨时不要用带子或棉纱绕在发热的工件上,以防发生绞伤事故;人应站在砂轮机的侧面;不准两人同时在一块砂轮上磨刀.

15. 钻孔时不允许戴手套操作机床,女生要戴好工作帽,要在实习指导教师指导下操作.安装不同工件,不同的孔径要选择不同的紧固方式.

16. 保持良好的教学秩序.常用工具、量具的管理要求责任到人.锉刀不允许叠放,所有工具、量具规范使用,不得挪作他用.

【钳工的行业情况和发展前景】

一、钳工的就业情况和职业发展前景

钳工技能由于训练时间长,技术要求高,再加上部分人存在:"钳工等手工操作工种是落后、淘汰的技能工种"等偏见而造成学习者逐渐减少,直接导致了钳工人才"青黄不接".这种情况对我国飞速发展的制造业

极为不利.早在 20 世纪 90 年代就已经凸显出来并愈演愈烈,出现了高级钳工的薪酬超过研究生、用人单位年薪 10 万元人民币以上而招不到一个合格钳工的局面.目前,模具钳工、机修钳工等缺口依然比较严重,许多工厂闹"工荒".为适应市场经济的不断发展和振兴民族工业,作为 21 世纪的中职学子,要立志苦练钳工技能,成为新世纪的新型高技能钳工人才.

近年来,党和国家领导人对技能型人才的培养高度重视,并通过政策、财税、就业等强有力的措施不断加强技能型人才的培养.如胡锦涛总书记 2009 年 12 月 21 日视察珠海市高级技工学校并亲自动手进行钳工操作体验(图 1-13),胡锦涛总书记在视察时深刻指出:"没有一流的技工,就没有一流的产品".温家宝

图 1-13　胡锦涛总书记亲自体验钳工

总理也先后亲临永川、南京、常州、临沂、大连等职业教育基地视察并发表讲话,表现出党和国家领导人对构建和谐社会的高瞻远瞩及职业教育的高度重视.

"家有千金不如一技在身,感谢母校给了我们改变命运的技能!"——这是许多从职业学校走上企业工作岗位的毕业生的共同心声.希望广大中职学子从基础学起,夯实基本功,刻苦练习操作技能,全面掌握工艺理论知识,为自己的职业生涯奠定坚实的基础.

二、钳工在模具加工行业中的应用

随着我国汽摩行业的不断壮大和加工制造业的不断发展,市场迫切需求模具制造业与之相适应,如图 1-14.国家相继把模具及其加工技术和设备列入了《国家重点鼓励发展的产业、产品和技术目录》和《鼓励外商投资产业目录》.经国务院批准对全国部分重点专业模具厂实行增值税返还 70% 的优惠政策,以扶植模具工业的发展.

我国模具工业的不断进步和成长更加需要一批高技能水平的模具钳工,而在模具制造业中,钳工由锯、錾、锉的单纯加工发展成为控制模具最终质量的关键技术岗位.

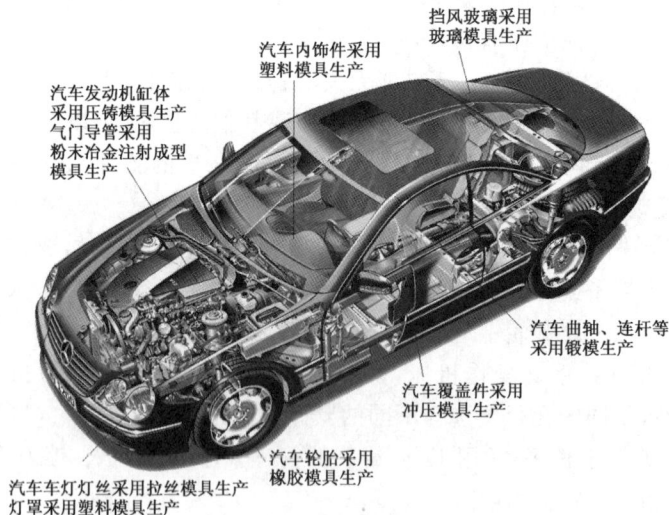

图 1-14　模具在汽车制造中的应用

模具设计与加工,由于大量使用 CAD/CAM/CAE 软件,不少工人已经充当了工程师兼技师的角色,就是分工很细的模具公司,设计师对于:模具结构是否合理,是否便于制造和确定配合尺寸等问题都要事先和模具钳工师傅商榷.模具结构和工艺问题同实际生产经验息息相关,模具钳工是全面接触模具工艺的岗位,他们的制作经验对设计很有帮助.模具设计师的设计图纸出来前后,都要向钳工师傅咨询工艺问题.

在模具制造方面,目前数控加工中心应用已经非常普遍,但是由于工件形状(如图1-15)和模具结构过于复杂,许多孔、型腔、型芯、电极仍然需要钳工加工来完成,如图1-16所示.模具零件加工质量是否合格也要由钳工检验.

图 1-15 压铸件

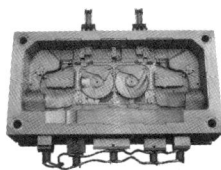

图 1-16 模具型芯型腔

模具的装配和修调更离不开钳工(如图1-17).多数模具都需要钳工通过装配来控制配合质量.高水平的钳工收入完全比得上工程师.试模和旧的模具翻新,多是钳工师傅具体完成.这些都要求钳工对冲压工艺、注塑工艺和实际加工有很深的经验和出色的技能作基础.

可见,钳工能力范围已经大大得到拓展,模具钳工实际上其价值更多体现在其技能、智力、经验和综合工艺能力的结合.成为一名模具设计师兼模具钳工技师,从钳工岗位起步是最能积累经验的.所以,作为钳工技能初学者,不光是要有过硬的操作技能,还需要丰富的工艺知识,要手脑相结合并相得益彰.

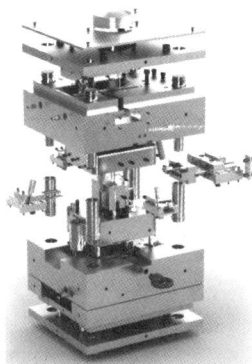

图 1-17 模具装配(爆炸图)

三、劳斯莱斯的造车艺术

劳斯莱斯(Rolls－Royce)于1906年在英国正式成立.劳斯莱斯以一个"贵族化"的汽车公司享誉全球,同时也是目前世界三大航空发动机生产商之一.

劳斯莱斯高贵的品质来自于它高超的质量.它的创始人亨利·莱斯就曾说过:"车的价格会被人忘记,而车的质量却长久存在."

劳斯莱斯的成功得益于它一直秉承了英国传统的造车艺术:精练、恒久、巨细无遗.令人难以置信的是,自1904年到现在,超过60％的劳斯莱斯仍然性能良好.劳斯莱斯最与众不同之处,就在于它大量使用了手工劳动,在人工费相当高昂的英国,这必然会导致生产成本的居高不下,这也是劳斯莱斯价格惊人的原因之一.直到今天,劳斯莱斯的发动机还完全是用手工制造.更令人称奇的是,劳斯莱斯车头散热器的格栅完全是由熟练工人用手和眼来完成的,不用任何丈量的工具.而一台散热器需要一个工人一整天时间才能制造出来,然后还需要5个小时对它进行加工打磨.

图 1-18 汽车内饰

图 1-19 车标—带翅膀的欢乐女神

据统计,制作一个方向盘要 15 个小时,装配一辆车身需要 31 个小时,安装一台发动机要 6 天.正因为如此,它在装配线上每分钟只能移动 6 英寸.制作一辆四门车要两个半月,每一辆车都要经过严格的测试,所以一般订购劳斯莱斯的客户都需要耐心地等候半年以上.

每辆劳斯莱斯车头上的那个吉祥物:带翅膀的欢乐女神,她的产生与制造的过程,更是劳斯莱斯追求完美的一个绝好的例证.

劳斯莱斯车标的设计者萨科斯这样来描述他的设计理念:"风姿绰约的女神以登上劳斯莱斯车首为愉悦之泉,沿途微风轻送,摇曳生姿."这一理念与女神的造型正是劳斯莱斯追求卓越精神的绝佳体现.

这尊女神像的制作过程也极为复杂.它采用传统的蜡模工艺,完全用于工倒模压制成型,然后再经过至少 8 遍的手工打磨,再将打磨好的神像置于一个装有混合打磨物质的机器里研磨 65 分钟.做好的女神像还要经过严格的检验.

来自世界冠军的赞誉:

"如果亨利·莱斯先生和查理·劳斯先生还在世的话,看到这种试车肯定会大惊失色.这不仅仅是因为居然会有人无聊到在赛道上测试他们完美的劳斯莱斯,更因为试车人来自美洲,没有任何贵族血统."《quattroruote》杂志在 1975 年 7 月报道 emerson fittipaldi 试驾一辆 silver shadow 时这样写道. fittipaldi 是 1972 年和 1974 年的一级方程式大赛冠军,他当时说:"我开过很多部豪华车,其中不乏更具现代设计理念的车型,但劳斯莱斯毕竟是劳斯莱斯,握住它的方向盘,心中就会涌起难以言表的激动."在赛道中测试劳斯莱斯也非同寻常,不少人对此感到非常震惊.这位世界冠军对这部车在公路和赛道上的表现都倍加赞誉:"这是一部极为舒适和安全的汽车,低速时其整体表现呈中性,在高速行驶时只要稍微加大一下方向盘转向力就可以调整过来,对于这类车来说这种表现极为理想.从静止开始加速行驶 1 千米大约需要 32 秒,跟一辆最新型的 2 升排量的车差不多.借助出色的扭矩和自动变速箱,它的中途加速性能也不错."

图 1-20 劳斯莱斯汽车

从劳斯莱斯汽车的卓越品质可以看出,手工操作在加工制造业中具有极其重要的地位和作用,我们不仅要有过硬的专业理论知识,更应该训练出一双灵巧的双手,为祖国的现代化建设做贡献.

❋课外作业

1. 钳工主要从事哪些内容的工作?

2. 钳工有哪些专业种类?

3. 钳工的基本操作技能有哪些?

4. 钳工的安全文明操作规程包含哪些具体内容?

5. 简述台虎钳的组成、操作方法和注意事项.

模块二 钳工基本技能

项目简述

　　划线是钳工的一项重要的基本技能.划线是钳工加工和复杂工件切削加工的第一道工序,划线又分为平面划线和立体划线两大类.为了提高生产效率,防止在加工工件时引起尺寸差错,通过划线来明确加工标志.划线尺寸的对错和准确,直接影响零件的加工质量.由于所划线条本身有一定的宽度等其他原因,一般划线精度能达到 0.25～0.5 mm.工件的完工尺寸不能完全由划线确定,而应在加工过程中,通过测量以保证尺寸的准确性.

项目内容

　　1.划线的概念,划线的主要作用.

　　2.平面划线的基本要求,工具的使用方法及维护.

　　3.平面划线基准的选择及合理的分布.

　　4.立体划线的概念.

　　5.立体划线的基本特点及基准的选择.

　　6.工件的借料与找正.

　　7.划线的安全文明生产.

项目能力

　　通过该项目的学习与训练,能熟练地掌握划线工具的使用方法,掌握基本线条、零件图的绘制技能与技巧,从而按技术要求绘制各种复杂型几何零件图.

任务一　平面划线

　　任务1:根据2-1-1-1所示的基本线条图样进行划线练习,划线的方法和步骤可参考表2-1-1-3完成.

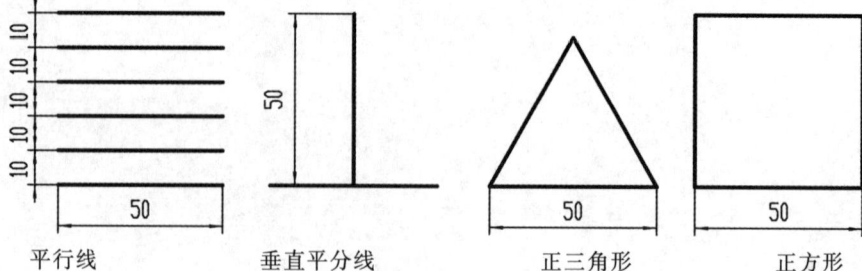

| 平行线 | 垂直平分线 | 正三角形 | 正方形 |

12

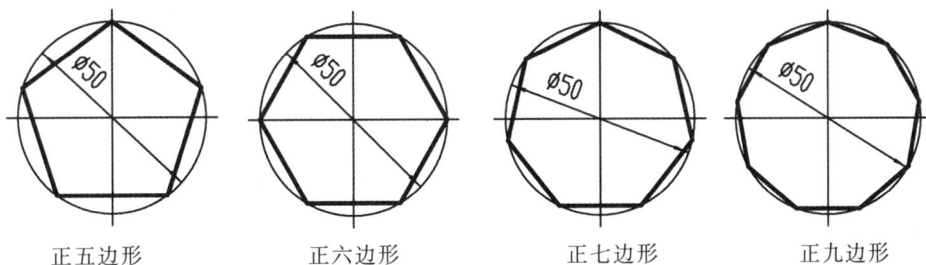

| 正五边形 | 正六边形 | 正七边形 | 正九边形 |

技术要求:

1.线条清晰;一次成型;绘制比例按 1∶1.

2.样冲位置合理正确.

3.保留辅助线,尺寸误差±1mm.

图 2-1-1-1 基本线条

任务 2:根据 2-1-1-2 所示手柄的划线图样进行划线,划线的方法和步骤可参考表 2-1-1-4 完成划线练习.

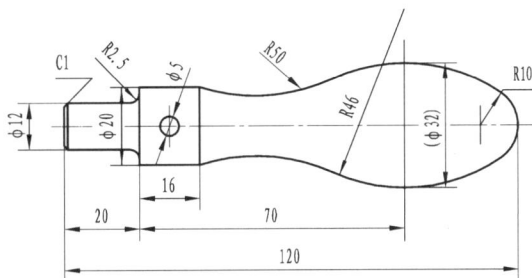

技术要求:

1.划图时应保留所有的辅助线,绘图比例按 1∶1.

2.尺寸正确,线条清晰,一次成型,圆弧连接光滑.

3.样冲位置合理分布,尺寸误差±1mm.

图 2-1-1-2 手柄几何作图

任务 3:运用所学的划线知识,分别进行直线与圆弧相切、圆弧与圆弧相切划线练习,在实体材料上划出图样(如图 2-1-1-3a、b 所示).

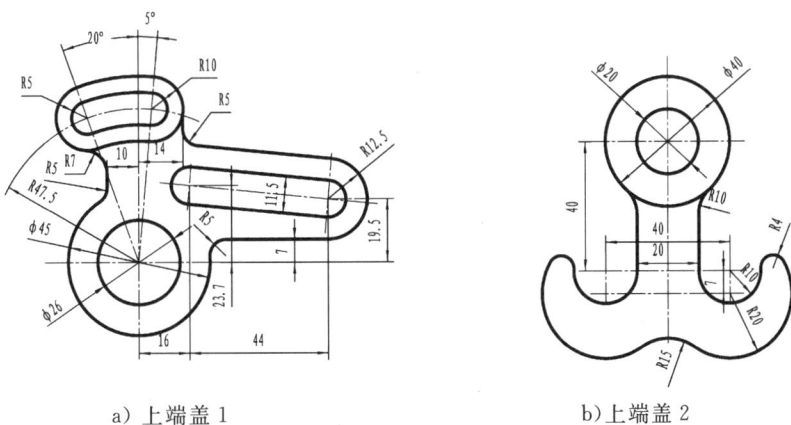

| a)上端盖 1 | b)上端盖 2 |

技术要求:

1.尺寸正确,线条清晰,一次成形,圆弧连接光滑.

2.样冲位置合理分布,尺寸误差±1mm,绘图比例按 1∶1.时限各为 60 分钟.

图 2-1-1-3　几何作图(上端盖)

任务 4: 学生在规定时限内根据 2-1-1-4 所示 a)吊钩、b)验规的划线图样完成划线测试.

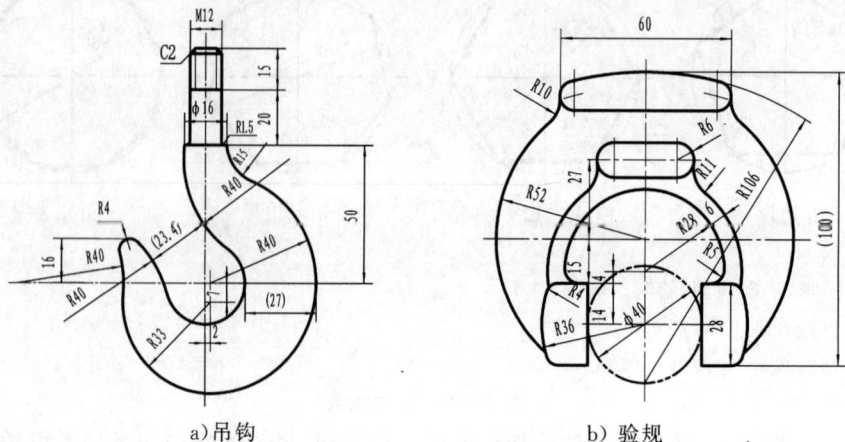

a)吊钩

b) 验规

技术要求:

1.图形美观,整洁干净.绘图比例按1:1.

2.尺寸正确,线条清晰,一次成形,圆弧连接光滑.

3.样冲位置合理分布,尺寸误差±1mm.时限各为90分钟.

图 2-1-1-4   几何作图(a 吊钩、b 验规)

任务 5: 学生根据如图 2-1-1-5 所示划线图样独立地在板料上划出扳手的全部线条.

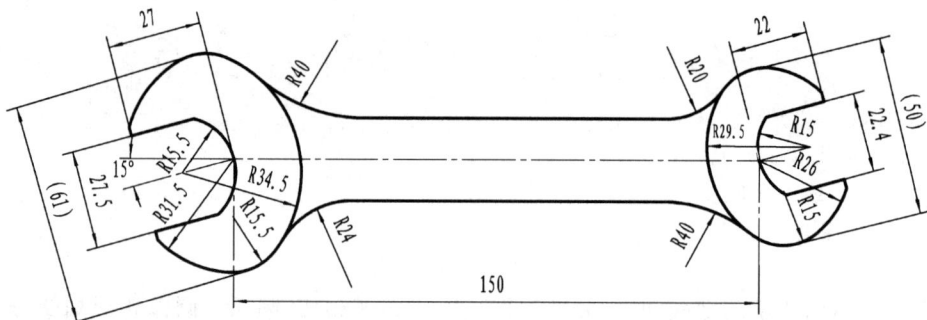

技术要求:

1.图形美观,整洁干净.绘图比例1:1.

2.尺寸正确,线条清晰,一次成形,圆弧连接光滑.

3.样冲位置合理分布,尺寸误差±1mm.时限为60分钟.

图 2-1-1-5   几何作图(扳手)

表 2-1-1-1   平面划线各任务评分标准

姓名		工件号		总成绩	
项目一任务 1	基本线条	项目一任务 2、3、4、5		几何作图(手柄、圆扳牙)	
序号	考核要求	配分	评分标准	实测结果	得分
1	涂料	6	涂色薄而均匀(目测)		
2	图样位置	10	根据图形合理分布,节约材料		
3	线条清晰,无重复线条	10	线条不清晰,有重线一处扣1分		
4	尺寸及线条位置公差±0.5mm	18	每超差一处扣2分		
5	各圆弧连接圆滑	10	每一处连接不合格扣2分		
6	样冲眼位置公差 0.3mm	10	冲偏一个扣1分		

续表

姓名		工件号		总成绩	
7	样冲眼分布合理	10	分配不合理一处扣2分		
8	工具使用正确,操作姿势合理	10	发现一次不正确扣2分		
9	整体效果	5	整体美观,整洁		
10	安全文明生产	5	安全文明生产,违者不得分		
11	工时定额	6	在规定时间完成,超10分钟扣3分		

表 2-1-1-2　平面划线工具准备清单

序号	名称	规格	数量
1	划线平台	500 mm×500 mm	1个/组
2	钢直尺	0～300 mm	1把/人
3	宽座角尺	100 mm×63 mm	1把/组
4	划针	自定(可用整形锉改制)	1支/人
5	划规	自定(弹簧等)	1把/人
6	样冲	自定	1支/组
7	榔头	0.5kg	1把/人
8	挡块(V形铁)		1个/组
9	涂料	粉笔等	2支/人
10	划线平板	钢板	1块/人

任务情景

划线是指根据图样要求或实物尺寸,在毛坯或半成品上用划线工具准确地划出图形或加工界线的操作工艺.而平面划线只需在工件的一个表面上划线后即能明确表示加工界线.如板材料、条型材料表面上划线或在法兰盘端面上划线钻孔等都是平面划线.划线是钳工的基本技能之一,是钳工最基础的技能,划线的准确与否直接影响工件的粗加工和钻孔加工的位置尺寸,作为一个钳工操作者必须掌握划线技能,从而为学习钳工其他技能打下基础.

任务目标

通过以上几个零件图训练,使学生熟练地运用划线工具,掌握平面划线基本操作技能及绘制步骤,并能达到一定的技能水平,能够绘制中等复杂型零件图.

技能练习

基本线条的绘制步骤

表 2-1-1-3 基本线条的绘制步骤

序号	图形名称	绘制步骤及方法	绘制工艺步骤图示
一	平行线	用钢直尺与划规配合划平行线(保留辅助线);划已知直线的平行线时,用划规按两线距离在不同两处的同侧划一圆弧,再用钢直尺作两弧线的切线,即得平行线.(如右图所示)	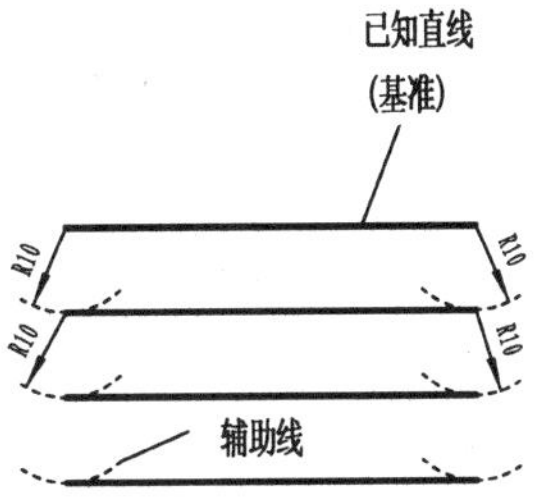 已知直线 (基准) 辅助线

序号	图形名称	绘制步骤及方法	绘制工艺步骤图示
二	垂直平分线	用钢直尺与划规配合划垂直平行线（保留辅助线）：划已知直线的垂直平分线时，以 A 点为圆心，大于 AB 的一半为半径作 R_2 圆弧. 以 B 点为圆心，$R_1=R_2$ 为半径作 R_1 圆弧，两条圆弧相交于 C、D. 过 CD 作直线，即可垂直平分 AB.（如右图所示）	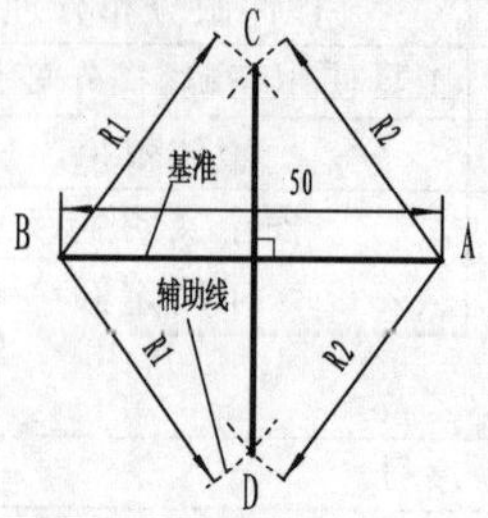
三	角平分线	取任意角 α 进行角平分，以 A 为圆心任取 R_1 为半径，在 AB、AC 边上划弧交 B、C 两点，再分别以 B、C 两点为圆心，R_2 为半径划弧交于 D 点，作 A 与 D 的连线，即 AD 线段平分了 $\angle\alpha$.（如右图所示）	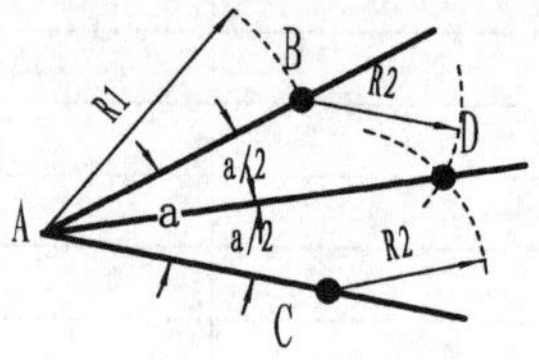
四	特殊角 $30°$、$60°$、$45°$	1. $60°$ 角的划法：已知直线 AB，作 $\angle A=60°$，$\angle B=30°$. 以 A 点为圆心，$\frac{1}{2}AB(R_2)$ 为半径，作圆弧；又以 AB 中点 O 为圆心，$OA(R_1)$ 为半径，作圆弧，两圆弧交于点 C，连接 AC 即 $\angle A=60°$，同时连接 BC，$\angle B=30°$.（如右图 1 所示） 2. $45°$ 角的划法：可将 $90°$ 角平分即为 $45°$ 角. 方法同上.（如右图 2 所示）	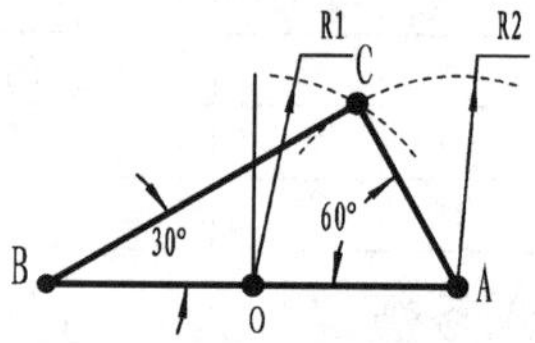 （图1） 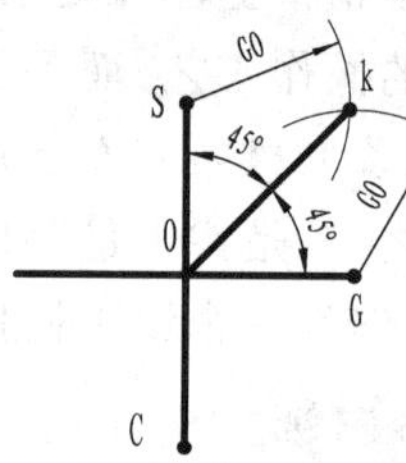 （图2）
五	圆周的三等分	作已知圆 $\phi50mm$ 的三等分，以 C 点为圆心，CO 为半径作圆弧，交于圆弧 $ABCD$ 上两点 E、F 点，然后直线连接 A、F、E 三点，即为圆周三等分.（如右图所示）	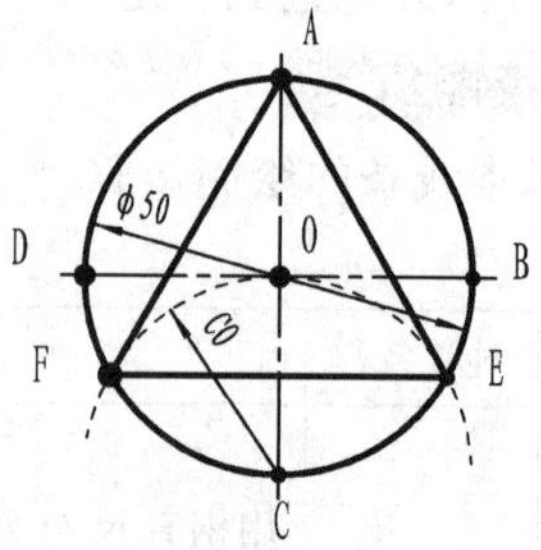
六	圆周的六等分	作已知圆 $\phi50mm$ 的六等分，以 C 点为圆心，CO 为半径作圆弧，交于圆弧 $ABCD$ 上两点 E、F 点，再以 A 为圆心，AO 为半径作圆弧，交于圆弧 $ABCD$ 上两点 H、T 点，然后直线连接 A、H、E、C、F、T 六点，即为圆周六等分.（如右图所示）	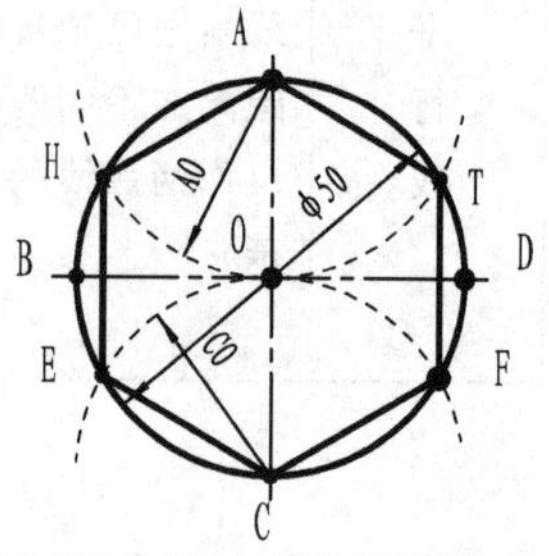

序号	图形名称	绘制步骤及方法	绘制工艺步骤图示
七	圆周的四等分	作已知圆 ϕ50mm 交坐标轴 $ABCD$ 四点,以 A、B、C 三点为圆心,大于 AO 为半径划弧分别交于 E、F 点,作圆心 O 和 E、F 的连线并延长,分别交圆弧 $ABCD$ 于 1、2、3、4 四点,分别连接 1、2、3、4 点,即四等分圆周完成.(如右图所示)	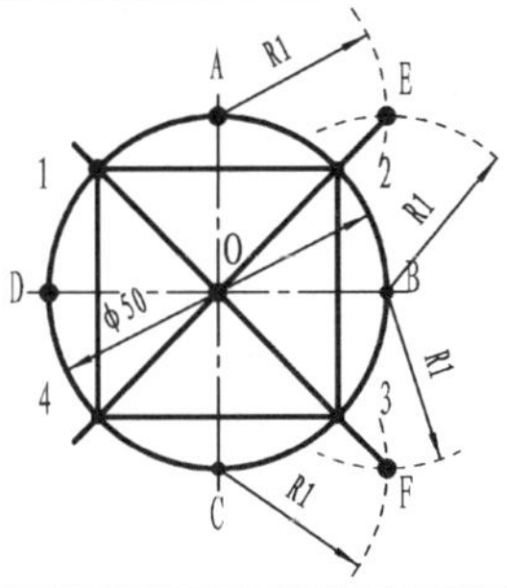
八	圆周的八等分	作已知圆 ϕ50mm 交坐标轴 $ABCD$ 四点,以 A、D、C 三点为圆心,大于 AO 为半径划弧分别交于 E、F 点,作圆心 O 和 E、F 的连线并延长,分别交圆 $ABCD$ 于 1、2、3、4 四点,分别连接 A、1、D、4、C、3、B、2 点,即八等分圆周完成.(如右图所示)	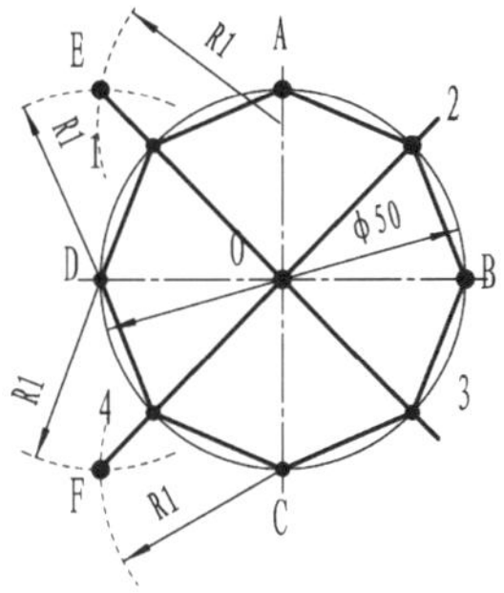
九	圆周的五等分	作已知圆 ϕ50mm 交坐标轴 $ABCD$ 四点,以 D 点为圆心,DO 长为半径划弧交于 E、F 点,作 EF 的连线交 BD(X)轴于 H 点,再以 H 点为圆心,HA 为半径划弧交于 BO(X)轴于 N 点,再以 A 点为圆心,AN 长为半径划弧交圆于 1、4 点,即 $A1$ 为五边形的边长.(如右图所示)	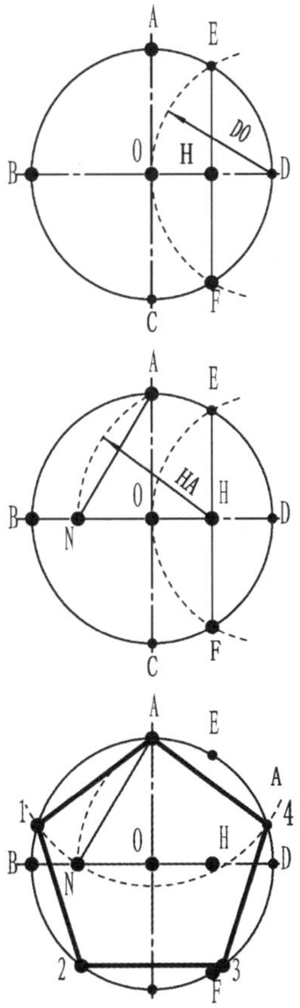

序号	图形名称	绘制步骤及方法	绘制工艺步骤图示
十	等分线段法	常利用试分法. 其方法：取线段 AB 并七等分，以 A 点为圆心，作任意角∠a 的线段长 L（任意），在将 L 长线段取任意长（K）为单位分成 1、2、3、4、5、6、7 七个单位并使每个单位 K 相等，再以直线连接 7、B 两点，然后作 7B 的平行线交于 6、5、4、3、2、1 这六个点，同时平分 AB 轴为 1'2'3'4'5'6'7'（B）七等份.（如右图所示）	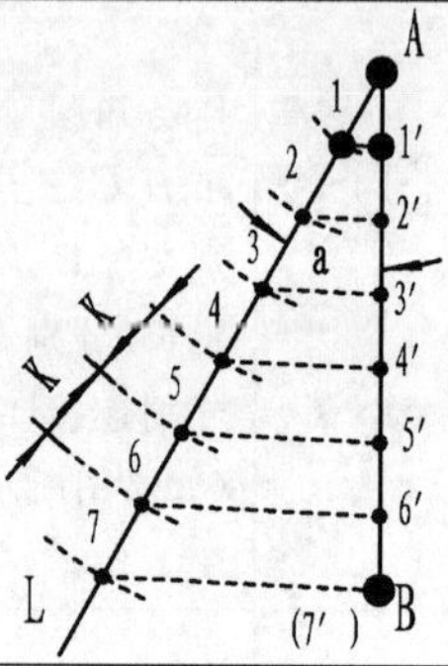
十一	圆周七等分几何作图（等分线段法）	已知圆直径为 φ50mm，将 AC（Y 轴）线段等分为七等分（如右图所示），以 AC 为半径，分别以 A、C 点为圆心划弧交于 E 点和 F 点，再分别过 E 点和 F 点作 A、2'、4'、6'或 1'、3'、5'、7'的连线分别交圆于 K、S、G、H、M、N 点，相互连线，即组成正七边形.（如右图所示）	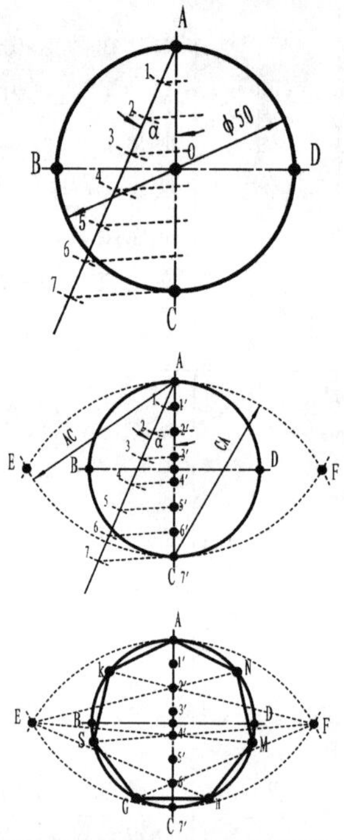

【技能练习二】

几何作图的绘制步骤

表 2-1-1-4 圆弧连接的作图原理

类别	圆弧连接作图步骤及作图示意图
两直线间的圆弧连接	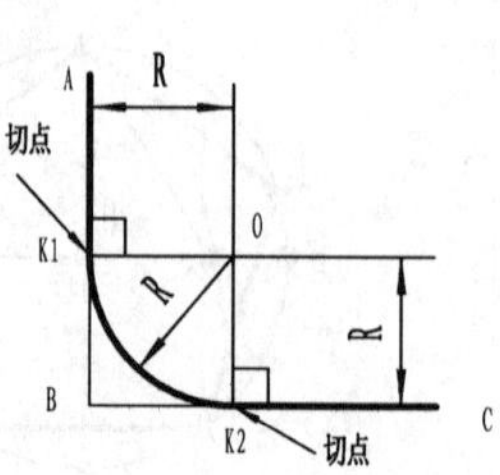 a）直角 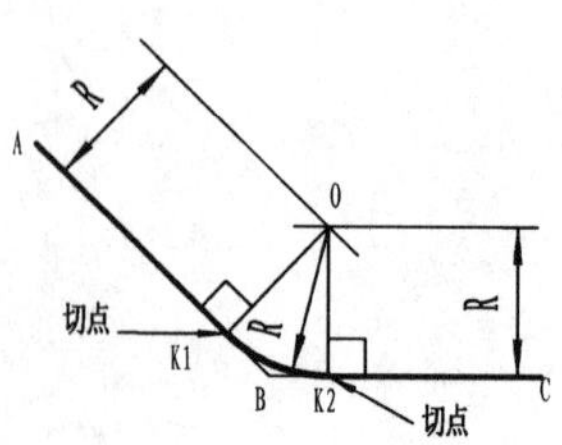　　　　b）锐角 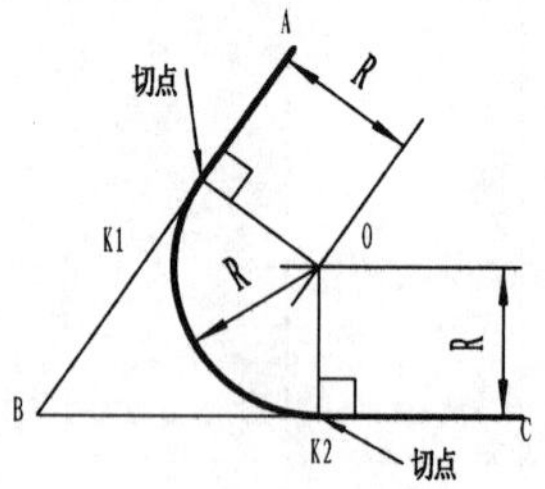　　　　c）钝角

两直线间的圆弧连接	用圆弧连接锐角、钝角和直角的两边(上图所示),作图步骤如下: ①作与已知角两边 AB、BC 分别相距为 R 的平行线,交点 O 即为连接弧圆心; ②过 O 点分别向 AB、BC 两边作垂直线,垂足 K_1、K_2 即为切点; ③以 O 为圆心,R 为半径在两切点 K_1、K_2 之间划连接圆弧即为所求.
直线和圆弧间的圆弧连接	 用直线和圆弧间的圆弧连接(如上图所示),作图步骤如下: ①已知的连接圆弧半径 R 划弧,与直线 AB 和 O_1 圆弧外切(内切); ②作与直线 A 相距 R 的平行线 L;以 O_1 为圆心,$R+R_1$($R-R_1$)为半径划弧交 L 线段于 O 点,即为连接弧圆心. ③过 O 点作直线的垂直线交于 K_2,同时连接 O_1、O 点交于 O_1 圆弧于 K_1 点,K_1、K_2 即为切点. 以 O 为圆心,R 为半径在两切点 K_1、K_2 之间划连接弧即为所求.

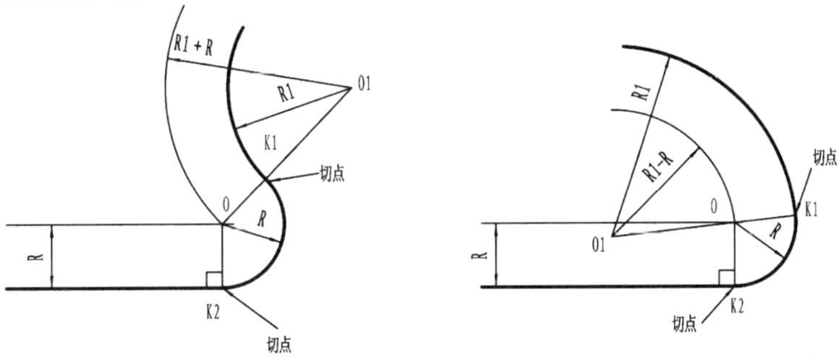

	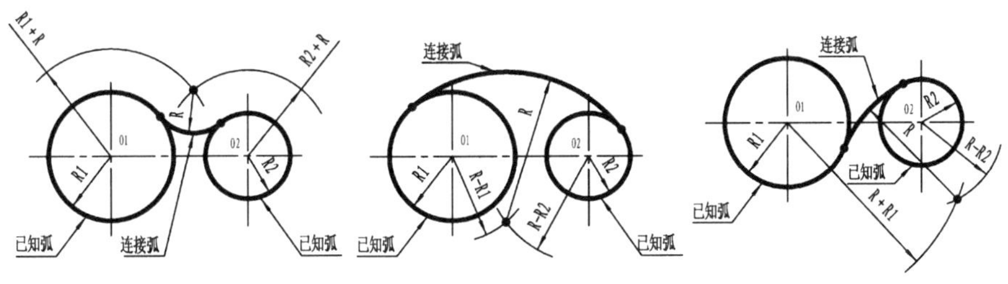 (a)外切	(b)内切	(c)内外切

两圆弧间的圆弧连接	(1)外切圆弧连接(如图 2-1-1-6 a 所示),其作图步骤如下: ① 已知的连接圆弧半径 R 划弧,与圆 O_1 和 O_2 外切. ② 以 O_1 为圆心,$R+R_1$ 为半径划弧;在以 O_2 为圆心,$R+R_2$ 为半径划弧;两条圆弧交于点 O,即连接弧 R 的圆心. ③ 用直线连接圆心 O_1、O 点交于 O_1 圆弧上,即为第一个切点;同时用直线连接圆心 O_2、O 点交于 O_2 圆弧上,即为第二个切点. ④ 以 O 为圆心,R 为半径在两切点之间划连接弧即为所求.	(2)内切圆弧连接(如图 2-1-1-6b 所示),其作图步骤如下: ① 已知的连接圆弧半径 R 划弧,与圆 O_1 和 O_2 内切. ② 以 O_1 为圆心,$R-R_1$ 为半径划弧;在以 O_2 为圆心,$R-R_2$ 为半径划弧;两条圆弧交于点 O,即连接弧 R 的圆心. ③ 用直线连接圆心 O_1、O 点交于 O_1 圆弧上,即为第一个切点;同时用直线连接圆心 O_2、O 点交于 O_2 圆弧上,即为第二个切点. ④ 以 O 为圆心,R 为半径在两切点之间划连接弧即为所求.	(3)内外切圆弧连接(如图 2-1-1-6c 所示),其作图步骤如下: ① 已知的连接圆弧半径 R 划弧,与圆 O_1 和 O_2 外切+内切. ② 以 O_1 为圆心,$R+R_1$ 为半径划弧;在以 O_2 为圆心,$R-R_2$ 为半径划弧;两条圆弧交于点 O,即连接弧 R 的圆心. ③ 用直线连接圆心 O_1、O 点交于 O_1 圆弧上,即为第一个切点;同时用直线连接圆心 O_2、O 点交于 O_2 圆弧上,即为第二个切点. ④ 以 O 为圆心,R 为半径在两切点之间划连接弧即为所求.

表 2-1-1-5　几何作图(手柄绘制步骤)

步骤	绘制方法及绘制步骤图示
1	1. 分析图形尺寸,先确定图形的基准,然后划定位尺寸再划定图形尺寸. 2. 在材料的合理位置确定手柄的基准(对称中心线和最左的竖直线). 3. 以最左的竖直线为基准分别划出定位尺寸 20、16、100 和 R10 的圆心. 4. 以中心对称线为基准作平行线划出定形尺寸 φ12、φ20、R10 的圆.
2	绘制 R46 圆弧:以 R10 的圆心为圆心,R46－R10 为半径划辅助圆;以第二条竖直线为基准,距离 70,划平行线交于 R46－R10 的圆弧于 A、B 两点,即为 R46 的圆心.再分别连接 A 和 R10 的圆心、B 和 R10 的圆心并延长交于 R10 圆弧上即为切点.再分别以 A、B 为圆心,R46 为半径划弧.
3	绘制 R50 圆弧:分别以两 R46 的圆心为圆心,R50＋R46 为半径划辅助圆;再分别以 E、F 为圆心,R50 为半径划辅助圆,两辅助圆分别交于两点,即为 R50 的圆心.用直线连接 R46 和 R50 的圆心相交于 R46 的圆弧上,即为切点.再分别以 R50 的圆心为圆心,R50 为半径划弧.
4	1. 绘制 1×45° 倒角和 R2.5 圆弧.手柄加工完成. 2. 在合理位置打样冲眼.

【平面划线基本工艺知识】

一、划线的概念

划线是根据图样或实物尺寸,在毛坯或半成品上用划线工具划出图形或加工界线,或作为找正检查的辅助线. 而划线又可分为平面划线和立体划线两类. 平面划线是只需在工件的一个表面上划线就能满足加工要求(如图 2-1-1-6 所示). 立体划线是需同时在工件的几个不同表面上划线才能满足加工要求的. 在这里我们介绍平面划线工具的运用及平面划线的要领.

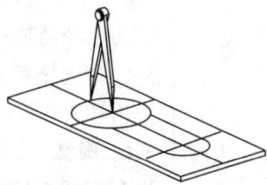

图 2-1-1-6　平面划线

二、划线的目的及作用

1. 确定工件的加工界线及余量,使加工有明确的标志.

2. 能检测毛坯或半成品件的尺寸是否合格,避免投入生产造成损失.

3. 通过划线"借料"、"找正"挽救有缺陷的毛坯和半成品件,从而提高工件的合格率.

4. 可在原材料上,合理布局,均匀分布,从而节约材料.

三、平面划线的基本要求

照图施工,尺寸正确;

线条清晰,一次成形;

样冲均匀,一锤定音.

四、划线的精度

由于划出的线条本身有一定的宽度和深度.加上划线工具精度及测量调整误差等方面的影响,使划线精度能达到 0.25～0.5 mm.

线条的粗细和深度,可根据工件表面精度而定,工件表面 Ra 值要求较高时,特别注意划迹,以免损伤工件表面.工件表面粗糙度 Ra 大←→线条划迹越深越重;反之,工件表面粗糙度 Ra 小←→线条划迹越浅越轻.

五、划线工具

1. 划线平台

划线平台(图 2-1-1-7 所示)是用来安放工件和划线工具,并在其工作面上完成划线过程的基准工具,其材料一般为铸铁.

平台工作表面经过精刨或刮削而成,是平面度较高的平面,以保证划线的精度.

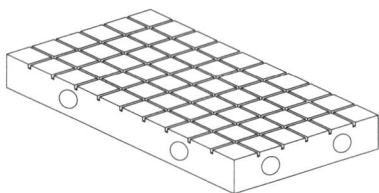

图 2-1-1-7　划线平台

2. 学生练习划线平钢板

作图划线平板主要用于学生练习平面划线和几何划线,其规格为 500 mm×500 mm.平钢板表面因锈蚀,需在划线前进行处理,然后在其表面上涂色,这时方可进行划线作图.

3. 平面划线工件涂色

在绘制加工过程中,因工序复杂线条较多,在绘制加工时线条容易产生混淆、模糊,造成工件加工困难,甚至导致工件报废,为了更清楚地在材料或半成品件上反映实物的轮廓加工线,必须在划线前对工件进行涂色,让工件能清楚地反映加工界线.作色一定要清晰,板面均匀,深浅一致.

根据工件要求的高低不同,采用不同的涂料,一般的涂料如下:

表 2-1-1-6　涂料用途

名　称	材料配置	用途
粉　笔		用于小工件,数量少的铸、锻毛坯件.运用最为广泛,成本低,适合学生练习涂色
石灰水	白灰、乳胶和水调成稀糊状	一般用于粗糙而又大型(铸、锻)的毛坯件
硫酸铜溶液	硫酸铜、酒精或水加少量硫酸的溶液	用于已加工工件
酒精色溶液	酒精、漆片、紫蓝颜色配制成	用于精加工工件

4. 划针

（1）划针的结构

划针是一根直径为 $\phi3\sim\phi6$ mm，长为 $200\sim300$ mm 的钢针，划针的尖端是经砂轮机磨制成 $15°\sim20°$ 的圆锥尖角，加以淬火硬化，同时划针可以用整形锉改制.

（2）划针的分类

划针分为直头划针和弯头划针两大类.直头划针一般用于划直线，弯头划针用于不便采用直头划针的场合（如图 2-1-1-8 所示）.

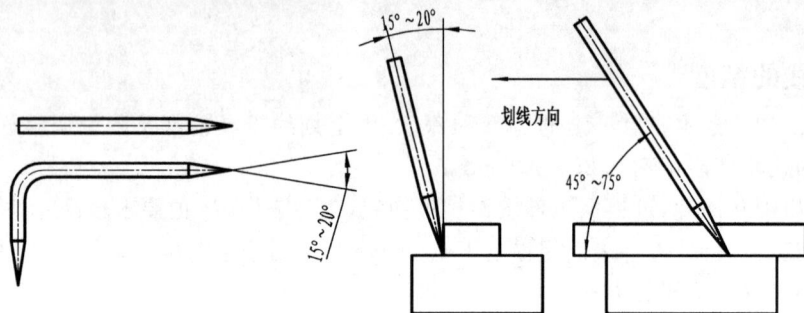

图 2-1-1-8　划针

（3）划针运用方法

用划针时，划针要紧贴于导向工具（钢直尺、样板的曲边）上，并向钢直尺外边倾斜 $15°$ 左右，在划线进行中划针朝移动方向倾斜 $45°\sim75°$（见图 2-1-1-8 所示）.

划线线条要一次完成，不能重复划，要求划出的线条清晰、准确.同时划针的针尖要保持尖锐，不用时，应按规定放入盒内保存，以免扎伤人或造成针尖损坏.

5. 划规

划规是用来划圆和圆弧、等分线段、等分角度、量取尺寸的工具.划规一般用中碳钢或工具钢制成，两脚尖端淬硬并刃磨，有的在两脚端部焊有一段硬质合金.

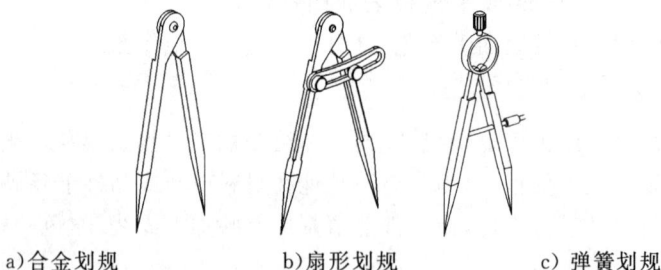

a)合金划规　　　　　b)扇形划规　　　　　c)弹簧划规

图 2-1-1-9　划规

划规分为普通划规、扇形划规、弹簧划规及长划规等（如图 2-1-1-9 所示），对划规的基本要求是：两脚尖等长，脚尖能合拢，松紧适当和脚尖锋利.

划规使用方法：使用划规划圆时，掌心用较大的力，压在作为旋转中心的一脚上，使划规的尖扎入金属表面或样冲眼内，另一脚以较轻的力压在工件上，由顺时针和逆时针划出圆或圆弧.划规的脚应保持尖锐，以保证划出的线条清晰.

6. 划针盘

用来在划线平台上对工件进行划线或工件位置的找正.使用时，一般划针的直头端用于划线,弯头端用于对工件的找正(如图 2-1-1-10 所示).

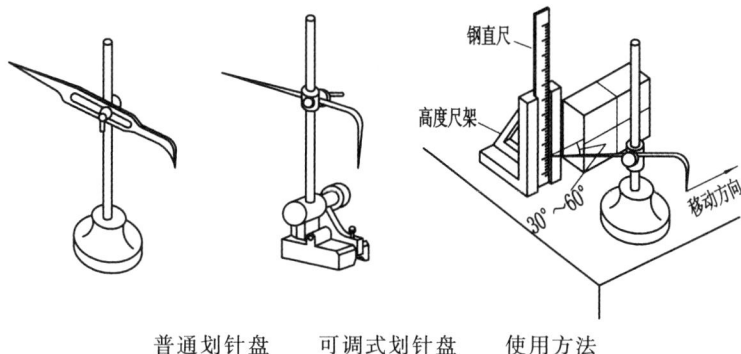

普通划针盘　　　可调式划针盘　　　使用方法
图 2-1-1-10　划针盘

划针盘的用法及注意事项:

(1)划线时,划针应尽量处在水平位置,伸出部分应尽量短些.

(2)划针盘移动时,要保持它在划线平台上平行移动,底面始终要与划线平台表面贴紧.

(3)划针沿划线方向与工件划线表面之间保持 $45°\sim75°$ 夹角.

(4)划针盘用完后,应让划针处于直立的状态,防止伤人.

7. 钢直尺

钢直尺是一种简单的测量工具和划直线的导
向工具(图 2-1-1-11),在尺面上刻有尺寸刻线,最小
刻线间距为 0.5 mm,其规格(长度)有 150 mm、

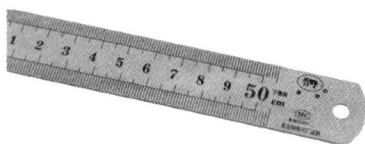

图 2-1-1-11　钢直尺 500 mm×500 mm

300 mm、500 mm、1000 mm 等.在机械加工中以毫
米(mm)为主单位,机械图纸上没有标注单位,就说明以毫米(mm)为单位.

(1)简单的长度单位如下表:

表 2-1-1-7　单位换算

单位名称	代号	对基准单位的比	实　例
米	m	基准单位	1 米＝10 分米＝100 厘米
分米	dm	0.1m(10^{-1}m)	
厘米	cm	0.01m(10^{-2}m)	1 厘米＝10 毫米
毫米	mm	0.001m(10^{-3}m)	
丝米(丝)	dmm	0.0001m(10^{-4}m)	1 毫米＝10 丝米＝100 忽米＝1000 微米
忽米	cmm	0.00001m(10^{-5}m)	
微米	μm	0.000001m(10^{-6}m)	

(2)英制单位进位关系如下:

常用的英制单位有码(yd)、英尺(ft)和英寸(in)等.

1 码＝3 英尺;1 英尺＝12 英寸($12''$);1 英寸＝8 英分

(3)法定计量单位与英制单位换算关系如下:

1 英尺＝305 毫米;1 英寸＝25.4 毫米

(4)实例

$1/8''$in＝$25.4×1/8''$mm＝3.175mm;155mm＝$155÷25.4$＝6 in

8. 样冲

用于在工件已划线条上打样冲眼,作为加强界线标志及圆弧或钻孔时的定位中心,防止

线迹失真.样冲是由碳素工具钢制成(可用旧的丝锥、铰刀等改制而成),其尖部和锤击端经淬火硬化,尖端一般磨成 $45°\sim60°$,划线的样冲尖端可磨锐利些,而钻孔所用样冲可磨得钝一些,如图 2-1-1-12(c)所示.

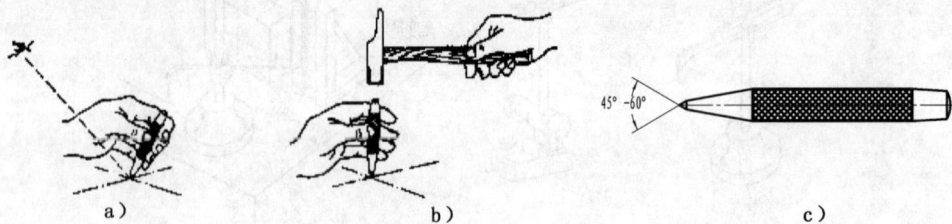

图 2-1-1-12　样冲及其使用

使用冲眼的方法如下:

先将样冲斜放在需要冲眼的部位,然后将样冲逐渐处于垂直位置,使冲尖落在冲眼的正确的位置后再冲出冲眼,如图 2-1-1-12(a、b)所示.

打样冲的技术要求:

①金属薄板、表面粗糙较高时冲眼要浅、用力要轻,反之,表面粗糙较差时冲眼可深、用力可重一些,一般精加工表面不允许打冲眼.

②直线上冲眼:短直线上至少打三个冲眼;长直线上根据线条长度要均匀分布眼位(如图 2-1-1-13 所示).

③圆上打样冲:一般小于 $\phi20mm$ 的圆最少打 5 个冲眼,在圆心和四个交点处打样冲.反之,大于 $\phi20mm$ 的圆一般打 9 个冲眼(如图 2-1-1-14 所示).

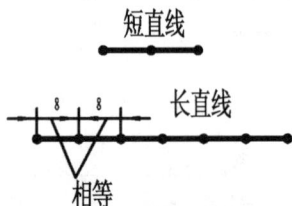

2-1-1-13　样冲位置　　图 2-1-1-14　样冲位置　　图 2-1-1-15　样冲位置

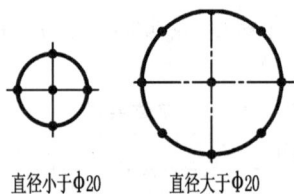

④圆弧、直线、圆弧之间打样冲:圆弧与直线相切的切点应打样冲;圆弧与圆弧之间的切点打样冲(如图 2-1-1-15 所示).

样冲要求:大小一样;深浅一致;均匀分布;交点正中;齐线打中.

9. 榔头(划线锤)

榔头主要用于锤击工件或借助工具锤击加工使用.而划线锤是用在工件所划线条上打样冲眼、打钻孔中心眼或调整划针盘划针的高度.(如图 2-1-1-16、图 2-1-1-17 所示)

(1)榔头的握法

①紧握法:用右手五指紧握榔头柄,大拇指合在食指上,虎口对准锤夹方向,木柄尾端裸露 $20\sim30mm$,在挥锤和锤击过程中,五指始终紧握.

②松握法:只用大拇指和食指始终握紧榔头柄,在挥榔头时,小指、无名指、中指则依次放松,在锤击时,又以相反方向的次序收拢握紧,这种握法的优点是手不易疲劳,且锤击力量大.

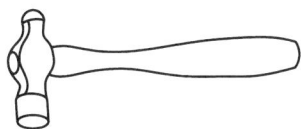

图 2-1-1-16　榔头

图 2-1-1-17　划线锤

（2）锤击挥臂技术要领：

①挥臂轨迹应在同一个平面内；

②手腕臂肘要放松；

③施力均匀适度：稳、准、狠.

10. 90°角尺

90°角尺常用的是宽座角尺.在平面划线中用来按某一基准划出它的垂直线；在立体划线中用来校正工件的某一基准面、线或线与钳桌的垂直度（如图 2-1-1-18 所示）

角尺使用及其注意事项

①使用前检查边、角有无碰伤,检查角度是否准确.

②使用中不许倒放,碰倒要扶起.

③使用后用棉纱擦净,装入专用盒中存放.

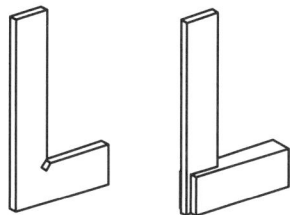

图 2-1-1-18　宽座角尺

六、划线基准

1. 基准的概念

基准是用来确定工件的几何要素的几何关系所依据点、线、面.设计图样上所采用的基准称为设计基准.划线时用来确定工件上的几何要素的几何关系所依据的点、线、面称为划线基准.划线基准包括划线时确定尺寸的基准（应尽量与设计基准重合）和在平板上放置工件或找正的基准.

2. 平面划线可选择的基准类型

确定平面划线基准时,一般可参考以下三种类型来选择：

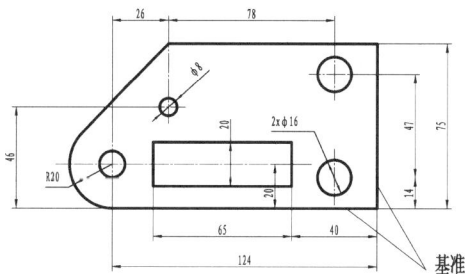

a)　L 型基准

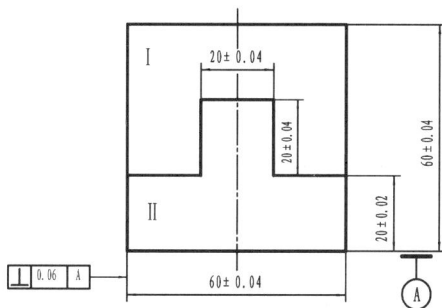

b)　T 型基准

表 2-1-1-10　本项目学习成绩鉴定办法

序号	项目内容	分值	评分标准
1	课题课堂练习表现、劳动态度和安全文明生产	15	按钳工操作规程要求评定为:ABCD 和不及格五级.其中 A 优秀,B 良好,C 中,D 及格
2	操作技能动作规范	25	按划线操作技术要求评定为:ABCD 和不及格五级.其中 A 优秀,B 良好,C 中,D 及格
3	项目课题制作成绩	60	按项目练习课题评分标准评定

表 2-1-1-11　本项目学习信息反馈表

序号	项目内容	评价结果
1	课题内容	偏多_____合适_____不够_____
2	时间分布	讲课时间(多_____合适_____不够_____) 课题练习时间(多_____合适_____不够_____) 结束小结时间(多_____合适_____不够_____)
3	项目课题的难易程度	高_____中_____低_____
4	教学方法	继续使用此法:是_____否_____增加教学手段_____ 形象性(好_____合适_____欠佳_____)
5	示范演示速度	快_____合适_____太慢_____
6	巡回辅导	是否到位:是_____否_____
7	其他建议	

✿ 课外作业

1. 什么叫划线? 划线有哪些分类? 区别是什么?

2. 划线有什么作用? 划线的基本要求是什么?

3. 什么叫基准? 划线基准有哪三种基本类型?

4. 在工件上冲眼时应注意哪些事项?

5. 榔头的握法有哪两种类型,分别的方法是什么?

6. 在直径为 250 mm 的圆周上钻七个孔,求孔距是多少?

7. 划线应注意哪些安全文明?

任务二　立体划线

任务 1:如图 2-1-2-1 所示,按轴承座的加工尺寸对轴承座进行立体划线.划线的方法和步骤可参考表 2-1-2-3 完成.

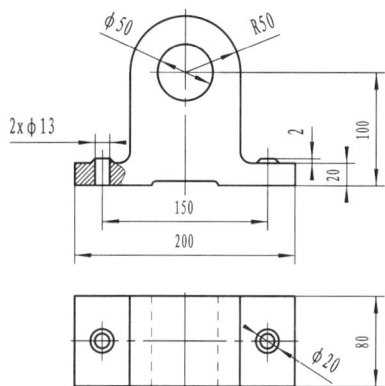

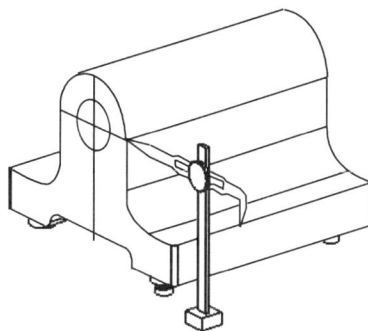

a) 轴承座视图　　　　　　　　　b) 轴承座立体图

图 2-1-2-1　立体划线样图

任务 2: 如图 2-1-2-2 所示,根据工件尺寸对 L 型工件进行立体划线.

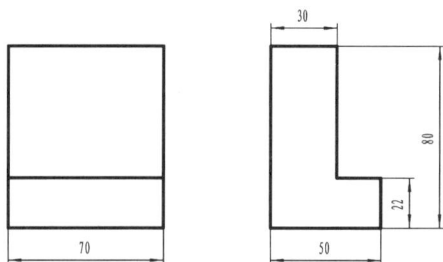

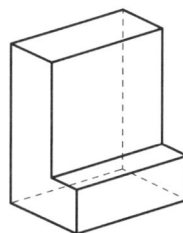

a) L 型工件视图　　　　　　　　　b) L 型工件立体图

图 2-1-2-2　立体划线样图

表 2-1-2-1　立体划线评分标准

姓名			工件号			总成绩	
项目一任务二		轴承座	项目一任务二		L 型工件、小榔头		
序号	考核要求		配分	评分标准		实测结果	得分
1	涂料		5	涂色薄而均匀,涂色位置合理(目测)			
2	工具锋利		5	工具刃口锋利			
3	图样正确		10	一处错误扣 5 分			
4	尺寸正确		5	一处错误扣除该项全部配分			
5	基准选择正确		10	不正确扣 10 分			
6	线条清晰,均匀,公差 ±0.25mm		9	线条不清晰,不均匀一处扣 3 分			
7	圆弧连接		8	圆弧连接光滑			
8	样冲眼位置准确、用力合理		9	一处不合格扣 3 分			
9	保留余量合理		10	分配不合理一处扣 2 分			
10	工具使用正确,操作姿势合理		8	发现一次不正确扣 2 分			
11	整体效果		5	整体美观,整洁			
12	安全文明生产		5	安全文明生产,违者不得分			
13	劳动纪律		5	违者不得分			
14	工时定额		6	在规定时间完成,超 5 分钟扣 3 分			

表 2-1-2-2　平面划线工具准备清单

序号	名称	规格	数量
1	划线平台	500mm×500mm	1个/组
2	方箱	600mm×600mm	1把/组
3	挡块(V形铁)		1个/组
4	内外卡钳		1把/组
5	高度游标尺		1把/组
6	量高尺		1把/组
7	划针盘		1把/组
8	角铁和C形夹		1把/组
9	钢直尺	0～300mm	1把/人
10	划针	自定(可用整形锉改制)	1支/人
11	划规	自定(弹簧等)	1把/人
12	样冲	自定	1支/组
13	榔头	0.5kg	1把/人
14	涂料	粉笔等	2支/人

任务情景

立体划线是在工件的几个(至少两个)互成不同角度(或相互垂直)的表面上划线,才能满足加工要求的一种操作方法.立体划线可以正确地找正工件在划线平板上的位置,直接关系到工件后续加工,是零件加工中的重要操作.

任务目标

通过该零件的训练,使学生学会读零件图、分析零件图,了解零件在机械传动和机械结构中所起的作用,从而掌握立体划线基本技能.掌握立体划线工件的借料,找正的方法.

技能练习

轴承座立体划线

表 2-1-2-3　轴承座立体、划线工艺步骤和图示

序号	划线步骤及方法	划线工艺步骤图示
一	分析:需要加工的部位有底面、轴承内孔、两侧大端面、2个螺栓孔及其上表面.需要划线的部位共有三个方向,工件需要三次安放才能划完全部线条.对轴承座毛坯已经铸有的 φ50 毛坯孔,需要事先安装好塞块并作好其他划线准备.(如右图所示)	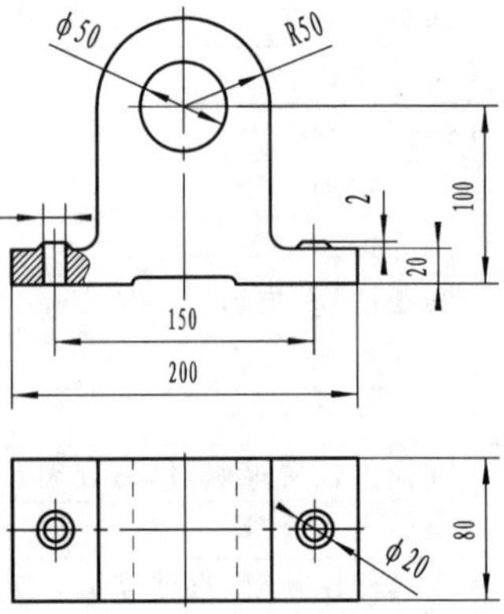

续表

序号	划线步骤及方法	划线工艺步骤图示
二	用三个千斤顶支承轴承座底面,经过调整使轴承内孔的两端孔中心在同一高度后,划基准Ⅰ—Ⅰ和底面加工线,划出两个螺栓孔上平面加工线.(如右图所示)	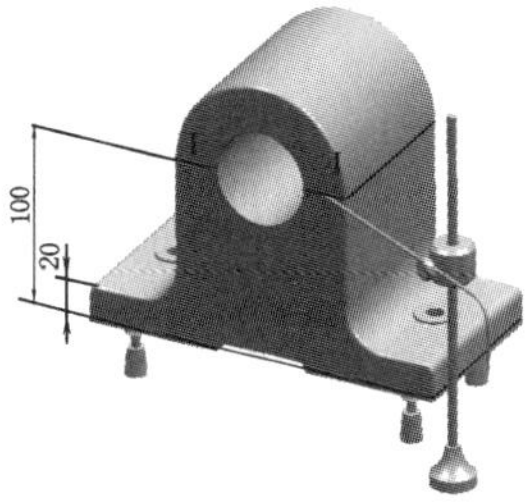 100 20
三	将工件翻转 90 度用千斤顶支承,经调整使轴承内孔的两端中心处于同一高度,同时用 90 度角尺按已经划好的底面加工线找正垂直度,划出两个螺栓孔的中心线和Ⅱ—Ⅱ—Ⅱ线.(如右图所示)	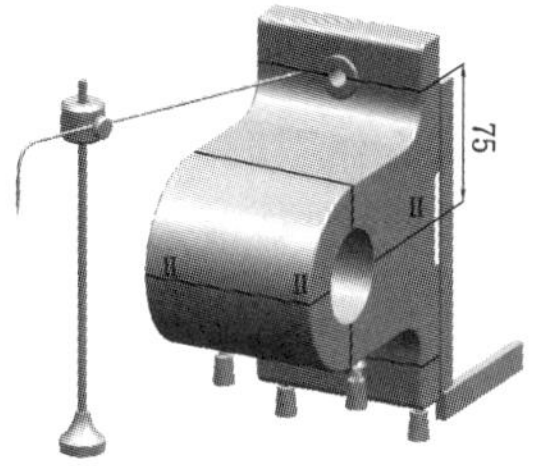 75
四	将工件翻转一定的位置,通过找正使底面加工线和Ⅱ—Ⅱ基准线处于铅垂位置.试划出两大端面的加工线.若两大端面的加工余量相差太多,则可通过两个螺栓孔中心线来借料,合适后划出基准线Ⅲ—Ⅲ和两大端面的加工线. 然后再划出轴承孔和两个螺纹孔的圆周线.(如右图所示)	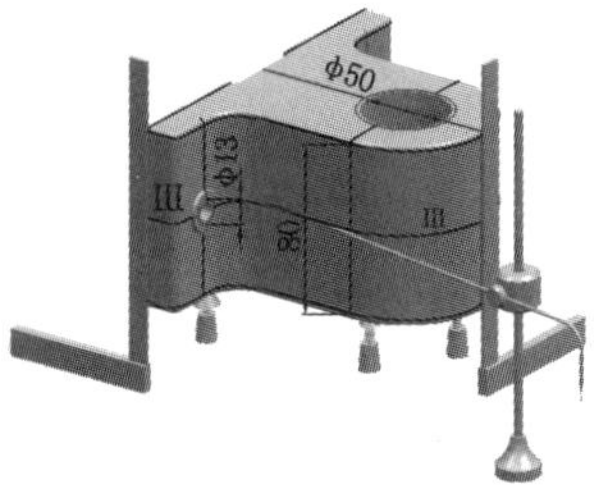 φ50 φ13 80
五	检查是否有错划、漏划.确定无误后,然后在所划线上冲样冲眼,划线工作结束. 注:冲眼时根据该零件表面的要求,用力适当.(如右图所示)	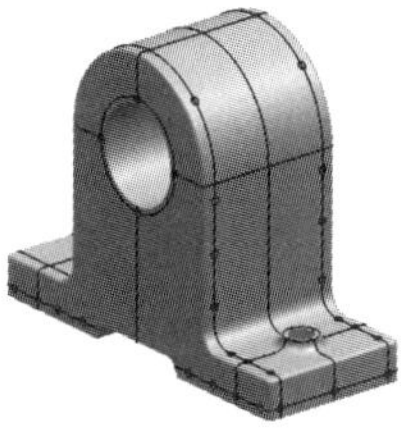

【立体划线基本工艺知识】

一、立体划线的概念

所谓立体划线是指在工件的几个不同的表面上同时进行划线(通常是相互垂直的表面上).立体划线主要是让加工者能看懂零件的加工图,明确零件各部位在机器中所起的作用.

二、立体划线的特点

1. 进行立体划线的工件各表面之间通常有一定的相互位置要求.如图 2-1-2-3 所示支架,支架的要求是两中心孔在同一轴线上且与底面平行,这两个孔的轴线必须在工件一次安装后划线.又如图 2-1-2-4 所示接头工件,要求是 C 面和 D 面在同一平面内且与孔的轴线平行.为保证接头各面、线相互位置的准确.C 面和 D 面以及轴线必须在工件一次性安装后完成划线.

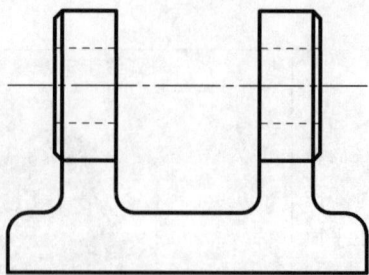

图 2-1-2-3　支架

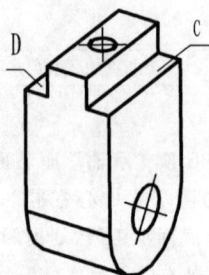

图 2-1-2-4　接头

2. 立体划线时,没有必要划出工件的全部轮廓线,可只划出要加工的界线(如图 2-1-2-5 所示 连杆)或机加工时的找正基准线.(如图 2-1-2-6 所示 滑块)

3. 在工件上划某项工序的加工线,是由零件加工工艺过程所规定的,因此,进行划线前必须掌握零件的工艺过程,如工件面上有孔,如该工件是先平面加工后再进行钻孔加工,则应先划出平面加工界线,若孔加工线先划在要加工的表面上,当表面被加工切削后,孔加工线就不存在了.

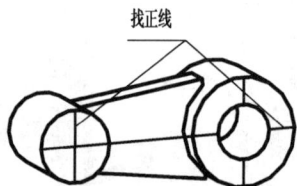

图 2-1-2-5　连杆

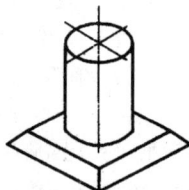

图 2-1-2-6　滑块

4. 立体划线是在划线平板上划线,用划针盘或高度划线尺等工具进行的划线,零件上所有与平板平行的尺寸要换算为平板表面到划针尖的高度尺寸,如图 2-1-2-7 所示.在划线过程中,如果工件发生位移或划针松动等,都将会产生划线误差或尺寸错误.

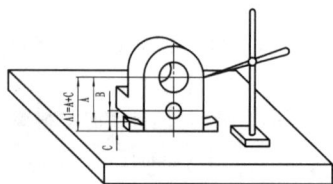

图 2-1-2-7　立体划线

5. 工件在长、宽、高三个方向均有尺寸要求时,在划完一个方向的尺寸后,将工件翻转 90 度时,须用角尺按已划出的直线找正工件一方向的正确位置.同时调整千斤顶或楔铁找正工件在另一个方向的位置.当工件在上述两方向尺寸位置线划完后,将工件再翻转 90 度时,须用角尺在两个方向上,按已划出的线找正工件.

三、立体划线基准选择原则

立体划线的基准选择,实际上是如何找正工件毛坯的主要部位在划线平板上的位置,以及确定其划线尺寸的起点.在工件上划出基准线后,即可按图纸规定的尺寸,划出所需的全部线条.基准选择原则有如下几种方式:

1. 工件的所需表面均要加工,则应保证各表面留有合理的加工余量为前提选择基准.

2. 如图 2-1-2-8 所示,工件上有不加工表面时,应选择对外观、结构强度和质量影响较大的不加工面为基准.

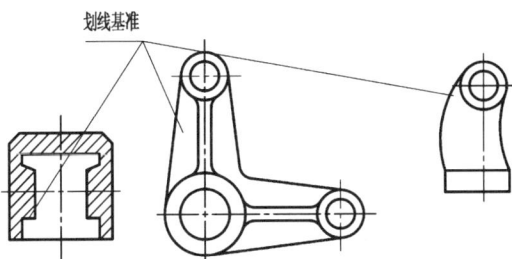

图 2-1-2-8　基准的选择　　　　　　　图 2-1-2-9

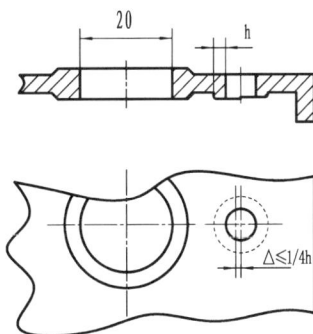

3. 工件上有重要凸台或孔时,可在保证主要部位正确形状的前提下,允许次要部位的孔相对于毛坯稍有歪斜,但最大偏斜量不应超过孔壁厚度的四分之一(如图 2-1-2-9 所示)

4. 零件上的重要加工面(例如床身、导轨面),在划线时,应保证该表面有适当和均匀的加工余量.床身铸造时,因导轨面在下方,铁水质量好,杂质少、冷却速度大、内部组织也较好,若加工余量不均匀,将使导轨表面硬度不均匀;若加工余量过大,会将内部组织较好的一层金属切削掉;若加工余量过小,则又不能切削掉表面上一层质量较差的表层金属.

5. 工件上有已加工表面时,应当选择已加工面为划线基准.

6. 在工件的三个方向进行划线,每划一个方向的线即要确定一次划线基准.但在确定第一个方向划线基准时,必须同时考虑第二个方向的划线基准.在确定第二个方向划线基准的同时仍需考虑第三个方向的划线基准.当工件在一、二两个方向的位置一经确定,第三个方向的正确位置就自然确定了.

要准确确定工件的基准,要根据工件的具体情况,抓住主要问题,兼顾次要问题.划线基准选择还应具备零件图和零件加工工艺的分析.要灵活应用,活学活用,学以致用,切不可生搬硬套.

四、立体划线的找正与借料

1. 找正

找正就是用划线盘或高度划线尺、90 度角尺、单脚划规等划线工具,通过调节支承工具,使工具的有关表面处于合理的位置,将此表面作为划线时的依据.如图 2-1-2-10 所示的轴承座,由于底板的厚度不均,因其底板上表面 A 为不加工面,就以该面为依据,再划出下底面加工线,从而使底板上、下两面基本保持平行.

图 2-1-2-10　轴承座

找正的要求和方法如下:

(1)毛坯上有不加工表面时,应按不加工面找正后再划线,使待加工表面与不加工表面各处尺寸均匀.

(2)工件上若有几个不加工表面时,应选重要的或较大的不加工表面作为找正的依据,使误差集中到不重要的部位.

(3)若没有不加工表面时,可以将待加工的毛坯孔和凸台外形作为找正依据.

(4)圆形毛坯件的端面找正且确定中心:

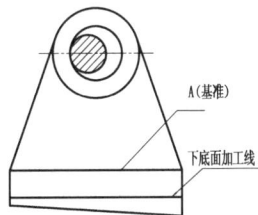

① 用划规找正:在毛坯圆周大致相垂直的四个方向上以略大于(或小于)毛坯外圆的半径为半径,一脚紧靠外圆,另一脚在工件端面划弧,此工件的中心即在所划圆弧范围内.

② 将工件放在 V 型铁上,将划针尖大致调到工件的中心位置划出 aa 直线,然后将工件旋转 180°,用划针的同一高度,划出 bb 直线,微调划针尖高度于两直线之间,即可划出工件该方向的中心线.再将工件转 90°,按相同方法,可确定另一方向的中心位置,两直线之交点即为工件中心.(图 2-1-2-11 所示)

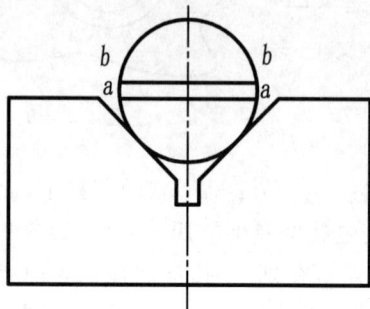 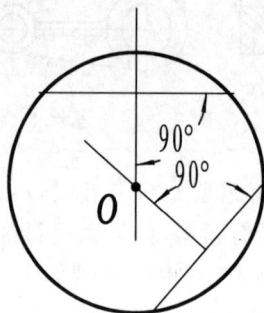

图 2-1-2-11　　　　　　　　　图 2-1-2-12

③确定已加工圆的圆心:在已加工工件的端面上,精度要求较高时,可采用如图 2-1-2-12 所示的方法,作出任意长两弦的垂直平分线的交点 O,即为该圆圆心.

2. 借料

由于毛坯工件存在尺寸和形状误差或缺陷,使某一些待加工面的加工余量不足,用找正的方法也无法补救时,就可通过试划和调整,重新分配各个待加工面的加工余量,使各个加工面都能顺利加工,并能达到所需的要求,这种补救性的划线方法叫做借料.

如图 2-1-2-13a 所示圆环,如毛坯精度较高,内孔与外圆柱面无偏心,则可直接按图样划线,就不需要借料了.(如图 2-1-2-13b 所示)

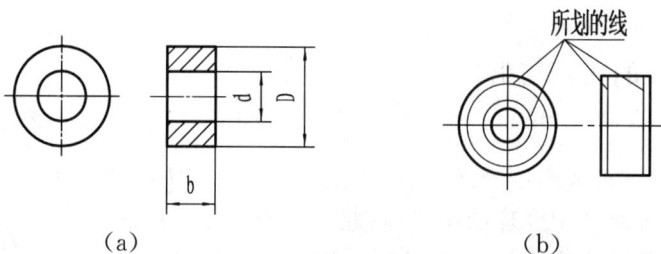

（a）　　　　　　　　　　　（b）

图 2-1-2-13

对于待借料的工件,首先要详细测量,根据工件各加工面的加工余量判断能否借料.若能借料,再确定借料的方向及大小,然后从基准开始逐一划线.若发现某一加工面余量不足,则再次借料,重新划线,直到各加工面都有允许的最小加工余量为止.

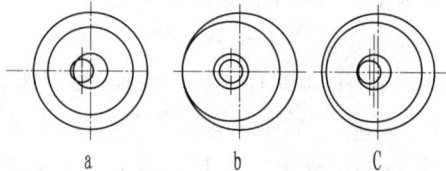

a　　　　b　　　　C

图 2-1-2-14

例如图 2-1-2-14 所示,若不顾及内孔而先划外圆,则再划内孔时加工余量就不够.反之,如果不顾及外圆而先划内孔,则同样会使划外圆时加工余量不够.

【项目知识链接】

一、划线方箱

方箱通常带有 V 形槽和夹紧装置,用于夹持尺寸较小、加工面较多的工件.其规格有 100 mm、150 mm 和 200 mm 等.通过翻转方箱,能实现工件一次安装后在几个表面的划线,如图 2-1-2-15 所示.

使用及注意事项

(1)在方箱上划线的工件必须夹紧.

(2)方箱翻转时要轻拿轻放,防止工件移动.

(3)方箱使用后要妥善保管.

二、V 形铁

V 形铁主要用于支承、安放轴、套筒等圆形工件,以确定中心并划出中心线,如图 2-1-2-16 所示.

为了使工件安放平稳,保证划线的准确性,在安放时,需要选择两个等高的 V 形架.两个 V 形架是在一次装夹中同时完成加工的.

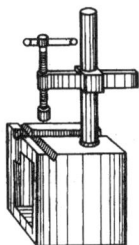

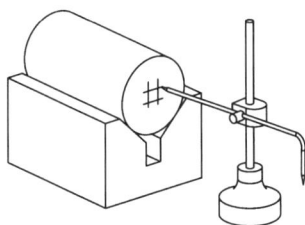

图 2-1-2-15　方箱　　　　　图 2-1-2-16　V 形铁支承工件

三、千斤顶

千斤顶用于支承较大的或形状不规则的工件,通常三个一组使用,其高度可以调节,便于找正.(如图 2-1-2-17 所示)千斤顶主要有机械千斤顶和液压千斤顶两种.

使用及注意事项

(1)使用前必须检查丝杆长度和丝杆的伸出长度.

(2)为确保划线安全,应在工件支承好后在工件与钳桌之间衬放木板.

(3)为保证工件的稳定性,要求工件的重心落在三个千斤顶的支承点范围内,且三个支承点形成的三角形面积越大越好,以防止工件翻倒.

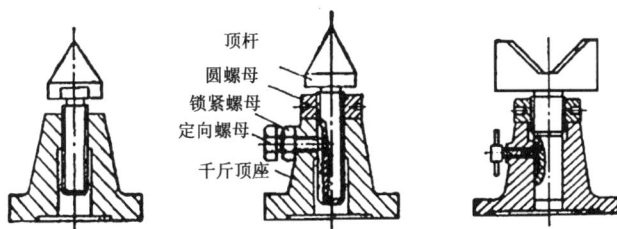

图 2-1-2-17　千斤顶

四、内外卡钳

卡钳(单脚划规)主要用于确定轴和孔的中心位置.卡钳是由嘴、卡脚、轴、轴孔和眼圈组成.同样规格尺寸的内、外卡钳组成一副.

使用卡钳测量工件时,要在被测工件的外圆或内孔上下窜动或左右摆动多次,要不断总结手感和经验,需要反复练习,达到熟练应用,如图 2-1-2-18 所示.

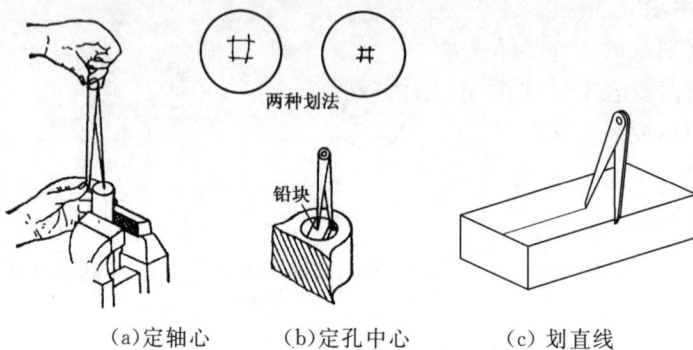

（a)定轴心　　（b)定孔中心　　（c)划直线

图 2-1-2-18　卡钳的用法

五、量高尺和高度游标划线尺

量高尺是固定钢直尺以方便划针盘量取尺寸的工具,如图 2-1-2-19a 所示.

高度游标划线尺是精确的量具及划线工具,它可用来测量高度,又可用其量爪直接划线.其读数值一般为 0.02 mm,划线精度可高达 0.1 mm 左右,一般限于半成品划线.若在毛坯上划线,易损坏其硬质合金的划线脚,如图 2-1-2-19b 所示.

使用及其注意事项

(1)尺寸调整方法:先将高度游标尺主副游标的锁紧螺钉松开,滑动主副游标至所调尺寸周围,然后锁紧副游标螺钉,通过微调调整出精确的尺寸,最后锁紧主游标螺钉即可进行划线,其尺寸读法与游标卡尺相同(参照后面游标尺的读法).

(2)使用时,应使量爪垂直于工件表面一次划出,而不能用量爪的两尖端划线,以免测尖磨损,降低划线精度.

(3)校尺方法:将划线刃口的下平面下落,使之与基座工作面轻轻接触,再看尺身零线与游标零线是否对齐,若未对齐应及时校正,校尺工作应在精密平板上进行.

(4)高度游标划线尺用后取下划刀并用棉纱擦净,涂一层润滑油,放入专用盒中存放.

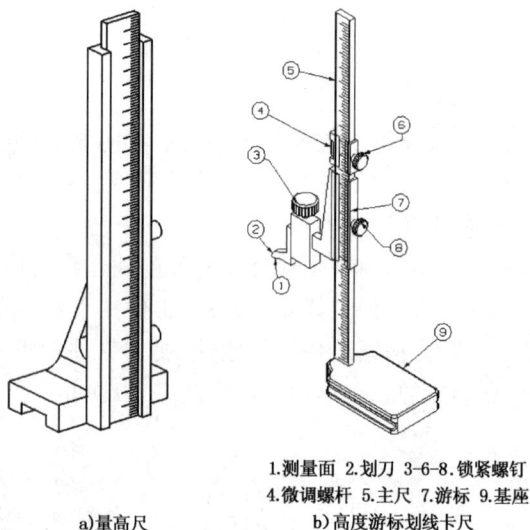

1.测量面　2.划刀　3-6-8.锁紧螺钉
4.微调螺杆　5.主尺　7.游标　9.基座

a)量高尺　　　　b)高度游标划线卡尺

图 2-1-2-19　量高尺与高度游标划线尺

六、游标卡尺

游标卡尺是工业上常用的测量长度的仪器,也是一种中等精度的量具.游标卡尺的特点是:结构简单、使用方便、测量范围大、测量精度较高.在生产中应用广泛.游标卡尺根据用途又分为:游标卡尺、数字显示游标卡尺、深度游标尺、高度游标尺、齿厚游标尺、带表游标卡尺几种.

1. 固定下(外)量爪 2. 锁紧螺钉 3. 游标 4. 主尺 5. 测深杆 6. 活动下(外)量爪 7. 游标轮 8. 上(内)量爪

图 2-1-2-20　游标卡尺的测量功能

1. 游标卡尺的结构和组成

以测量范围 0～125mm 的游标卡尺为例(如图 2-1-2-20 所示),上量爪:由一固定卡爪和一活动卡爪组成,测零件的内径尺寸;下量爪:由一固定卡爪和一活动卡爪组成,测零件的外径、测长度尺寸;深度尺(测深杆):测深度、测阶台尺寸;主尺:上面有刻度,读数用;副尺(游标):上有刻度,可在主尺上滑动,读数用;锁紧螺钉:调节副尺松紧.

2. 游标卡尺刻线原理和读数方法

游标卡尺的读数是由主尺和副尺两部分组成.当量爪两测量面贴合在一起时,副尺上的"0"刻线正好对准主尺上的"0"刻线,此时量爪间的距离为零.当副尺向右移动某一位置时,两测量爪之间的距离,就是零件的测量尺寸.此时,零件尺寸的整数部分可在副尺零线左边的主尺刻线上读出.而小数部分需借助副尺上刻线读出.游标卡的读数原理和读数方法如下表:

表 2-1-2-4　游标卡尺的刻线原理

精度值	刻线原理图示	刻线原理说明
0.02 mm	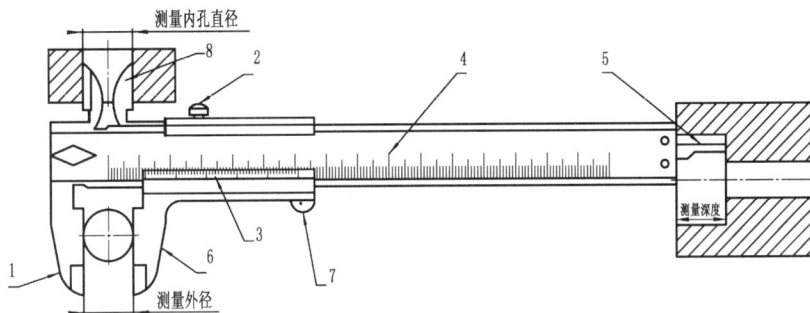 主尺 1 格＝1 mm;副尺 1 格＝0.98mm,共 50 格, 主尺、副尺每格差＝1 mm－0.98 mm＝0.02 mm	主尺每小格 1 mm,每大格 10 mm,主尺上的 49mm 长度刚好在副尺上分成 50 格.副尺每格长度是：49÷50＝0.98 mm.那么,主尺与副尺每格的差是：1 mm－0.98 mm＝0.02 mm,所以,副尺每格读数为 0.02 mm.

表 2-1-2-5　游标卡尺的读数方法

精度值	图例	读数方法	步骤
0.02mm		读数＝副尺零线左面主尺的毫米整数＋副尺与主尺重合线数×精度值　示例:读数＝25mm＋12×0.02mm＝25.24mm	1.读出副尺零线左边所对应的主尺上的毫米整数为测得尺寸的整数值;2.读出副尺上与主尺刻线对齐的那一条刻线所表示的数值,即为小数;3.将主尺上的整数与副尺上的小数相加即得工件的尺寸.

3. 游标卡尺的使用方法

(1)测量前:将游标卡尺清理干净,并将两量爪合并,检查游标卡尺的精度即:检查主尺与副尺的零线是否对齐,并用透光法检查量爪的测量面是否贴合,如透光不均,说明该量爪测量面已磨损,该游标卡尺不能测量出精确的尺寸.

(2)测量时:

(a)测量内径　　　　　　(b)测量外径　　　　　　(c)测量深度

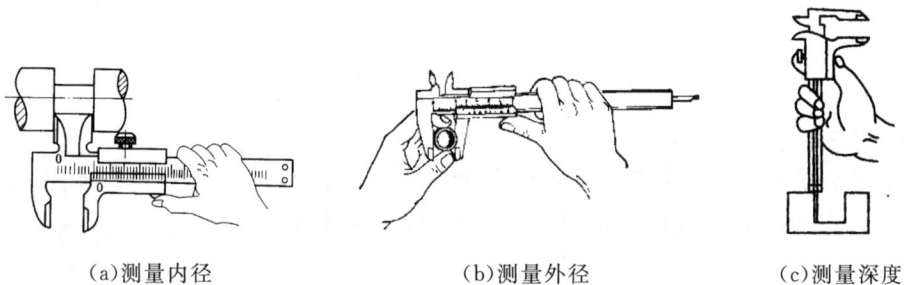

图 2-1-2-21　测量方法

①工件与游标卡尺要对正,测量位置要准确;

②两量爪要与被测工件表面贴合,不能歪斜;

测量零件内部尺寸的方法:要使上量爪的测量刀口距离小于所测量的孔或槽的尺寸,然后慢慢地使下量爪向外分开,当两个测量刀口都与零件表面相接触后,须把紧固螺钉拧紧再取出卡尺,读出数值.从孔内或槽内取出量爪时,要顺着内壁滑出,不可歪斜,否则会使量爪扭伤变形和造成不必要的磨损,同时还容易使已经固定好的游标框移动位置,影响读数的准确性.(如图 2-1-2-21a 所示)

测量零件外部尺寸的方法:先把零件放至两个张开的量爪内,贴靠在固定量爪上,然后用轻微的压力,把活动量爪推过去(指没有调节螺母的卡尺),当两个量爪的测量面已与零件表面紧靠时,即可从卡尺上读出零件的尺寸.(如图 2-1-2-21b 所示)

在测量零件外径、孔径或沟槽时,量爪要放正,不能歪斜,应当在垂直于零件轴线的平面内进行测量,否则量得不准确.

游标卡尺测量零件深度时,卡尺要与零件孔(或槽)的顶平面保持垂直,再向下移动活动量爪,使测深杆和孔(或槽)底部轻轻地接触,然后拧紧制动螺丝,取出卡尺读取数值.(2-1-2-21c 所示)

③掌握好两量爪与工件接触面的松紧程度,不能过紧或过松.

(3)读数时:要正对游标卡尺刻线,看准对齐的刻线,不能斜视,以减少读数误差.为了减少读数的误差,最好在零件的同一位置上多测量几次,读它的平均读数值.

4. 游标卡尺的使用注意事项

(1)使用前先擦净卡脚,然后合拢两卡脚使之贴合,检查主、副尺零线是否对齐.若未对齐,应在测量后根据原始误差修正读数.

(2)测量时,方法要正确,读数时要垂直于尺面,否则测量不正确.

(3)当卡脚与被测工件接触后,用力不能过大,以免卡脚变形或磨损,降低测量的准确度.

(4)不得用卡尺测量毛坯表面.使用完毕后须擦拭干净,放入盒内.

5. 游标卡尺的安全文明操作

(1)严禁乱扔乱放游标卡尺,以免损坏量爪等部分.

(2)游标卡尺要轻拿轻放,用后放于游标卡尺盒内,不能和其他工具放在一起,特别不能和手锤、錾子、车刀等刃具堆放在一起.

(3)应时刻注意使卡尺平放.如果随便放在不平的地方,会使主尺变形,带有深度尺的游标卡尺,测量工作完毕后,要及时将深度尺推入,防止变形甚至折损.

(4)卡尺不使用时,应擦拭干净、涂油,放在专用的盒内.

(5)不能把卡尺放在带有磁场的物体附近,以免使卡尺磁化.

(6)卡尺刻度表面生锈或积结污物,不应使用砂布或研磨砂来擦除.如实在有必要时,也只能用极细的研磨膏仔细地进行擦拭修理.

【技能质量分析和安全操作规程】

一、立体划线时产生错误的形式、原因及预防方法

表 2-1-2-6　立体划线出现错误的原因

划线错误形式	原因	预防方法
涂色不均匀	涂料选择不正确;涂色时没有按要求	涂色后用手轻将涂料均匀地涂在工件需划线的部位.
基准选择错误,划线错误	工件工艺分析不正确;基准选择错误;量取尺寸不仔细.划线尺未校正.	读懂零件图,正确选择工件基准,掌握工件的加工工艺.调整划线尺要认真仔细,划线前校正划线尺.
余量不正确	没有预留余量	留适当的加工余量
样冲歪斜,用力不均匀	样冲未对准、扶正,各样冲眼用力不均匀,敲打次数过多或未按工件表面要求打样冲.	样冲对准,垂直于工件表面,一锤定形,用力根据工件表面的 Ra 值决定.
辅助工件运用不正确	调整方法不正确	调整认真仔细,正确运用.

二、立体划线安全文明操作规程

1. 划线前,先校正所需的划线尺.

2. 立体划线时,必须按照划线操作工艺进程进行划线.

3. 正确使用立体划线工具,立体划线时将划线工具轻拿轻放,不得随地乱扔乱放.

4. 划线结束后,将划线工具擦干净、涂油,按6S管理制度维护工具,不得与其他工具堆放.

5. 不得将划线工具作为武器使用,不得用划线工具损坏公共设施设备.

【成绩鉴定和信息反馈】

请参照表2-1-1-10和表2-1-1-11。

✳课外作业

1. 什么叫立体划线?

2. 毛坯件划线的特点是什么?

3. 什么叫划线找正? 找正的原则是什么?

4. 毛坯件划线决定划线基准和划线顺序的原则是什么?

5. 千斤顶有哪几种? 使用千斤顶给大件划线时应注意哪些问题?

7. 什么是高度游标划线尺? 怎样使用高度游标划线尺? 高度游标划线卡尺的使用与维护方法如何?

8. 什么是卡钳? 有何用途?

9. 在圆柱端面上怎么找圆心?

10. 什么是划线时的借料?

项目二 锯割

项目简述

现代机械工业的生产、加工和维修工作中涉及许多机械或手工加工方法.机械加工工作中只要涉及对材料进行加工的,不管是机械加工或手工加工都涉及一道重要工序,那就是下料.不管是机械下料或是手工下料都涉及锯割.所以锯割是钳工的一项重要的基本操作.也是职业学校钳工生产实习教学大纲中的重点内容,在钳工生产实习教学中占有极其重要的地位,是技能鉴定的主要考核项目之一.

项目内容

1. 锯割的定义和作用.
2. 锯割的工具及其选择方法.
3. 锯割工件的装夹方法.
4. 锯割的动作要领.
5. 不同工件的锯削方法和锯割质量分析方法.

能力目标

1. 懂得手锯的构造.
2. 根据不同材料能正确选择锯条,并能正确安装.
3. 掌握各种型材的锯割方法,操作姿势正确,并能达到加工要求.
4. 了解锯缝歪斜、锯齿崩裂和锯条折断产生的原因及防止方法.
5. 做到安全、文明操作.

任务:长方体锯割

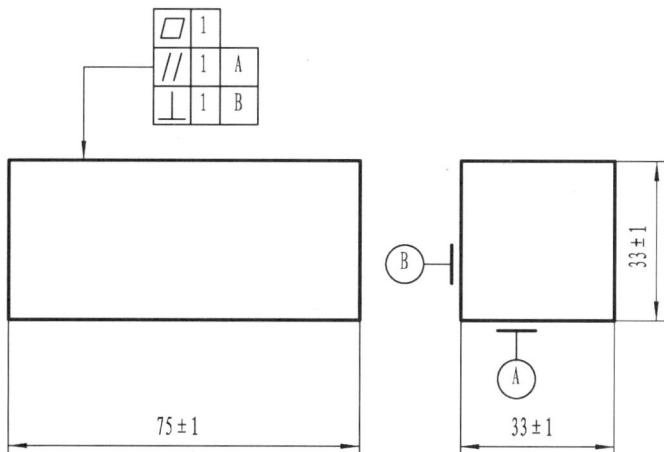

图 2-2-1

表 2-2-1 锯割的评分标准

姓名		工件号			总成绩	
序号	考核要求	配分	评分标准		实测结果	得分
1	33±1mm 两组	20	每超差 0.10mm 扣 5 分			
2	75±1mm	10	每超差 0.10mm 扣 5 分			
3	垂直度 1 mm	10	每超差 0.10mm 扣 5 分			
4	平行度 1 mm	10	每超差 0.10mm 扣 5 分			
5	平面度 1 mm	10	每超差 0.10mm 扣 5 分			
6	锯割姿势正确	10	不合格者不得分			
7	锯割断面纹路整齐	10	一处不合格扣 2 分			
8	锯条的使用	5	每折断一根扣 5 分			
9	安全文明生产	15	每违反一项扣 5 分			
10	工时定额	扣分	12 小时完成,超过 30 分钟内扣 5 分.			

表 2-2-2 工量具准备清单

序号	名称	规格	数量
1	游标高度划线尺	0~300mm	1 把/组
2	游标卡尺	0~150mm	1 把/组
3	角尺	100mm×63mm	1 把/组
4	划线平台		1 把/组
5	划针		1 把/组
6	挡块(V 形铁)		1 把/组
7	锯弓		1 把/人
8	锯条		3 根/人

活动情景

锯割是根据图样的尺寸要求,用手锯锯断金属材料(工件)或在工件上进行切槽的操作方法,锯割的技巧性强,技术要求高,是钳工的三大基本技能之一,要求重点掌握.

任务要求

熟练地掌握锯割的基本操作技能和工艺知识,合理选择锯条,正确装夹工件和安装锯条;掌握正确的起锯方法,掌握锯割的相关安全生产知识.

技能练习

锯割课题加工工艺步骤

表 2-2-3 锯割课题加工工艺步骤

步骤	工艺方法	工艺步骤图
1	毛坯和工量具准备,安装好锯条,注意锯齿方向朝正前方,不可反装,检查毛坯直径是否合格.	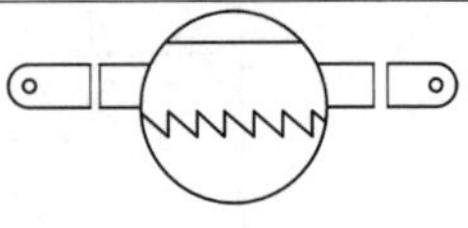 锯条安装方法
2	按长度划线,注意划线时可以用较厚的长方形纸片包围在外圆表面进行划线,如右图所示,然后下料:将圆钢按尺寸锯割成 φ48 mm×75 mm 的棒料,尺寸误差控制在 +1 mm 以内,平面度误差控制在 1 mm 以内.	 圆钢下料划线方法

步骤	工艺方法	工艺步骤图
3	划线:在V形块上结合角尺划出十字交叉线,再按(33+锯缝宽)/2划平行线,最后连接成外形锯缝线.注意划互相垂直的中心线时一定要用角尺靠正,以保证垂直度,划线时注意划针的运行路线和倾斜方向,防止划针跳动.(锯缝宽度根据锯齿粗细来确定)	
4	按锯缝线依次锯割得到长方体.注意起锯要准确,一般采用远起锯,起锯角度要小些,注意锯痕整齐,表面平整.做到尺寸误差控制在±1mm以内,平面度、垂直度、平行度误差控制在1mm以内.加工过程中,注意基准面的加工要平整,锯割时随时观察,及时借正.	
5	锯割完毕,将锯弓上的蝶形螺母(翼形螺母)适当放松,但不可拆下锯条.然后将工件上交.	

【锯割基本工艺知识】

一、锯割定义及应用范围

1. 锯削的概念

利用锯条锯断金属材料(工件)或者在工件上进行切槽的操作称为锯割.虽然当前各种自动化、机械化的切割设备已广泛地使用,但手工锯割还是常见的,它具有方便、简单和灵活的特点,在单件小批生产、临时工地以及切割异形工件、开槽、修整等场合应用较广.因此手工锯割是钳工需要掌握的基本操作之一,如图2-2-2所示.

图 2-2-2 锯割

2. 应用范围

锯割工作范围包括:

①分割各种材料及半用品;②锯掉工件上多余部分;③在工件上锯槽.主要适用于较小材料或工件的加工.如图2-2-3为手锯的主要工作范围,图a为把材料锯断,图b为锯掉工件上的多余部分,图c为在工件上锯槽.

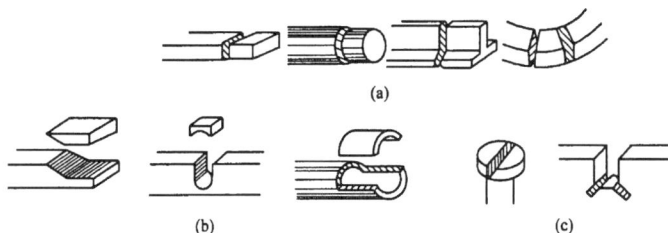

(a)

(b)　　(c)

图 2-2-3 锯割的应用范围

二、锯割的工具

手锯:手锯由锯弓和锯条两部分组成.

1. 锯弓

锯弓是用来夹持和拉紧锯条的工具. 有固定式和可调式两种. 固定式锯弓的弓架是整体的, 只能装一种长度规格的锯条. 可调式锯弓的弓架分成前后两段, 由于前段在后段套内可以伸缩, 因此可以安装几种长度规格的锯条, 目前广泛使用的锯弓是可调式锯弓.

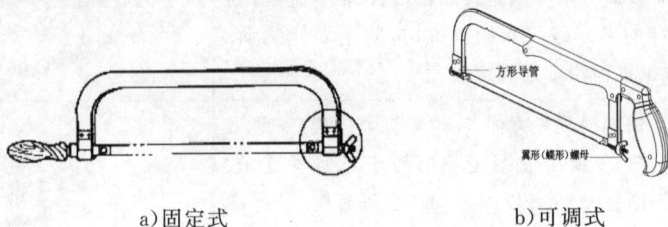

a)固定式　　　　　　b)可调式

图 2-2-4　锯弓种类

2. 锯条

(1)锯条的材料与结构

锯条是用碳素工具钢(如 T10 或 T12)或合金工具钢, 经热处理制成. 锯条的规格以锯条两端安装孔之间的距离来表示, 常用锯条长 300 mm、宽 12 mm、厚 0.8 mm.

锯条的切削部分由许多锯齿组成, 每个齿相当于一把錾子起切割作用. 常用锯条的前角 γ 为 0°、后角 α 为 40°~50°、楔角 β 为 45°~50°, 如图 2-2-5.

锯条的锯齿按一定形状左右错开, 排列成一定形状称为锯路. 锯路有交叉、波浪等不同排列形状. 锯路的作用是使锯缝宽度大于锯条背部的厚度, 防止锯割时锯条卡在锯缝中, 并减少锯条与锯缝的摩擦阻力, 使排屑顺利, 锯割省力, 减少磨损或折断, 如图 2-2-6.

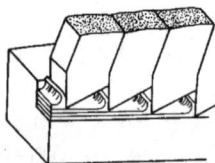

图 2-2-5　锯齿的形状　　　　　　图 2-2-6　锯路

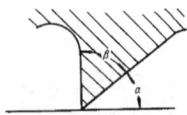

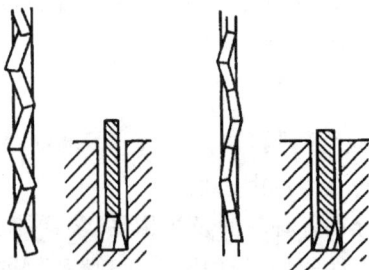

锯齿的粗细是用锯条上每 25mm 长度内的齿数来表示的. 14~18 齿为粗齿, 22~24 齿为中齿, 32 齿为细齿. 锯齿的粗细也可按齿距 t 的大小来划分: 粗齿的齿距 t=1.6mm, 中齿的齿距 t=1.2mm, 细齿的齿距 t=0.8mm.

(2)锯条粗细的选择

锯条的粗细应根据加工材料的硬度、厚薄来选择.

锯割软的材料(如铜、铝合金等)或厚材料时, 应选用粗齿锯条, 因为锯屑较多, 要求较大的容屑空间.

锯割硬材料(如合金钢等)或薄板、薄管时, 应选用细齿锯条, 因为材料硬, 锯齿不易切入, 锯屑量少, 不需要大的容屑空间; 锯薄材料时, 锯齿易被工件勾住而崩断, 需要同时工作的齿数多, 使锯齿承受的力量减少.

锯割中等硬度材料(如普通钢、铸铁等)和中等硬度的工件时,一般选用中齿锯条.

(3)锯条的安装

手锯是向前推时进行切割,在向后返回时不起切削作用,因此安装锯条时应锯齿向前,如图 2-2-7.锯条的松紧要适当,太紧失去了应有的弹性,锯条容易崩断;太松会使锯条扭曲,锯缝歪斜,锯条也容易崩断.安装时的松紧程度可用手扳动锯条,感觉硬实即可.同时,一定要注意观察锯条平面是否平行于锯弓中心平面,防止倾斜和扭曲.

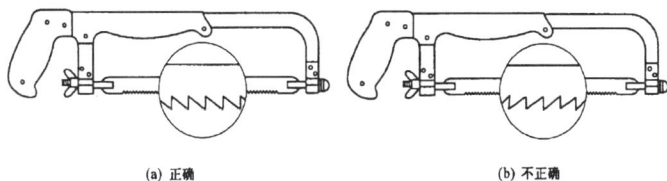

(a) 正确　　　　　　　　(b) 不正确

图 2-2-7　锯条的安装方法

三、工件的装夹方法

工件的夹持要牢固,不可有抖动,以防锯割时工件移动而使锯条折断.同时也要防止夹坏已加工表面和使工件变形.工件尽可能夹持在虎钳的左面,以方便操作;锯割线应与钳口侧面平行(锯缝线与铅垂线方向一致),以防锯歪斜;工件伸出钳口应该尽量短,工件装夹应使锯缝距离钳口侧面 20mm 左右,防止工件在锯削过程中产生振动.对于薄壁、管子及已加工表面,要防止夹持太紧而使工件或表面变形.

四、锯割的方法

1. 锯割姿势和基本方法

锯割时站立姿势:左脚在前,右脚在后,两脚距离约为锯弓之长,成 L 形.

锯弓的握法:右手推锯柄,左手大拇指扶在锯弓前面的弯头处,其他四指握住下部.锯割时推力和压力均主要由右手控制.左手所加压力不要太大,主要起扶正锯弓的作用.

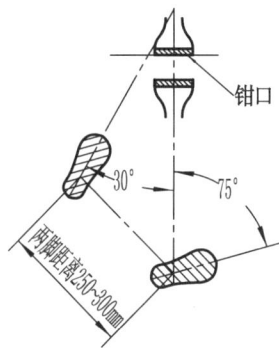

图 2-2-8　锯削站立姿势

2. 起锯方法

起锯的方式有远边起锯和近边起锯两种,一般情况采用远边起锯.因为此时锯齿是逐步切入材料,不易卡住,起锯比较方便.起锯角 α 以 15°左右为宜.为了起锯的位置正确和平稳,可用左手大拇指挡住锯条来定位.起锯时压力要小,往返行程要短,速度要慢,这样可使起锯平稳.

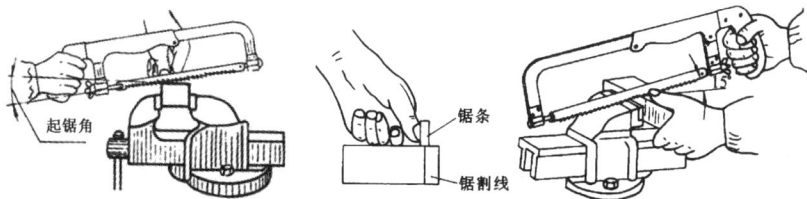

起锯角　　锯条　　锯割线

图 2-2-9　起锯方法

3. 正常锯割

锯割时,手握锯弓要舒展自然,右手握住手柄向前施加压力,左手轻扶在弓架前端,稍加压力.人体重量均布在两腿上.锯割时速度不宜过快,以每分钟 30~60 次为宜,并应用锯条全长的三分之二工作,以免锯条中间部分迅速磨钝.

推锯时锯弓运动方式有两种:一种是直线运动,适用于锯缝底面要求平直的槽和薄壁工件的锯割;另一种锯弓上下摆动,这样操作自然,两手不易疲劳.手锯在回程中,不应施加压力,以免锯齿磨损.

锯割到材料快断时,用力要轻,以防碰伤手臂或折断锯条.

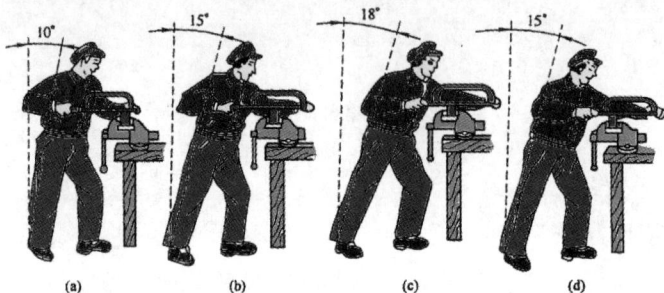

图 2-2-10　锯削动作要领和方法

五、不同工件的锯削方法

1. 棒料的锯削方法

可用长方形硬纸片围住圆钢划线,以便得到垂直于轴线的整齐的锯缝,如图 2-2-11(管子的锯割划线与此同).锯割圆钢时,为了得到整齐的锯缝,应从起锯开始以一个方向锯结束.如果对断面要求不高,可逐渐变更起锯方向,以减少抗力,便于切入.

2. 管子的锯削

锯割圆管时,一般把圆管水平地夹持在虎钳内,对于薄管或精加工过的管子,应夹在木垫之间.锯割管子不宜从一个方向锯到底,应该锯到管子内壁时停止,然后把管子向推锯方向旋转一定角度,仍按原有锯缝锯下去,这样不断转锯,直到锯断为止.如图 2-2-12、图 2-2-13.

图 2-2-11　圆钢的划线方法

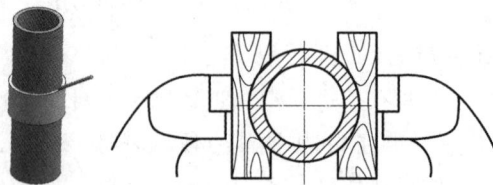

图 2-2-12　管子的划线与锯割方法

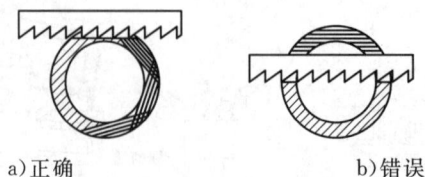

a)正确　　　　　　　　b)错误

图 2-2-13　管子的锯割运锯路线

3. 薄板料的锯削

锯割薄板时,应该尽可能地从板料的宽面上锯下去,或者直接将板料夹持在台虎钳上,用手锯作横向斜线锯割,如图 2-2-14a. 当只能从板料的窄面上锯割时,为了防止工件产生振动和变形,可用木板夹住薄板两侧进行锯割,连木块一起锯下,如图 2-2-14b.

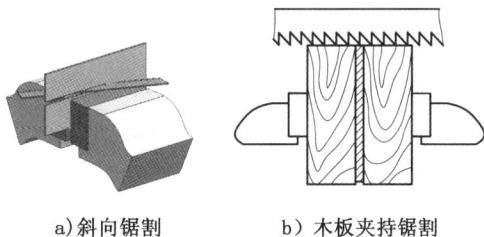

4. 深缝的锯割方法

当锯缝的深度超过锯弓的高度时,应该将锯条转过 90 度重新安装,使锯弓转到工件的侧面,

a)斜向锯割　　　　b）木板夹持锯割

图 2-2-14　薄板的锯割方法

当锯弓转 90 度依然高度不够时,可以使锯齿朝内(转动 180 度)安装进行锯割.如下图所示.

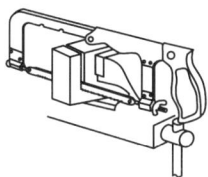

图 2-2-15　正常锯割　　　图 2-2-16　侧面方向锯割　　　图 2-2-17　锯齿向内锯割

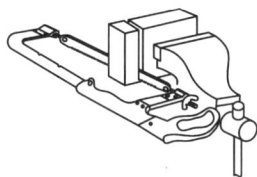

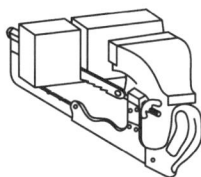

【技能质量分析和安全操作规程】

一、技能质量分析

1. 锯条损坏的形式

锯条损坏的形式有锯齿崩断、锯条折断和锯齿过早磨损等.

2. 锯削时产生废品的形式

锯削时产生废品的形式主要有:尺寸锯得过小、锯缝歪斜过多、起锯时把工件表面锯坏等.

3. 锯齿崩断的原因及应采取的措施

损坏的形式	崩断原因	改进措施
锯齿崩断	1. 锯齿的粗细选择不当	1. 根据工件材料的硬度选择锯条的粗细;锯薄板或薄壁管时,选细齿锯条.
	2. 起锯方法不正确	2. 起锯角要小,远起锯时用力要小.
	3. 突然碰到砂眼、杂质或突然加大压力	3. 碰到砂眼、杂质时,用力要减小;锯削时避免突然加压.
	4. 锯齿已经崩断,仍然进行锯割	4. 发现锯齿崩裂时,立即在砂轮上小心将其磨掉,且对后面相邻的 2~3 个齿高作过渡处理,避免锯齿的尺寸突然变化使锯齿崩断. 断齿的地方　　　磨斜 **图 2-2-18　崩齿的处理方法**

4. 锯条折断的原因及应采取的措施

损坏的形式	原因	改进措施
锯条折断	1. 锯条安装不当	1. 锯条松紧要适当,锯条安装要平正
	2. 工件装夹不正确	2. 工件装夹要牢固,伸出端尽量短,锯缝要装直
	3. 强行借正歪斜的锯缝	3. 锯缝歪斜后,将工件调向再锯,不可调向时,要逐步借正,主要要点是将锯条摆正锯割予以纠正
锯条折断	4. 用力太大或突然加压力	4. 用力要适当,速度要均匀
	5. 新换锯条在旧缝中受卡后被拉断	5. 新换锯条后,要将工件调向锯削,若不能调向,要较轻较慢地过渡,待锯缝变宽后再正常锯削

5. 锯齿过早磨损的原因及应采取的措施

损坏的形式	原因	改进措施
锯齿过早磨损	1. 锯削速度太快	1. 锯削速度要适当,控制在 40 次/min 左右
	2. 锯削硬材料时未进行冷却、润滑	2. 锯削钢件时应加机油,锯铸件加柴油,锯其他金属材料可加切削液

二、锯割安全文明操作规程

1. 锯割前要检查锯条的装夹方向和松紧程度,同时,工件的锯缝必须装夹正直;

2. 锯割时压力不可过大,速度不宜过快,以免锯条折断伤人;

3. 锯割将完成时,用力不可太大,并需用左手扶住被锯下的部分,以免该部分落下时砸脚;

4. 锯割加工中不能将食指靠在锯弓蝶形(翼形)螺母上,防止手指在工件上撞伤;

5. 锯弓是右手工具,应该放在台虎钳的右边,不能和量具重叠;

6. 锯缝歪斜或者更换新锯条后锯割一定要降低速度,防止锯条折断伤人;

7. 起锯时,注意力一定要集中,起锯角不能太大,速度要慢,防止左手拇指被锯伤.

【成绩鉴定和信息反馈】

请参照表 2-1-1-10 和表 2-1-1-11.

❋课外作业

1. 锯弓和锯条的种类有哪些?锯齿的粗细是怎样表示的?如何根据加工对象合理地选择锯条?

2. 起锯的方法有哪些?起锯的角度该如何控制?

3. 简述薄板、管料、深缝的锯割方法.

4. 简述锯割的安全文明操作规程.

5. 怎样才能将锯缝锯直,锯缝一旦弯曲该怎样校正?

6. 锯割的效率与锯割的速度成正比吗?多大的速度才是正确的锯割速度?

项目三　錾削

錾削是钳工工作中较重要的一项基本技能,錾削是利用手锤敲击錾子对金属进行切削加工的一种操作方法.主要用于零件制造过程中某些部位不能采用机械加工或不宜采用机械加工的地方.采用錾削,可去除毛坯或铸件、锻件的飞边、毛刺、浇冒口、凸台,切割板料、条料、开槽以及对金属表面进行粗加工等.尽管錾削工作效率不高,劳动强度大,但由于工具简单,操作方便、灵活,仍然运用于许多机械加工场合,在机械制造中起着重要的作用.

项目内容

1. 錾削的基本概念及基本条件.
2. 錾削工具的结构及种类.
3. 錾子的刃磨与热处理.
4. 手锤规格及其握法.
5. 挥锤的方法及作用.
6. 錾削方法及操作姿势.
7. 錾削的安全操作规程及注意事项.

项目能力

通过该项目的学习与训练,能正确掌握錾削的基本知识和工艺;熟练掌握錾削的操作姿势和动作要领,并形成錾削技能;了解錾子的刃磨和热处理方法;掌握錾削的安全文明操作规程.

任务:五角星、直槽的錾削

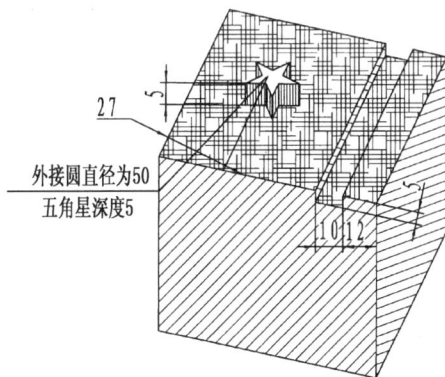

技术要求
1. 起錾平稳过渡,中途錾平稳 Ra12.5 μm.
2. 尽头錾:无损伤或无崩边.
3. 表面修整 Ra6.3 μm.五角星形状正确.

图 2-3-1　五角星、键槽錾削

表 2-3-1 錾削任务评分标准

姓名		工件号		总成绩	
序号	考核要求	配分	评分标准	实测结果	得分
1	握錾	5	按正握法、反握法、立握法		
2	握锤头	5	按紧握法、松握法,手握锤头柄位置正确		
3	上肢动作	5	动作正确,合理		
4	站立姿势	6	站立角度正确,錾削自然		
5	起錾、中途錾、收尾錾	10	起錾正确,中途錾稳,收尾正确		
6	挥锤	5	挥锤合理、协调		
7	平面度	6	平整		
8	槽宽 10mm±0.5mm	8	每超 0.05mm 扣 2 分		
9	槽深 5mm±0.5mm	8	每超 0.05mm 扣 2 分		
10	12mm±0.5mm	6	每超 0.05mm 扣 3 分		
11	五星高 5mm±1mm	6	每超 0.1mm 扣 3 分		
12	五角星外形	20	位置正确,外形美观.无飞边		
13	安全操作	5	安全文明生产,违者不得分		
14	工时定额	5	14 小时,超过 1 小时扣 5 分		

表 2-3-2 工量具准备清单

序号	名称	规格	数量
1	扁錾、尖錾、油槽錾	碳素工具钢	1 把/人
2	锤头	1kg,手柄 350mm 长	1 把/人
3	角度样板		1 把/组
4	宽座角尺	200mm	1 把/组
5	划线平台		1 个/组
6	划针		1 支/组
7	划规		1 支/组
8	样冲		1 支/组
9	划针盘		1 支/组
10	钢尺	300mm	1 把/人

表2-3-3 五角星、直槽加工工艺卡片

厂名	五角星、直槽加工工艺卡片						产品型号		零件图号	3-1-1	共1页
							产品名称		零件名称	五角星与直槽	第1页
材料牌号	Q235			毛坯种类	方铁	毛坯外形尺寸	80mm×80mm×80mm		毛坯件数	1	技术等级

工序	工序名称	工步	工序内容	同时加工工件数	余量 mm	速度	设备	夹具	刀具	量具	技术等级	准备终结时间 min	单件 min	备注
1	划线、备料	1	检查来料，涂料划线	1	1.5	/	划线平台	方箱等划线工具	划针盘等工具	钢直尺	/	10	20	
2	五角星錾削	1	用窄錾、扁錾錾削大平面，形成五角星凸台	1	1	25~45（次/min）	钳台	台虎钳	窄錾、扁錾	钢直尺	/	30	300	
		2	修整平面度和尺寸	1	0.5	25（次/min）	钳台	台虎钳	各种錾子	刀口尺+游标卡尺	/	30	90	
		3	修整五角星外形及清边	1	0.5	25~60（次/min）	钳台	台虎钳	各种錾子	目测	/	20	40	
3	直槽錾削	1	检查尺寸，涂料划线	1	1.5	/	划线平台	方箱等划线工具	划针盘等工具	钢直尺	/	10	15	
		2	錾削直槽	1	1	15（m/min）	钳台	台虎钳	扁錾、窄錾	游标卡尺	/	30	180	
		3	修整直槽	1	0.5	30（m/min）	钳台	台虎钳	各种錾子	游标卡尺	/	15	30	
4	测量	1	测量工件整体	1	/	/	/	/	/	测量工具	/	5	15	
									编制（日期）	审核（日期）	会签（日期）			
标记	处记	更改文件号	签字	日期		标记	处记	更改文件号	签字	日期				

鏨削是钳工的主要粗加工手段之一,主要是去除工件上较大余量、分割薄板料,尤其在机械不能加工的地方运用较多,是装拆机器和完成钳工其他工作的必备条件和手段.

任务目标

通过五角星和直槽的鏨削训练,使学生熟练地掌握鏨子的刃磨方法和鏨削的基本技能,并达到一定的鏨削技能水平,能对各种材料进行切削加工.

技能练习

五角星、直槽鏨削加工工艺

表 2-3-4　五角星、直槽鏨削加工工艺过程

步骤	工艺方法及工艺步骤	图示
1	1. 检查方铁尺寸,划线的表面上涂料; 2. 按图样尺寸划线,利用平板、划针盘或高度划线尺、90度角尺和划针等划线工具划出需鏨削的大平面深度和五角星的外形.(如右图所示)	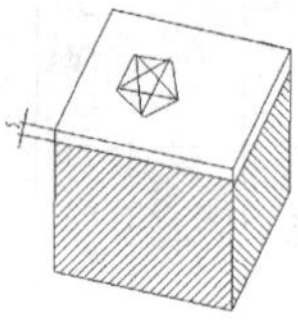
2	鏨削大平面,将五角星的凸台裸露出来,起鏨时注意从工件侧面的尖角处轻轻起鏨.由于面较宽,所以先用窄鏨在方铁表面上以 1mm 的鏨削量鏨若干条平行槽,再用扁鏨将剩余部分鏨去.鏨削时根据五角星的深度 5mm 进行分批鏨削(如右图所示)	
3	修整大平面及五角星外形及五角星的飞边,同时达到相关的平面度和尺寸要求,五角星鏨削完成后进行测量.(如右图所示)	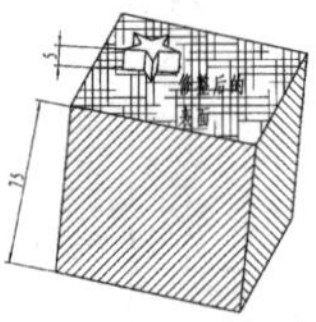
4	1. 检查方铁加工后的尺寸,并在直槽划线的表面上涂料; 2. 按图样尺寸划线,利用平板、划针盘或高度划线尺、90度角尺和划针等划线工具划出需鏨削的直槽深度、宽度及相关尺寸.(如右图所示)	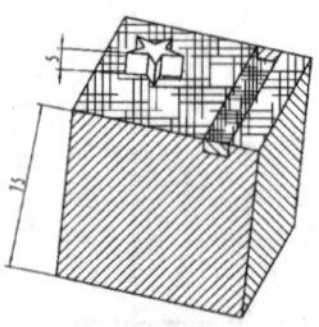
5	依据所划线条鏨削直槽,按正面起鏨,先沿线条以0.5mm的鏨削量鏨削,然后再按直槽深 5mm、宽 10mm 进行分批鏨削,留余量进行最后一遍修整,使直槽达到相应的平面度和尺寸要求.	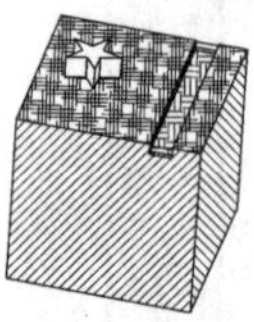
6	检查五角星、直槽全部鏨削质量(如右图所示)	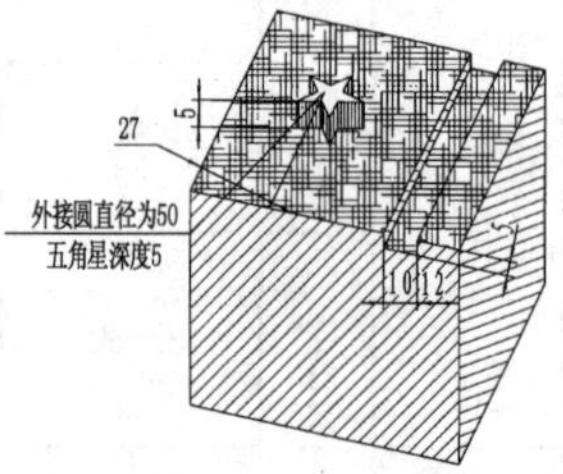 27　5 外接圆直径为50 五角星深度5

【錾削基本工艺知识】

一、錾削工具

1. 錾子及錾子的种类

（1）錾子

錾子是錾削工件的刀具，由头部、切削部分及錾身三部分组成.尖端通常制成锥形，顶端略带球形，以便锤击力能通过錾子轴心.柄部一般制成六边形，以便操作者定向握持.錾子一般用碳素工具钢（T7A、T8A）煅打成型后，切削部分经刃磨和热处理而成，其硬度可达HRC56～HRC62.

（2）錾子的种类及用途

錾子切削部分根据錾削对象的不同，可分为以下三种类型.

① 扁錾

扁錾又称为平錾、阔錾，切削刃较长，切削部分为扁平，刃口略带弧形，主要用来錾削平面、去除毛刺、飞边和切割板料等，应用最为广泛.（如图 2-3-2a 所示）

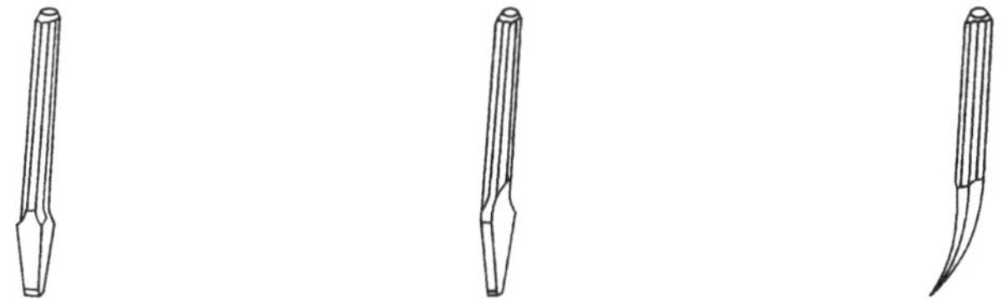

(a)扁錾　　　　　　(b)窄錾　　　　　　(c)油槽錾

图 2-3-2　常用錾子

② 窄錾

窄錾又称尖錾，窄錾的切削刃比较短，且一刃两侧面自切削刃起向柄部逐渐变狭窄，以防止在切槽时两侧被卡住，窄錾（尖錾）用于錾沟槽和板料切割成曲线等.（如图 2-3-2b 所示）

③ 油槽錾

油槽錾切削刃很短，且成圆弧形.为了能在对开式的内曲面上錾削油槽，其切削部分做成半圆形状.其主要用于錾削平面或曲面上的润滑油槽等.（如图 2-3-2c 所示）

2. 手锤

手锤又叫锤头，手锤是钳工常用的敲击工具，也是常被用于装配、修理机器和设备中.手锤由锤头、木柄和楔子组成.手锤又根据用途的不同，锤头有软、硬之分.软锤头的材料种类有铅、铝、铜、硬木、橡皮等几种.软锤头多用于装配和矫正.而硬锤头主要用于錾削，其材质通常为碳素工具钢（T7A），经热处理淬硬后磨光，木柄用硬而不脆的木材制成，如胡桃木、檀木等.

手锤使用较多的是两端的球面，其规格指锤头的质量，常用的规格有 0.25kg、0.5kg、1kg 等几种.手柄的截面形状为椭圆形，以便操作时定向握持.柄长 350mm，若过长，会使操作不便，过短则又使挥力不够.

为了使锤头和锤柄可靠的装配，锤头的孔做成椭圆形，且中间小两端大.木柄装入后，再敲入金属楔铁，以避免手锤在工作中锤头松动、脱落，造成事故.（如图 2-3-3 所示）

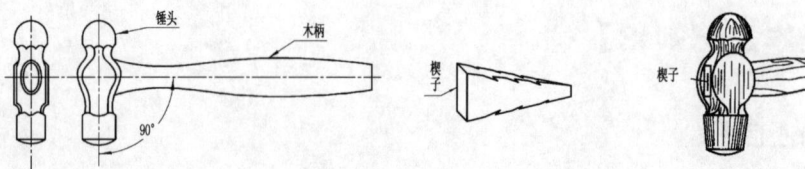

图 2-3-3　手锤

二、錾子的几何角度

錾子与其他刀具相同,都必须具备两个基本条件:切削部分的材料比工件的硬;切削部分的形状必须呈楔形.在錾削时,錾子的硬度、楔角的大小、切削部分所在的位置,是影响錾削工件质量的关键条件.錾子的切削部分主要由前刀面、后刀面和它的交线组成.(如图 2-3-4 所示)

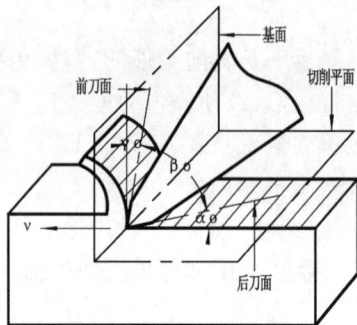

图 2-3-4　錾子切削角度

1. 切削部分的两面一刃

(1)前刀面:錾子工作时与切屑接触的表面.

(2)后刀面:錾子工作时与切削表面相对的表面.

(3)切削刃:錾子前刀面与后刀面的交线.

(4)基面:通过切削刃上任一点与切削速度垂直的平面.

(5)切削平面:通过切削刃任一点与切削表面相切的平面,图 2-3-4 所示中切削平面与切削表面重合.

2. 錾子切削时的三个角度

为了获得一定的錾削质量和工作效率,对錾子刃口的几何角度及切削时所处的位置,都必须很好掌握,下面来认识一下:

(1)楔角 β_0:錾子前刀面与后刀面之间的夹角称为楔角.楔角大小对錾削有直接影响,楔角愈大,切削部分强度愈高,錾削阻力越大.所以选择楔角大小应在保证足够强度的情况下,尽量取小的数值.

錾硬材料楔角大,软材料楔角小.

錾削一般硬材料,钢、铸铁,楔角取 $60°\sim70°$.

錾削中等硬度材料,楔角取 $50°\sim60°$.

錾削铜、铝软材料,楔角取 $30°\sim50°$.

(2)后角 α_0:后面与切削平面所夹的锐角.后角的大小决定了切入深度及切削的难易程度.后角愈大,切入深度就愈大,切削愈困难.反之,切入就愈浅,切削容易,但切削效率低.但如果后角太小,会因切入分力过小而不易切入材料,錾子易从工件表面滑过.一般取后角 α_0 = 8°较为适中,主要是减小后刀面与切削平面之间的摩擦.如图 2-3-5 所示.

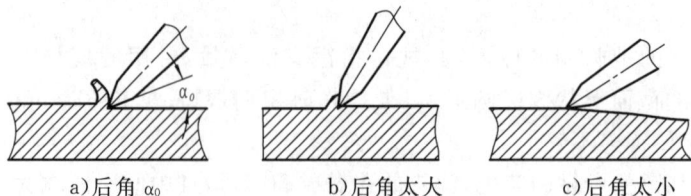

a)后角 α_0　　　　b)后角太大　　　　c)后角太小

图 2-3-5　后角的大小对錾削的影响

后角大小会给錾削质量和速度带来很大的影响,但后角的大小是人为掌握的,只有刻苦训练才能达到从容自如的控制.

(3)前角 γ_0:前面与基面所夹的锐角.作用是錾切时,减小切屑的变形.前角愈大,錾切越省力.由于基面垂直于切削平面,存在 $\alpha_0 + \beta_0 + \gamma_0 = 90°$ 关系,当后角 α_0 一定时,前角 γ_0 的数值由楔角 β_0 的大小决定.

三、錾子的刃磨方法与热处理

1. 錾子的刃磨

由于錾子切削部分的好坏直接影响錾削质量和錾削效率,因此,在錾削过程中,若錾子磨损了,应及时修磨.刃磨錾子时,应将錾子刃面置于旋转着的砂轮轮缘上,并略高于砂轮的中心,且在砂轮的全宽方向作左右移动.刃磨时要掌握好錾子的方向和位置,以保证所磨的楔角符合要求.前、后两面要交替刃磨,以求对称.刃磨时,加在錾子上的压力不应太大,以免刃部因过热而退火,必要时,可将錾子浸入冷水中冷却.(如图 2-3-6 所示)

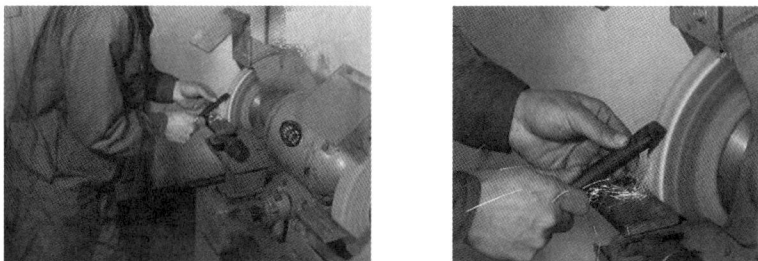

图 2-3-6　刃磨方法

2. 錾子的热处理

为了能保证錾子切削部分的硬度和韧性,需选择合理的热处理方式.錾子经过锻造后,须钳工进行热处理,而錾子的热处理包括淬火和回火两个过程,在热处理前,应先将錾子的切削部分进行粗磨,以便在热处理过程中容易识别其表面的颜色.

图 2-3-7　錾子的热处理

錾子在热处理时,将錾子切削部分的 25mm 左右深度插入炉中(一般采用锻造炉),加热到 750℃～780℃,呈暗樱红色后,取出快速浸入冷水中冷却(浸入深度约为 5～6mm),并沿水面作缓慢移动,可使淬火部分与不淬火部分的界线不十分明显,减少在这交界处发生开裂的倾向.当錾子未在水中的部分变成黑色时,即从水中取出,迅速将刃面在砖刃口或砂布上擦几下,去掉表面氧化层或污物,利用上部余热进行回火.这时要注意观察刃口面随温度升高的颜色变化情况:从水中取出后由灰白色变为黄色,再由黄色变为红色、紫色、蓝色;当呈现黄色时,把錾子全部浸入水中冷却,这种回火温度称为"黄火";当呈现蓝色时,把錾子全部浸入水中冷却,这种回火温度称为"蓝火"."黄火"的硬度比"蓝火"高,耐磨,但较脆容易断裂;"蓝火"硬度比较适宜,故较多采用.

四、錾削方法

1. 錾子的握法

要想有好的錾削质量,必须掌握錾子正确的握法.錾子有正握法、反握法和立握法三种.

(1)正握法

正握法的方法:握錾时手心向下,用中指和无名指握住錾子,小指自然合拢,食指和大拇指自然地接触,錾子头部伸出约 20mm.(如图 2-3-8a 所示)

(2)反握法

握錾时手心向上,大拇指捏住錾子前部,中指、小指自然握住錾子,手掌悬空,小指自然合拢,食指自然地接触錾子,伸出约 20mm.(如图 2-3-8b 所示)

(3)立握法:主要用于垂直錾削板料.(如图 2-3-8 c 所示)

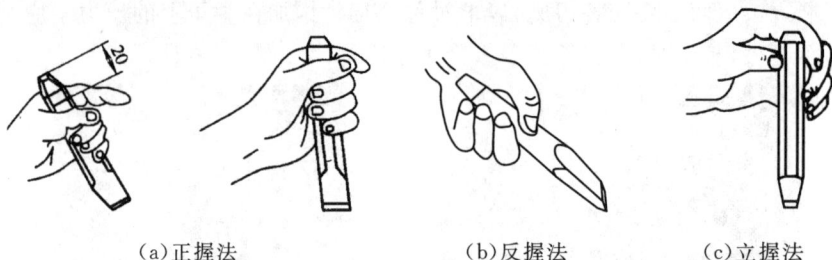

(a)正握法   (b)反握法   (c)立握法

图 2-3-8 錾子的握法

2. 手锤的握法

(1)紧握法:用右手五指紧握锤柄,大拇指轻压在食指上,虎口与锤头方向一致,木柄尾端露出 15～30mm.敲击过程中五指始终紧握.(如图 2-3-9 a 所示)

(2)松握法:只用大拇指和食指始终握紧锤柄,挥锤时,小指、无名指、中指则依次放松.其优点是手不易疲劳,锤击力大.(如图 2-3-9b 所示)

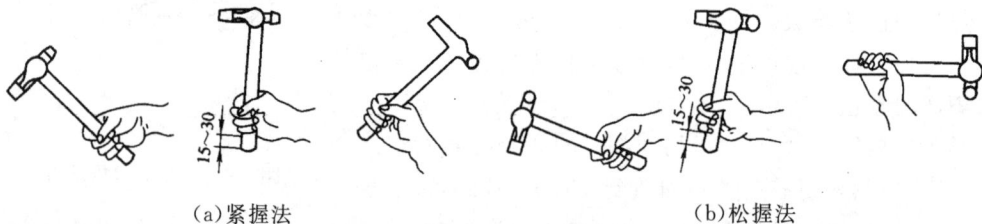

(a)紧握法   (b)松握法

图 2-3-9 手锤的握法

3. 挥锤的方法

錾削时挥锤要有节奏,挥锤速度一般约为 40 次/分,手锤敲下去时应加速度,这样可以增加锤击的力量,挥锤方法有腕挥锤法、肘挥锤法、臂挥锤法三种.

(1)腕挥锤法 手挥只依靠手腕的运动来挥锤.这种方法锤击力量小,一般用于錾削的开始和结尾.錾油槽、直槽、加工模具等可用此方法.(如图 2-3-10a 所示)

(2)肘挥锤法 是利用腕和肘一起运动来挥锤,敲击力较大,切削效果高,应用广泛.常用于錾削平面、切断材料或錾削较长的直槽.(如图 2-3-10b 所示)

(3)臂挥锤法 是利用手腕、肘和臂一起挥锤,锤击力最大,用于需要大量錾削的场合.(如图 2-3-10c 所示)

钳工工艺及实训

56

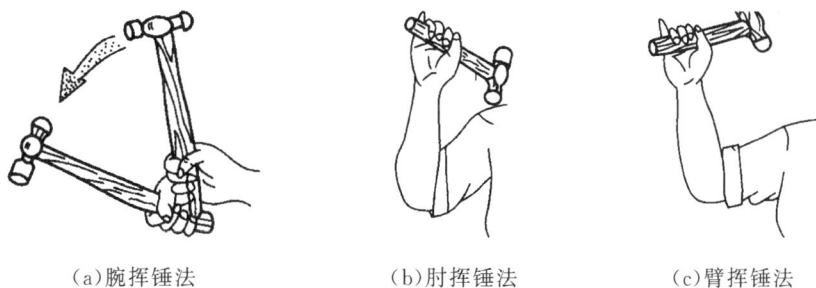

| （a）腕挥锤法 | （b）肘挥锤法 | （c）臂挥锤法 |

图 2-3-10 **挥锤方法**

4. 錾削姿势

錾削的站立姿势很重要，它关系到锤击力的大小、锤击速度的快慢、锤击的准确性和錾削质量．操作者在錾削时，身体与台虎钳纵向中心线成 45°，两脚间距约 300 mm，同时互成一定角度，左脚跨前半步，右脚稍微朝后（如图 2-3-11 所示），身体自然站立，重心偏于右脚．右脚要站稳，右腿伸直，左腿膝盖关节自然弯曲．眼睛注视錾削处，以便观察錾削的情况，左手握錾使其在工件上保持正确角度，右手挥锤，使锤头沿弧线运动，进行锤击（如图 2-3-12 所示）．

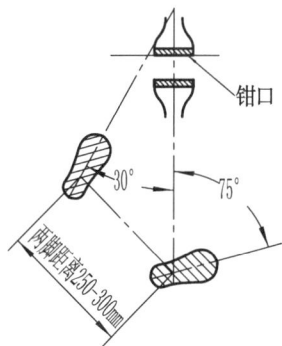

图 2-3-11 **錾削时双脚的位置**

图 2-3-12 **錾削姿势**

6. 锤击要领和錾削要领

（1）挥锤：肘收臂提，举锤过肩，手腕后弓，三指微松，锤面朝天，稍停瞬间．

（2）锤击：目视錾刃，臂肘齐下，收紧三指，手腕加劲，锤錾一线，锤走弧形，左脚着力，右腿伸直．

（3）要求：稳——速度节奏 40 次/min，准——命中率高，狠——锤击有力．

錾削口诀：右手触颚钳齐拐；自然站立控制錾．

两眼注视錾削处；錾子切勿左右摆．

松握肘挥锤击錾；借助回力尽后甩．

锤力相等又适中；苦练方能见好歹．

【项目知识链接】

一、平面的錾削方法

錾削平面是使用的扁錾,每次錾削量(錾削深度)约 0.5~2 mm,余量太少錾子容易打滑,余量太大则錾削费力又不易錾平,因此錾削时必须掌握好起錾、工作面錾削、终錾三个步骤.

1. 起錾

起錾方法:在錾削平面时,起錾应从工件的边缘尖角处将錾子向下倾斜,轻敲錾子就容易錾入工件,而不会产生滑脱、弹跳等现象.这时切削刃与工件的接触面小,阻力不大,錾削余量也就能准确地控制.然后按正常錾削角度沿錾削方向錾削.(如图 2-3-13a 所示)

在錾削键槽时,不允许从工件的边缘尖角处起錾,则须采用正面起錾的方法,即起錾切削刃要紧贴工件錾削部位的端面,錾子头部仍向下倾斜至与工作端面基本垂直,再轻敲錾子,然后按正常角度进行錾削.(如图 2-3-13b 所示)

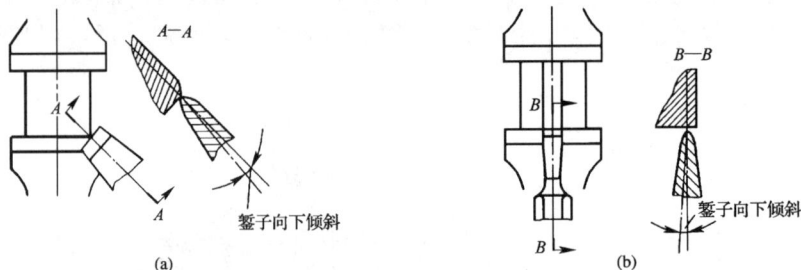

图 2-3-13　起錾的角度

2. 工作面錾削

起錾完成后将进行正常的平面錾削,在平面錾削时根据錾削面的大小选择錾削方式,在錾削较宽平面时,应先用窄錾在工件上錾若干条平行槽,再用扁錾将剩余部分錾去,这样能避免錾子的切削部分两侧受工件的卡阻(如图 2-3-14b 所示).在錾削较窄平面时,应选用扁錾,并使切削刃与錾削方向倾斜一定角度,其作用是易稳定住錾子,防止錾子左右晃动而使錾出的表面不平.(如图 2-3-15 所示)

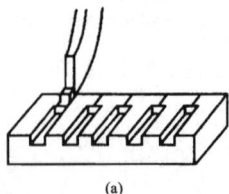

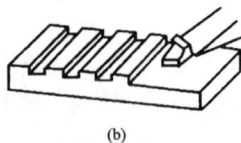

图 2-3-14　间隔开槽　　　　　　　　　　图 2-3-15　平面錾削

3. 终结錾削

当錾削快到工作尽头时,要防止工件边缘材料的崩裂,尤其是錾铸铁、青铜等脆性材料时更要特别注意.在錾削接近尽头约 10~15mm 时,必须调头沿相反方向錾去余下的部分.否则容易使工件的边缘崩裂.(如图 2-3-14a 所示)

二、錾削直槽的方法

用尖錾錾直槽时先按槽宽划出錾削界线,然后选用合理的尖錾进行錾削.起錾时刃口要摆平,且刃口的一侧角需与槽位线对齐,同时,起錾后的斜面口尺寸应与槽形尺寸一致.操作时注意控制每次的錾削量并保持槽侧的直线度.(如图 2-3-16 所示)

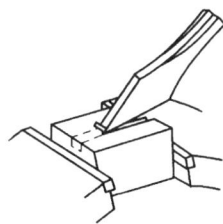

图 2-3-16　錾削直槽

三、錾削油槽的方法

油槽一般起贮存和输送润滑油的作用,当铣床无法加工油槽时,可用油槽錾开油槽.因此必须錾得光滑且深浅均匀.錾油槽时,首先要根据油槽的断面形状对錾子切削部分进行准确刃磨,再在工件表面准确划线,最后一次錾削成形,也可先錾出浅痕,然后一次錾削成形.

在錾削平面上的油槽时,錾削方法与錾削平面基本一样(如图 2-3-17a 所示).在錾削曲面上的油槽时,錾削的方向应随着工件的曲面及油槽的圆弧而变动,使錾子的后角保持不变.这样才能得到光滑、美观和深浅一致的油槽.油槽錾好后,边上的毛刺,应用刮刀或细锉刀修除.(如图 2-3-17b 所示)

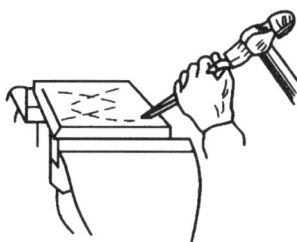

（a）平面上錾油錾　　　　　　　（b）曲面上錾油槽

图 2-3-17　錾削油槽

四、錾削板料的方法

在缺乏机械设备的场合下,有时要依靠錾子切断板料或分割出形状较复杂的薄板工件.

1. 在台虎钳上錾削板料的方法

当工件不大时,将板料牢固地夹在台虎钳上,并使工件的錾削线与钳口平齐,再进行切断.为使切削省力,应用扁錾沿着钳口并斜对着板面(约 $30°\sim45°$ 角)自左向右錾削.因为斜对着錾削时,扁錾只有部分刃錾削,阻力小而容易分割材料,切削出的平面也较平整(如图 2-3-18 所示).需注意的是:錾切时,錾子不能正对着板料,这样板料会出现裂缝.

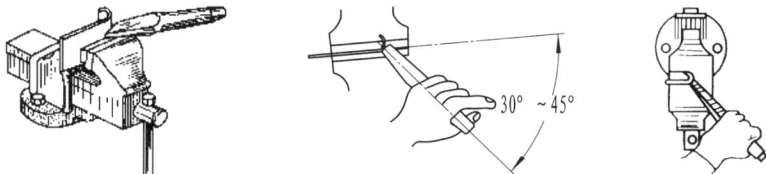

30° ~ 45°

图 2-3-18　在台虎钳上錾削板料

2. 在铁砧或平板上錾削板料的方法

当薄板的尺寸较大而不便在台虎钳上夹持时,应将它放在铁砧或平板上錾削,此时錾子

应垂直于工件.为避免碰伤錾子的切削刃,应在板料下面垫上废旧的软铁材料.(如图 2-3-19 所示)

3. 密集排孔配合錾削

在薄板材料上錾削较复杂零件的毛坯时,可先按零件轮廓线(距錾切线 0.5mm 处)用 $\phi3\sim\phi5$mm 的钻头以 $3.2\sim5.2$mm 的间距钻出密集的小孔,然后再配合用錾子逐步錾削成形.(如图 2-3-20 所示)

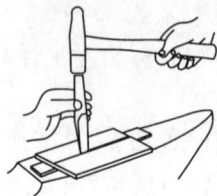

图 2-3-19　　在铁砧上錾削板料　　　　图 2-3-20　密集排孔錾削板料

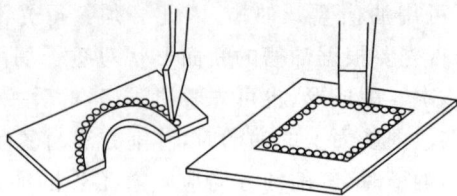

【技能质量分析和安全操作规程】

一、錾削时产生废品的形式、原因及预防方法

废品形式	原因	预防方法
棱角崩裂	1. 錾到尽头时没有调头錾削; 2. 錾槽时,錾子切削刃比后面一段狭.	离錾削结束约 10mm,调头錾削.
錾过了尺寸界线	1. 起錾不准或錾削中不注意; 2. 工件装夹不牢,錾削时有松动.	起錾时方法要正确,錾削中要认真;工件夹持要牢固.
錾削表面过于粗糙	1. 操作技术不熟练; 2. 錾削时后角太大; 3. 錾子磨损严重;锤击力不均匀.	加强练习;錾削时后角合适,锤击力要均匀.

二、錾子产生磨损的形式、原因及预防方法

废品形式	原 因	预防方法
卷边	1. 錾子硬度不够; 2. 楔角太小,錾子强度降低; 3. 錾削量太大.	錾削对象必须软于錾子; 楔角取 $60°\sim70°$;热处理要正确; 錾削量在 $0.5\sim2$mm.
切削刃崩口	1. 工件硬度太高或材质硬度不均匀; 2. 錾子硬度太高、回火不好; 3. 锤击力过大、錾子打滑.	合理选择錾子的材料; 锤击用力适当.

三、锤击安全文明操作规程

1. 练习件在台虎钳中央必须夹紧,伸出高度一般以离钳口 10～15mm 为宜,同时下面

要加木材垫.

2. 发现手锤木柄有松动或损坏时,要立即更换或装牢;木柄上不应沾油,以免使用时滑出.

3. 錾子头部有明显毛刺时,应及时磨去.

4. 手锤应放置在台虎钳右边,柄不可露在钳台外面,以免掉下伤脚,錾子应放在台虎钳左边.

四、錾削安全文明操作规程

1. 錾子要经常刃磨锋利,以免錾削时打滑.

2. 錾削飞边或毛刺时,应戴防护眼镜.

3. 挥锤时要注意身后,防止伤人.

4. 錾子修磨时,切削刃必须高于砂轮中心,用力不要过猛,以防錾子轧进砂轮和搁架之间,发生事故.

5. 錾削前方应有安全网,以防錾削时铁屑飞出伤人.

【成绩鉴定和信息反馈】

请参照表 2-1-1-10 和表 2-1-1-11.

❋课外作业

1. 錾子的种类有哪些? 各种錾子的用途是什么?

2. 錾削时,刃部各角度对切削工作有何影响? 各需要多大的角度才合适?

3. 简述錾子的刃磨方法.

4. 錾子的热处理过程是什么?

5. 挥锤方法有几种? 有何不同?

6. 起錾和终结錾各有什么注意事项?

7. 平面錾削和油槽錾各有什么方法?

8. 分析錾削中产生废品的原因和錾子损坏的原因.

9. 锤击和錾削的安全操作规程有哪些?

项目简述

在现代工业生产的条件下,仍有一些不便于机械加工或条件不允许的零件,需要用手工锉削加工.例如:装配过程中对个别零件的修整、修理,小量生产条件下某些复杂形状的零件加工,以及样板、模具加工.锉削可以达到较高的尺寸精度(0.01mm)、形位精度和表面粗糙度(Ra0.8 μm).锉削是钳工的一项重要的基本操作,也是职业学校钳工生产实习教学大纲中的重点内容,在钳工生产实习教学中占有极其重要的地位,是技能鉴定的主要考核项目.

项目内容

1. 熟悉锉刀的种类、结构、选用和维护方法;
2. 掌握正确的锉削姿势和工件的合理装夹方法;
3. 掌握各种平面、曲面的锉削方法和检查方法;
4. 锉削一定大小的平面和曲面,达到规定的形位公差和表面粗糙度的要求;
5. 正确使用千分尺、角尺、塞尺等量具准确测量工件尺寸精度和形位公差.

能力目标

通过本项目的学习,能熟练地掌握平面锉削、曲面锉削的基础技能,并能进行中等精度零件的加工.

任务一 平面锉削

任务:小榔头制作

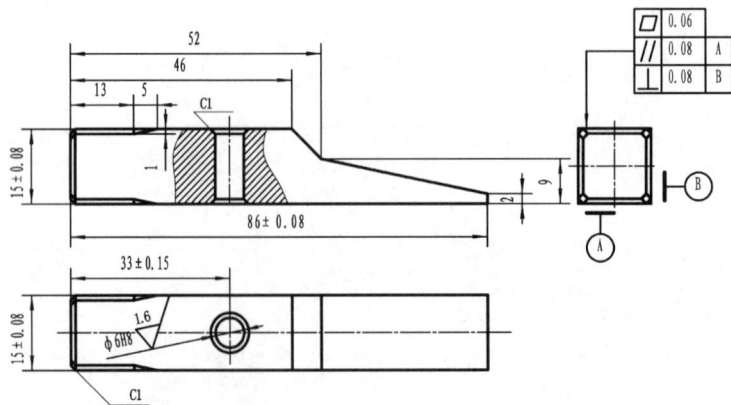

技术要求:1. 各锐边倒棱

图 2-4-1-1 小榔头零件图

表 2-4-1-1　锉削任务评分标准

姓名		工件号		总成绩	
序号	考核要求	配分	评分标准	实测结果	得分
1	86±0.08mm	10	每超差 0.02mm 扣 2 分		
2	15±0.08mm 两组	20	每超差 0.02mm 扣 2 分		
3	倒角 C1 共 16 处(含 5×1 处的倒角)	15	超差一处扣 2 分		
4	平面度 0.08mm 四处	10	超差一处扣 2.5 分		
5	垂直度四面角尺 0.08mm	10	超差一处扣 2.5 分		
6	平行度两组 0.08mm	10	超差一处扣 5 分		
7	整体外形	10	不合格者不得分		
8	表面粗糙度 Ra3.2 μm	10	一处不合格扣 3 分		
9	安全操作	5	安全文明生产,违者不得分		
10	工时定额	扣分	24 小时完成,超过 60 分钟内扣 5 分		

表 2-4-1-2　工量具准备清单

序号	名称	规格	数量
1	游标高度划线尺	0~300mm	1 把/组
2	游标卡尺	0~150mm	1 把/组
3	千分尺	0~25mm	1 把/组
4	宽座角尺	100mm×63mm	1 把/组
5	刀口角尺	100mm×63mm	1 把/组
6	划线平台		1 个/组
7	划针		1 支/组
8	划规		1 支/组
9	样冲		1 支/组
10	榔头	0.5kg	1 把/人
11	挡块(V 形铁)		1 支/组
12	大锉刀	300mm	1 把/人
13	中锉刀	200mm	1 把/人
14	抛光砂布	细	1 张/人
15	划线用长方形厚纸条或薄铜皮		1 张/组

钳工工艺及实训

表2-4-1-3　小榔头加工工艺卡片

厂名				产品型号		零件图号	2-4-1	共1页
				产品名称	小榔头	零件名称	小榔头	第1页
材料牌号	45钢			Φ20mm×88mm			1	工时定额
工序号	工序名称	工步	工序内容	同时加工件数	余量mm	速度	设备	夹具	刀具	量具	技术等级	准备终结时间min	单件min	备注

工序号	工序名称	工步	工序内容	同时加工件数	余量 mm	速度	设备	夹具	刀具	量具	技术等级	准备终结时间 min	单件 min
1	备料	1	毛坯准备、下料	1		40（次/min）	钳台	台虎钳	锯条	钢直尺		10	30
2	制作榔头外形	1	锉削长方体达到公差要求	1	1.5	30~60（次/min）	钳台	台虎钳	300mm粗锉刀	游标卡尺+千分尺	IT11	30	650
		2	锯割去废料	1	1.5	40（次/min）	钳台	台虎钳	锯条	游标卡尺		10	170
		3	锉削外形达到公差要求	1	1.5	30~60（次/min）	钳台	台虎钳	300mm粗锉刀	游标卡尺	IT11	20	450
3	孔加工	1	划线钻孔（后续）	1	Φ5.8	20（m/min）	台钻	平口钳	Φ5.8麻花钻			10	40
		2	孔口倒角（后续）	1	Φ12	15（m/min）	台钻	平口钳	Φ12麻花钻			5	5
		3	手动铰孔（后续）	1	Φ6	15（m/min）	台钻	平口钳	Φ6铰刀	塞规	IT8	5	15
4	热处理	1	渗碳淬火（选）	全体同学作业件				夹钳					

	编制（日期）	审核（日期）	会签（日期）

标记	处记	更改文件号	签字	日期	标记	处记	更改文件号	签字	日期

　　锉削指用锉刀对工件表面进行切削加工,使工件达到所规定的尺寸、形状和表面粗糙度的加工方法.锉削是钳工的三大基本功之一,是钳工的核心技能,锉削技能掌握的高低直接决定了钳工技能水平的高低.锉削在复杂形状零件的加工和模具制作方面具有较高的优势.对于一个优秀的钳工来讲,锉削更是一项最重要的基本技能.平面锉削是锉削的基础技能,是练好曲面锉削的前提条件.

　　通过该零件的训练,使学生熟练地掌握平面锉削基本操作技能,并达到一定的技能水平,掌握锉削的基本动作要领,能加工出中等精度的工件.

　　小榔头的锉削加工工艺

表 2-4-1-4　小榔头加工工艺过程

步骤	工艺方法及工艺步骤图示	
1. 锉削长方体	锉削长方体:将锯割下来的毛坯 $\phi20mm$ ×88mm,用 300mm 的粗板锉刀配合 200mm 的细板锉加工,以练习技能为主,先粗精加工出一组角尺面,再加工平行面达 86±0.08mm、15±0.08mm 的尺寸要求和形位公差(平面度0.06mm、垂直度、平行度 0.08mm)要求(要求六面角尺),同时保证表面粗糙度达到 Ra3.2 μm.开始锉削以练习动作为主,速度以 40 次/分钟为宜,逐步达到锉削精度要求,不可过早使用推锉方法,影响锉削技能的提高.如右图所示.	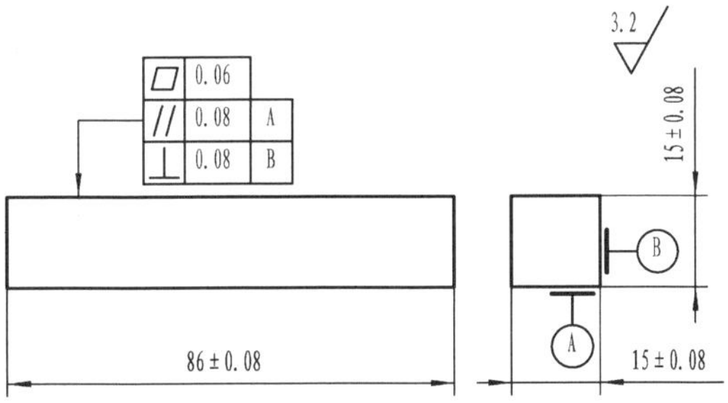
2. 锯割去废	用细齿锯条锯割去废.注意:锯割前先划线、打样冲眼,先锯长锯缝,再锯短锯缝.锯割时、工件要倾斜一定角度使得锯缝处于竖直状态,锯割速度不可太快,以 40 次/分钟为宜.	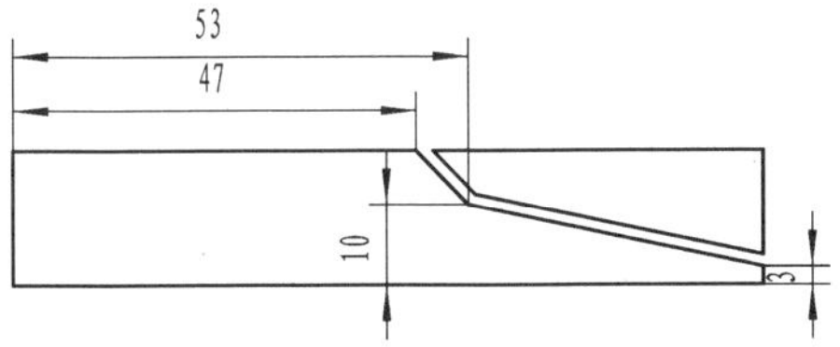
3. 制作外形	加工小榔头外形.先将小榔头尾部斜面锉削至尺寸要求,然后倒角.可留小量余量用中锉刀配合细砂布进行修整.倒角加工时注意用力不可过猛,5mm×1mm倒角处收尾要自然一致,不要将倒角C1锉歪斜,同时注意锉纹方向(长方向顺向锉削),以提高外观质量.	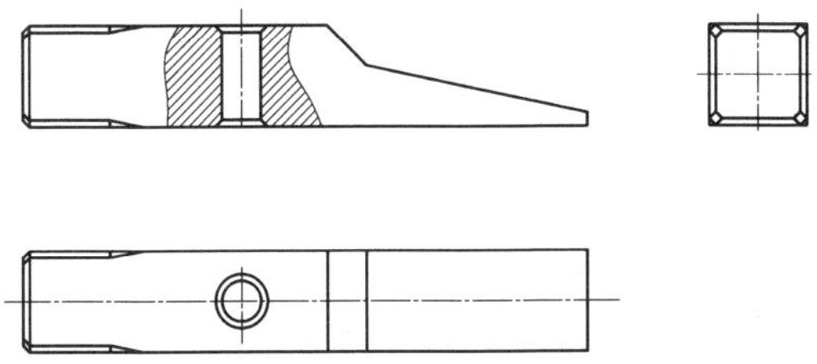
4. 孔加工	划线、打样冲眼、钻孔、铰孔,最后加工效果图(孔加工留置到钻削项目中去做)	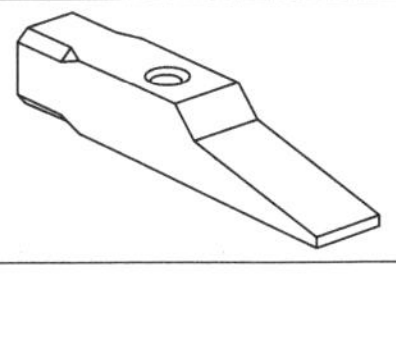

【平面锉削基本工艺知识】

一、锉削的概念

锉削是指用锉刀对工件表面进行切削加工,使工件达到所要求的尺寸、形状和表面粗糙度的加工方法.

锉削应用范围:适用于内外平面、内外曲面、内外角、沟槽及各种复杂形状的表面. 例如:对装配过程中的个别零件作最后修整;在维修工作中或在单件小批量生产条件下,对一些形状较复杂的零件进行加工;制作工具或模具;手工去毛刺、倒角、倒圆等.

二、锉刀

1. 锉刀的构造及各部分名称

锉刀的构成如图所示.锉刀由锉刀面、锉刀边、锉刀舌、锉刀尾、木柄等部分组成.锉刀的大小以锉刀面的工作长度来表示.锉刀的锉齿可在剁锉机上剁出来或者用铣齿法铣出来,二者的刀齿角度不一样.锉刀常用碳素工具钢 T10、T12 制成,并经热处理淬硬到 HRC62～67.

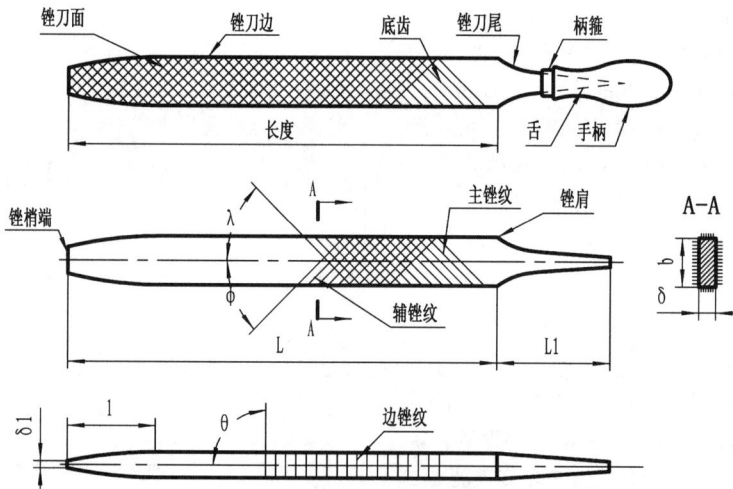

图 2-4-1-2　锉刀的构造

2. 锉刀的类型

锉刀按用途不同主要分为普通锉(或称钳工锉)、特种锉和整形锉(或称什锦锉)三类.其中普通锉使用最多.

(1)普通锉 按截面形状不同分为:平锉(扁锉)、方锉、圆锉、半圆锉和三角锉五种,如表 2-4-1-4-a;按其长度可分为:100 mm、150 mm、200 mm、250 mm、300 mm、350 mm 和 400 mm 等七种;按其齿纹可分为:单齿纹、双齿纹(大多用双齿纹);按其齿纹疏密可分为:粗齿、中齿、细齿、粗油光(双细齿)、细油光五种.锉刀的粗细以每 10 mm 长的齿面上锉齿齿数来表示,粗锉为 4～12 齿,细齿为 13～24 齿,油光锉为 30～36 齿;或者用齿距来表示,Ⅰ粗齿锉刀:齿距为 2.3～0.83 mm.Ⅱ中齿锉刀:齿距为 0.77～0.42 mm.Ⅲ 细齿锉刀:齿距为 0.33～0.25 mm.Ⅳ粗油光锉刀:齿距为 0.25～0.2 mm.Ⅴ细油光锉刀:齿距为 0.2～0.16 mm.

（2）特种锉 是为加工零件上特殊表面用的,它有直的、弯曲的两种,其截面形状很多,如表 2-4-1-4-b 所示.

（3）整形锉（什锦锉） 主要用于精细加工及修整工件上难以机加工的细小部位.它由若干把各种截面形状的锉刀组成一套,如表 2-4-1-4-c 所示.

表 2-4-1-5　锉刀断面形状

	a 普通锉刀断面形状
	b 异形锉刀断面形状
	c 整形锉刀断面形状

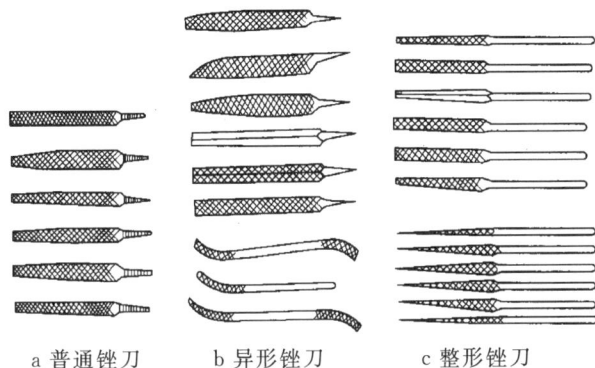

a 普通锉刀　　b 异形锉刀　　c 整形锉刀

图 2-4-1-3　锉刀类型

（4）金刚石锉刀 能够用于锉削坚硬的材料.例如:硬质合金,高硬度的钢铁、陶瓷、玻璃等.标准的形状有:平扁,圆,半圆,四方,三角,尖平,刀形,单面三角,两圆,椭圆.金刚石锉刀主要用于精加工各种金属型腔,清理铸、锻、焊件的飞边、毛刺及修配处理后的各种模具等.

图 2-4-1-4　金刚石锉刀

（5）硬质合金锉刀 可加工各种形状的零件,如图 2-4-1-5 和表 2-4-1-6 所示.

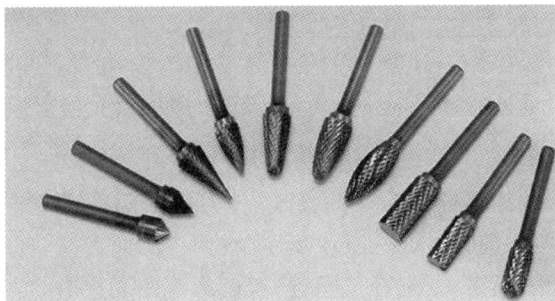

图 2-4-1-5　硬质合金旋转锉

表 2-4-1-6 不同形状的硬质合金锉刀

| 柱状不带端面刃 ZYA | 柱状带端面刃 ZYA-S | 倒锥不带端面刃 WKN | 倒锥带端面刃 WKN-S | 球头 WRC | 笔状弧形 SPG | 锥型 SKM | 椭圆型 TRE |

3. 锉刀的编号

根据 GB/T 5809－1996 规定,锉刀编号的组成顺序为:

类别代号—型式代号—规格—锉纹号

其中类别代号:Q—钳工锉;Y—异形锉;Z—整形锉

型式代号:01—齐头扁锉;02—尖头扁锉;03—半圆锉;04—三角锉;05—方锉;06—圆锉.

4. 锉刀的选择方法

正确选择锉刀对保证加工质量、提高工作效率和延长锉刀使用寿命有很大的影响.选择锉刀的一般原则:一是根据工件形状和加工面的大小选择锉刀的形状和规格;二是根据加工材料软硬、加工余量、尺寸精度和表面粗糙度的要求选择锉刀的粗细.粗锉刀的齿距大,不易堵塞,适宜于粗加工(即加工余量大、精度等级和表面质量要求低)及铜、铝等软金属的锉削;细锉刀适宜于钢、铸铁以及表面质量要求高的工件的锉削;油光锉只用来修光已加工表面,锉刀愈细,锉出的工件表面愈光,但生产率愈低.主要应注意以下几点:

(1)锉刀齿的选择

锉刀齿的粗细要根据加工工件的余量大小、加工精度、材料性质来选择.粗齿锉刀适用于加工大余量、尺寸精度低、形位公差大、表面粗糙度数值大、材料软的工件;反之应选择细齿锉刀.各种粗细齿锉刀的加工范围请参见表 2-4-1-7,使用时,要根据工件要求的加工余量、尺寸精度和表面粗糙度的大小来选择.

表 2-4-1-7　锉刀齿的选择方法

类别	锉纹号	长度/mm									加工余量 /mm	能达到的表面 粗糙度值 $R_a/\mu m$
		100	125	150	200	250	300	350	400	450		
		每 100mm 长度内主要锉纹条数										
粗齿锉	I	14	12	11	10	9	8	7	6	5.5	0.5～1.0	12.5
中齿锉	II	20	18	16	14	12	11	10	9	8	0.2～0.5	6.6～12.5
细齿锉	III	28	25	22	20	18	16	14	14	/	0.1～1.2	3.2～6.3
粗油光锉	IV	40	36	32	28	25	22	20	/	/	0.05～0.1	6.3～3.2
细油光锉	V	56	50	45	40	36	32	/	/	/	0.02～0.05	0.8～1.6

(2)选择锉刀的截面形状

根据工件表面的形状确定锉刀的截面型式.锉刀的断面形状应根据被锉削零件的形状来选择,使两者的形状相适应,如图 2-4-1-6 所示.锉削内圆弧面时,要选择半圆锉或圆锉(小直径的工件);锉削内角表面时,要选择三角锉;锉削内直角表面时,可以选用扁锉或方锉.选用扁锉锉削内直角表面时,要注意使锉刀没有齿的窄面(光边)靠近内直角的一个面,以免碰伤该直角表面.

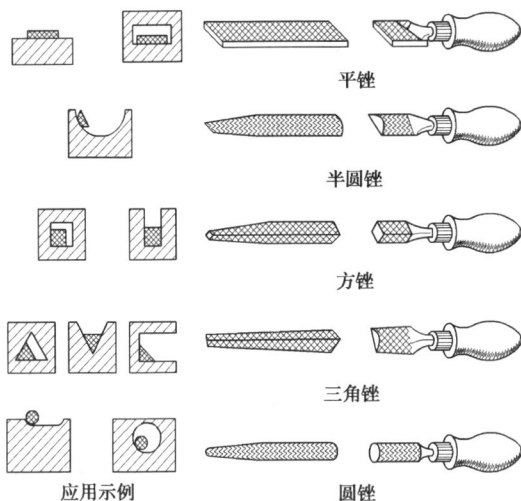

图 2-4-1-6　不同截面的锉刀用法

（3）选择单、双齿纹

锉刀齿纹要根据被锉削工件材料的性质来选用.锉削铝、铜、软钢等软材料工件时,最好选用单齿纹(铣齿)锉刀.单齿纹锉刀前角大,楔角小,容屑槽大,切屑不易堵塞,切削刃锋利.如图 2-4-1-7.

锉刀上有两个方向排列的齿纹称为双齿纹,如图 2-4-1-8.浅的齿纹是底齿纹;深的齿纹是面齿纹.齿纹与锉刀中心线之间的夹角叫齿角.面齿角制成 65°,底齿角制成 45°,由于面齿角与底齿角不相同,使许多锉齿沿锉刀中心线方向形成倾斜和有规律的排列.这样可使锉出的锉痕交错而不重叠,表面比较光滑,如图 2-4-1-8a.如果面齿角与底齿角相同,则许多锉齿沿锉刀中心线平行地排列.锉出的表面就要产生沟纹,而得不到光滑的效果,如图 2-4-1-8b.

双齿纹锉刀由于锉削时切屑是碎断的,故锉削硬材料(如钢铁)时比较省力,应优先选用.

图 2-4-1-7　单齿纹锉刀

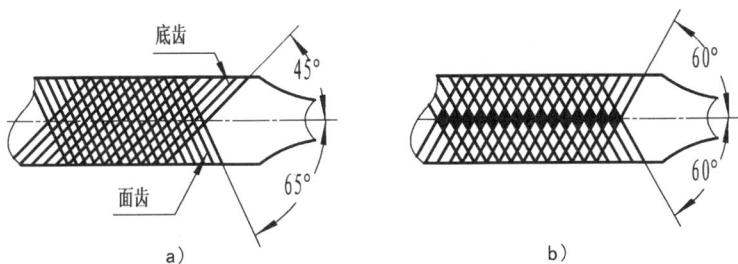

图 2-4-1-8　双齿纹锉刀

（4）选择锉刀的尺寸规格

锉刀尺寸规格应根据被加工工件的尺寸和加工余量来选用.加工尺寸大、余量大时,要选用大尺寸规格的锉刀,反之要选用小尺寸规格的锉刀.

5. 钳工锉刀手柄的装卸方法 如下表所示

表 2-4-1-8 锉刀手柄的装拆

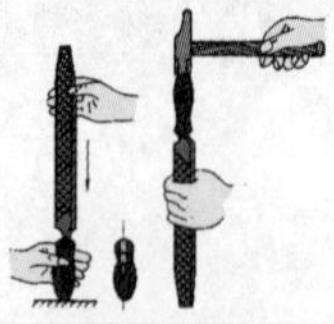 方法1	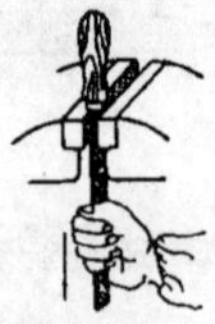 方法2	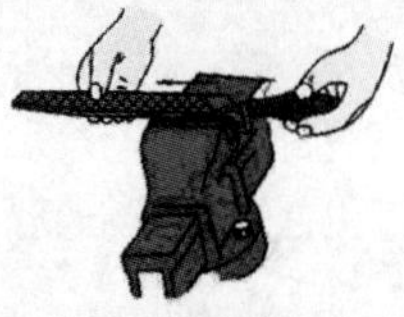 方法3

三、锉削的技能要领

1. 锉刀的握法

锉刀的握法随锉刀规格和使用场合的不同而有所区别.正确握持锉刀有助于提高锉削质量.

(1)大锉刀的握法 右手心抵着锉刀木柄的端头,大拇指放在锉刀木柄的上面,其余四指弯在木柄的下面,配合大拇指捏住锉刀木柄,左手则根据锉刀的大小和用力的轻重,可有多种姿势.一般握法是将拇指的根部肌肉压在锉刀头上,拇指自然伸直,其余四指弯向手心,用中指、无名指捏住锉刀前端.右手推动锉刀并决定推动方向,左手协同右手使锉刀保持平衡.

(2)中锉刀的握法 右手握法大致和大锉刀握法相同,左手用大拇指和食指捏住锉刀的前端.

(3)小锉刀的握法 右手食指伸直,拇指放在锉刀木柄上面,食指靠在锉刀的刀边,左手几个手指压在锉刀中部.

(4)更小锉刀(什锦锉)的握法 一般只用右手拿着锉刀,食指放在锉刀上面,拇指放在锉刀的左侧.

(5)异形锉的握法 右手与握小型锉的方法相同,左手轻压在右手手掌外侧,以压住锉刀,小指勾住锉刀其余指抱住右手.

表 2-4-1-9 锉刀握法

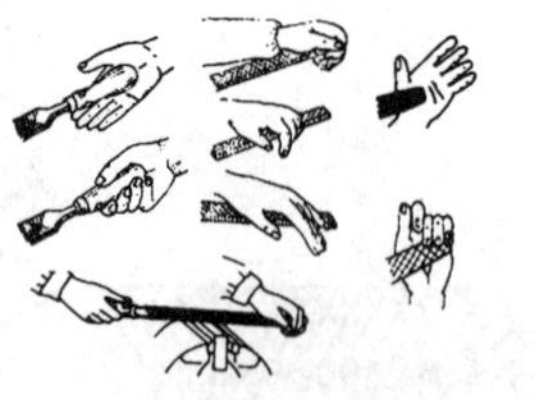	大板锉的握法
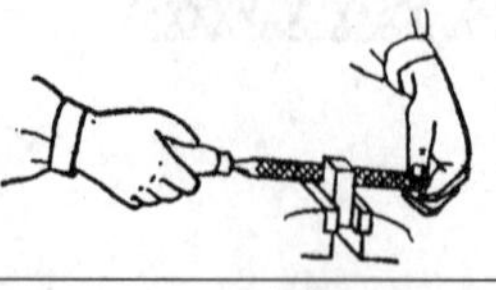	中型锉刀的握法
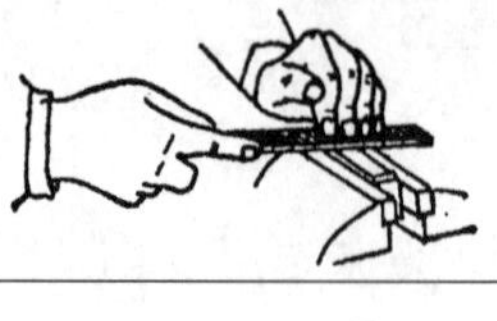	小型锉刀的握法

	整型锉刀的握法
	异型锉刀的握法

2. 工件的装夹

工件的装夹是否正确,直接影响到锉削质量的高低.应符合下列要求:

(1)工件尽量夹持在台虎钳钳口宽度方向的中间.锉削面靠近钳口,以防锉削时产生振动.

(2)装夹要稳固,但用力不可太大,以防工件变形.

(3)工件伸出钳口不要太高,以免锉削时工件产生振动.

(4)装夹已加工表面和精密工件时,应在台虎钳钳口衬上紫铜皮或铝皮等软的衬垫,以防夹坏表面.

(5)表面形状不规则的工件,夹持时要加衬垫.例如夹圆形的工件时要衬以 V 型铁或弧形木块;夹较长的薄板工件时用两块较厚的铁板夹紧后,再一起夹入钳口.露出钳口要尽量少,以免锉削时抖动.

3. 锉削姿势及动作过程

正确的锉削姿势能够减轻疲劳,提高锉削质量和效率,人的站立姿势为:两脚立正面对虎钳,与虎钳的距离是胳膊的上下臂垂直(略为 90°),端平锉刀,锉刀尖部能搭放在工件上,然后迈出左脚,右脚尖到左脚跟的距离约等于锉刀长度,左脚与虎钳中线形成约 30°角,右脚与虎钳中线形成约 75°角,身体与钳口成 45°角.双手端平锉刀,左腿弯曲,右腿伸直,身体重心落在左脚上,两脚要始终站稳不动,要保持锉刀的平直运动.推进锉刀时两手加在锉刀上的压力要保持锉刀平稳,不上下摆动.锉削时要有目标.不能盲目地锉,锉削过程中要用量具勤检查锉削表面,做到要锉的地方必须下铁屑.

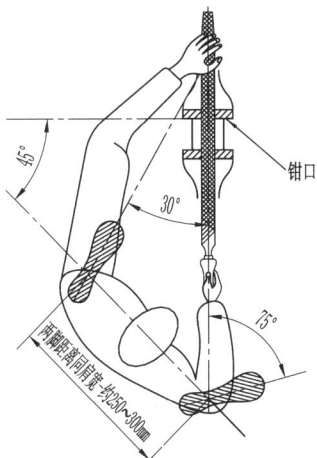

图 2-4-1-9 锉削姿势

开始锉削时身体向前倾斜约 10°,左肘弯曲,右肘向后.锉刀推至 1/3 行程时,身体向前倾斜约 15°,使左腿稍弯曲,左肘稍直,右臂前推.锉刀推至 2/3 行程时,身体逐渐倾斜到 18°左右,使左腿继续弯曲,左肘渐直,右臂向前推进.锉刀将至满行程时,身体随着锉刀的反作用退回到约 15°的位置.终止时,把锉刀略抬高,使身体和锉刀退回到开始时的姿势,完成一次锉削动作,如此反复锉削.锉削时,靠左膝的屈伸使身体作往复运动,手臂和身体的运动要相互配合,并要充分利用锉刀的有效全长.

表 2-4-1-10 锉削姿势全过程

锉削动作				
锉削过程	开始锉削	锉刀推出 1/3 的行程	锉刀推出 2/3 的行程	锉刀推至行程终点时

锉削时锉刀的平直运动是锉削的关键.锉削的力有水平推力和垂直压力两种.推动主要由右手控制,其大小必须大于锉削阻力才能锉去切屑,压力是由两个手控制的,其作用是使锉齿深入金属表面.

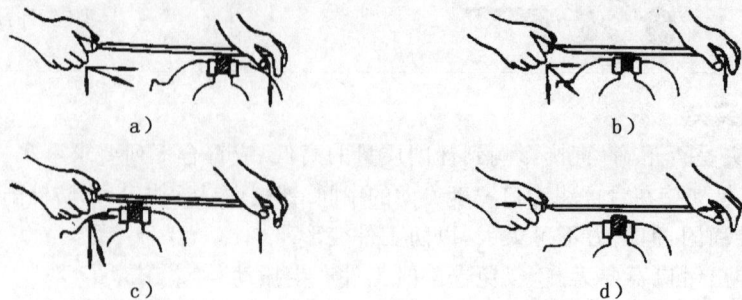

a)　　　　b)

c)　　　　d)

图 2-4-1-10　锉削力矩的平衡

表 2-4-1-11　锉刀压力大小变化过程

开始位置	中间位置	终点位置
运动保持水平 开始位置	中间位置	终点位置

由于锉刀两端伸出工件的长度随时都在变化,因此两手压力大小必须随着变化,使两手的压力对工件的力矩相等,这是保证锉刀平直运动的关键.锉刀运动不平直,工件中间就会凸起或产生鼓形面.

锉削速度一般为每分钟 30～60 次(一般为 40 次/min).太快,操作者容易疲劳,且锉齿易磨钝;太慢,切削效率低.

锉削口诀歌:

左腿弯曲右腿蹬,身体微微向前倾;

加压推锉平又稳,身臂回锉同步行;

回程收锉莫用力,侧查锉面同修正;

锉削要领掌握好,再锉如述反复行.

【小贴士】

1. 锉削时要注意通过两手压力的变化来达到力矩的平衡以使锉刀平行运动.

2. 锉削既是技能的训练,又是意志力的磨砺,关键是以正确的动作和姿势去训练,否则会造成"耗尽九州铁,铸成一把锉(错)"的后果.

3. 技能是功夫的体现,而锉削功夫就是力的巧妙运用.

四、平面的锉削

1. 平面锉削方法

平面锉削是最基本的锉削,常用三种方式锉削:

(1)顺向锉法　锉刀沿着工件表面横向或纵向移动,锉削平面可得到整齐一致的锉痕,比较美观.适用于工件锉光、锉平或锉顺锉纹.

（2）交叉锉法 是以交叉的两个方向顺序地对工件进行锉削.由于锉痕是交叉的,容易判断锉削表面的不平程度,因此也容易把表面锉平,交叉锉法去屑较快,适用于平面的粗锉.

（3）推锉法 两手对称地握着锉刀,用两大拇指推锉刀进行锉削.这种方式适用于较窄表面且已锉平、加工余量较小的情况,以修正和减少表面粗糙度.

表 2-4-1-12　平面的三种锉削方式

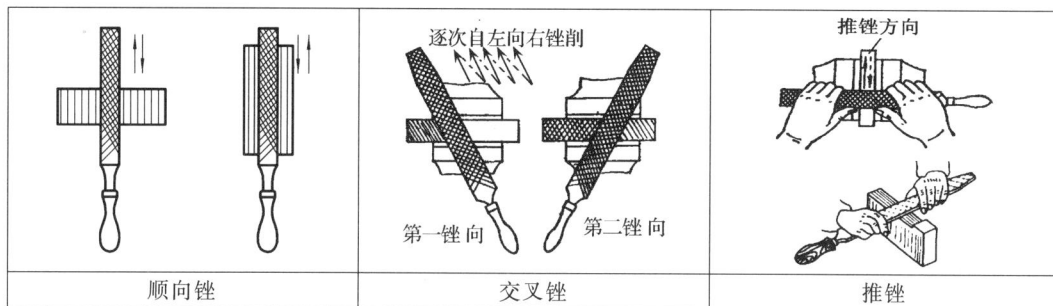

顺向锉	交叉锉	推锉

2. 锉刀的运动方法

对于加工比较宽大的平面,锉削时,锉刀要逐渐平移,具体方法如下图所示.

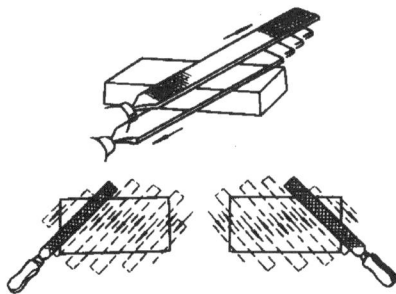

图 2-4-1-11　锉刀的运动方法

3.锉削平面质量的检查

（1）检查平面的直线度和平面度 用钢尺和直角尺以透光法来检查,要多检查几个部位并进行对角线检查.或者以刀口形直尺（或者配合塞尺）检查.

注意:① 刀口尺要垂直放在工件表面检测,视线与加工平面平齐.

② 在加工面的纵向、横向、对角方向多处逐一进行.

③ 观察刃口与加工面之间的透光情况.如果透光微弱而均匀,说明该方向是直的,如果透光强弱不一,说明该方向是不直的.记住不直的部位,便于下一次的锉削.

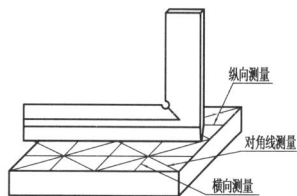

图 2-4-1-12　角尺检查平面度

④ 改变检测位置时,刀口尺不能在平面上拖动,应提起后再轻放到另一检查位置.否则会加剧刀口磨损而降低精度.

⑤ 检测完毕,记住需锉部位,进行下一次锉削.

1）角尺检查

2)刀口形直尺检查

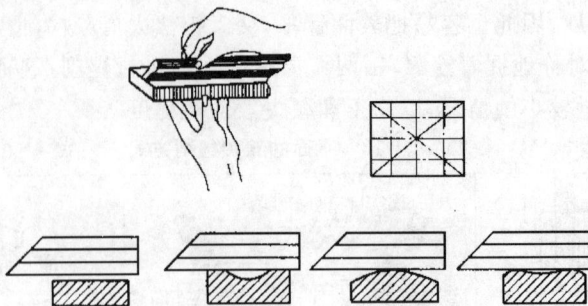

图 2-4-1-13　锉削平面度检查方法(透光法)

3)用塞尺检查(又称厚薄尺检查)

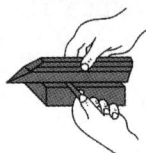

图 2-4-1-14　用塞尺测量平面度误差值　　　图 2-4-1-15　塞尺

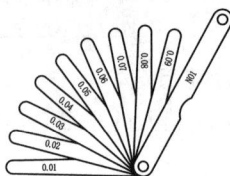

塞尺是用其厚度来测量间隙大小的薄片量尺,如图 2-4-1-15.它是一组厚度不等的薄钢片.塞尺钢片的厚度一般为 0.03~0.3 mm,印在每片钢片上.使用时根据被测间隙的大小选择厚度接近的钢片(可以用几片组合)插入被测间隙.能塞入钢片的最大厚度即为被测间隙值.

使用塞尺时必须先擦净尺面和工件,组合成某一厚度时选用的片数越少越好.另外,塞尺插入间隙不能用力太大,以免折弯尺片.

五、垂直面的锉削

(1)先需锉削好长方体的一个基准面(一般是较大的表面),达到平面度要求后,再结合划线,依次进行相邻表面锉削加工,并随时做好角尺检查.

(2)检查垂直度　用直角尺采用透光法检查,检查前先将工件的锐边倒棱,再将角尺尺座基面贴紧工件基准面,然后从上到下轻轻移动,使角尺刀口与被测量表面接触,根据透光情况对其面进行检查.检查时,角尺不可倾斜,否则,测量不会准确.同时,在同一平面上测量不同的位置时,角尺不可拖动,以免造成角尺磨损.如图 2-4-1-16 和图 2-4-1-17 所示.

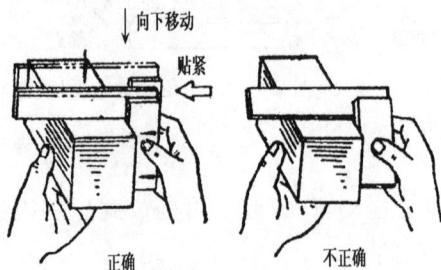

图 2-4-1-16　垂直度检查方法

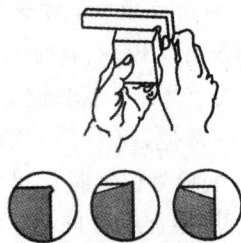

a 合格　b<90°　c>90°

图 2-4-1-17　垂直度质量好坏判断

六、平行面的锉削

(1)加工出一组合格的垂直面后,就可以粗精加工基准面的对面,可先用划线高度尺划线,先粗加工,预留 0.15 mm 左右的精加工余量,再用细齿锉刀加工至尺寸公差要求.锉削加工时注意基准面的保护,最好垫上软钳口,以免基准面精度下降影响后续表面的加工质量.

(2)检查尺寸 锉削加工的同时,根据尺寸精度用钢尺、游标卡尺或千分尺测量尺寸精度.注意在不同位置上多测量几次.

七、检查表面粗糙度

一般用眼睛观察即可,也可用表面粗糙度样板进行对照检查.

【项目知识链接】

一、外径千分尺的原理和用法

1. 外径千分尺的原理

外径千分尺常简称为千分尺,它是比游标卡尺更精密的长度测量仪器,常见的一种如图 2-4-1-18 所示,它的量程是 $0\sim25$ mm,分度值是 0.01 mm.外径千分尺的结构由固定的尺架、测砧、测微螺杆、固定套管、微分筒、测力装置、锁紧装置等组成.固定套管上有一条水平线,这条线上、下各有一列间距为 1 mm 的刻度线,上面的刻度线恰好在下面二相邻刻度线中间.微分筒上的刻度线是将圆周分为 50 等分的水平线,它是旋转运动的.

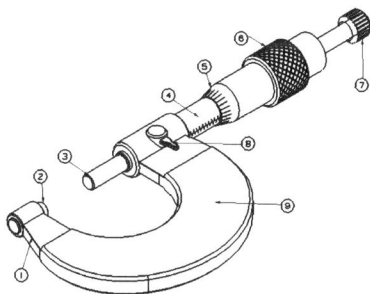

1—尺架,2—测砧,3—测微螺杆,4—固定套管,5—微分筒,6—旋钮,7—棘轮旋柄,8—锁紧装置,9—隔热装置

图 2-4-1-18　千分尺的结构

根据螺旋运动原理,当微分筒(又称可动刻度筒)旋转一周时,测微螺杆前进或后退一个螺距——0.5 mm.这样,当微分筒旋转一个分度后,它转过了 1/50 周,这时螺杆沿轴线移动了 $1/50 \times 0.5$ mm $=0.01$ mm,因此,使用千分尺可以准确读出 0.01 mm 的数值.

2. 外径千分尺的零位校准

使用千分尺时先要检查其零位是否校准,因此先松开锁紧装置,清除油污,特别是测砧与测微螺杆间接触面要清洗干净.检查微分筒的端面是否与固定套管上的零刻度线重合,若不重合应先旋转旋钮,直至螺杆要接近测砧时,旋转测力装置,当螺杆刚好与测砧接触时会听到喀喀声,这时停止转动.如两零线仍不重合(两零线重合的标志是:微分筒的端面与固定刻度的零线重合,且可动刻度的零线与固定刻度的水平横线重合),可将固定套管上的小螺丝松动,用专用扳手调节套管的位置,使两零线对齐,再把小螺丝拧紧.不同厂家生产的千分尺的调零方法不一样,这里仅是其中一种调零的方法.

检查千分尺零位是否校准时,要使螺杆和测砧接触,偶尔会发生向后旋转测力装置两者不分离的情形.这时可用左手手心用力顶住尺架上测砧的左侧,右手手心顶住测力装置,再用手指沿逆时针方向旋转旋钮,可以使螺杆和测砧分开.

校准好的千分尺,当测微螺杆与测砧接触后,可动刻度上的零线与固定刻度上的水平横线应该是对齐的,如图 2-4-1-19a 所示.如果没有对齐,测量时就会产生系统误差——零误差.如无法消除零误差,则应考虑它们对读数的影响.若可动刻度的零线在水平横线上方,且第 x 条刻度线与横线对齐,即说明测量时的读数要比真实值小 $x/100$ mm,这种零误差叫做负零误差,如图 2-4-1-19b 所示,它的零误差为 -0.05 mm;若可动刻度的零线在水平横线的下方,且第 y 条刻度线与横线对齐,则说明测量时的读数要比真实值大 $y/100$ mm,这种零误差叫正零误差,如图 2-4-1-19c 所示,它的零误差为 $+0.03$ mm.

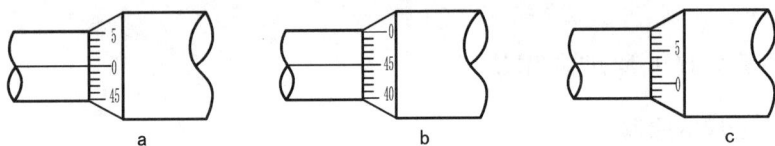

图 2-4-1-19　千分尺的精度

对于存在零误差的千分尺,测量结果应等于读数减去零误差,即物体长度=固定刻度读数+可动刻度读数-零误差.

3. 外径千分尺的读数

读数时,先以微分筒的端面为准线,读出固定套管下刻度线的分度值(只读出以毫米为单位的整数),再以固定套管上的水平横线作为读数准线,读出可动刻度上的分度值,读数时应估读到最小刻度的十分之一,即 0.001 mm.如果微分筒的端面与固定刻度的下刻度线之间无上刻度线,测量结果即为下刻度线的数值加可动刻度的值;如微分筒端面与下刻度线之间有一条上刻度线,测量结果应为下刻度线的数值加上 0.5 mm,再加上可动刻度的值,如表 2-4-13 中 a 读数为 5.783 mm,b 读数为 7.383 mm.

表 2-4-1-13　千分尺的读数方法

a 大于 0.5 刻度线的读数	b 小于 0.5 刻度线的读数

4. 千分尺的使用方法

测量前应检验两测量面贴合时,两个套筒上的刻度都在零线位置,否则应调整后再使用,测量工件时应一手拿尺架或尺架下端,一手拿活动套筒:如图 2-4-1-20 所示.

5. 使用千分尺注意事项

(1)千分尺是一种精密的量具,使用时应小心谨慎,动作轻缓,不要让它受到打击和碰撞.千分尺内的螺纹非常精密,使用时要注意:①旋钮和测力装置在转动时都不能过分用力;②当转动旋钮使测微螺杆靠近待测物时,一定要改旋测力装置,不能转动旋钮使螺杆压在待测物上;③当测微螺杆与测砧已将待测物卡住或旋紧锁紧装置的情况下,决不能强行转动旋钮.

(2)有些千分尺为了防止手温使尺架膨胀引起微小的误差,在尺架上装有隔热装置.实验时应手握隔热装置,而尽量少接触尺架的金属部分.

(3)使用千分尺测同一长度时,一般应反复测量几次,取其平均值作为测量结果.

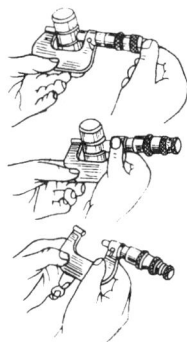

图 2-4-1-20　千分尺用法

(4)千分尺用毕后,应用纱布擦干净,在测砧与螺杆之间留出一点空隙,放入盒中.如长期不用可抹上黄油或机油,放置在干燥的地方.注意不要让它接触腐蚀性的气体.

【技能质量分析和安全操作规程】

一、锉削时产生废品的形式、原因及预防方法

废品形式	原因	预防方法
工件夹坏	夹紧加工工件时没有防护装置 夹紧力过大 对薄而大的工件没有专用工具	夹紧加工工件时应用软钳口 夹紧力要恰当,夹薄管最好用弧形木垫 对薄而大的工件要用辅助工具夹持
平面中凸	锉削时锉刀摇摆	加强锉削技术的训练
工件尺寸太小超差	划线不正确 锉刀锉出加工界线	按图样尺寸正确划线 锉削时要经常测量,对每次锉削量心中有数
表面粗糙度高	锉刀粗细选用不当 锉屑嵌在锉刀中未及时消除 粗锉时锉痕太深,以致在精锉时无法去除	选用锉刀齿较细的锉刀 经常用铜刷或者钢丝刷清除锉屑 粗锉时在接近精修余量时,减小锉削压力,避免锉痕太深
不应锉的部分被锉掉	锉垂直面时未选用光边锉刀 锉刀打滑锉伤邻近表面	应选用光边锉 注意消除油污等引起打滑的因素

二、锉削安全文明操作规程

1.不使用无柄或裂柄锉刀锉削工件,锉刀柄应装紧,以防手柄脱出后,锉舌把手刺伤.

2.放置锉刀时不能将其一端(或者手柄)露出钳台外面,以防锉刀跌落而把脚扎伤或者将锉刀摔断.

3.锉削时,不可用手触摸被锉过的工件表面,因手有油污会使锉削时锉刀打滑,而造成事故.

4.为防止锉刀过快磨损,对毛坯件上的硬皮或粘砂、锻件上的飞边或毛刺以及淬硬的工件表面等,应先用砂轮磨去或者其他工具加工,无法用砂轮机或其他工具时可用锉梢前

端、边齿加工,然后再锉削.

5. 不能用锉刀作为装拆、敲击和撬物的工具,防止因锉刀材质较脆而折断.用整形锉和小锉刀时,用力不能太大,防止锉刀折断和手部受伤.

6. 锉刀是右手工具,应放在台虎钳右边,不能把锉刀与锉刀叠放或锉刀与量具叠放.

7. 锉刀不可以沾油,沾油后的锉刀在工作时易打滑将手或身体碰伤.

8. 锉削时锉刀手柄不可撞击工件,以免脱柄造成事故.

9. 锉削时有铁屑嵌入齿缝内,不可用嘴吹铁屑,以防飞入眼内;也不可用手去清除铁屑,须及时用钢丝刷沿锉刀刀齿纹路进行清除,锉刀使用完毕也须将铁屑清除干净.如图2-4-1-21 所示.

10. 锉削时要充分使用锉刀的有效工作面(有效全长),避免局部磨损.

11. 锉削时应先用锉刀的同一面,待这个面用钝后再用另一面.因为使用过的锉齿易锈蚀.

图 2-4-1-21　铁屑清除方法

【成绩鉴定和信息反馈】

请参照表 2-1-1-10 和表 2-1-1-11.

❈课外作业

1. 锉刀的种类有哪些?如何根据加工对象合理地选择锉刀?

2. 锉刀的粗细规格用什么表示?锉刀的尺寸规格又是怎样表示的?

3. 简述锉削姿势及动作过程的要领.

4. 读出图 2-4-1-22 所示的千分尺读数结果.

5. 根据尺寸 33.66 mm 和 27.33 mm,参照图 2-4-1-22 画出千分尺的示意图.

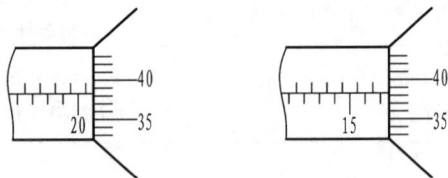

图 2-4-1-22　千分尺读数

任务二 曲面锉削

任务：锥度榔头制作

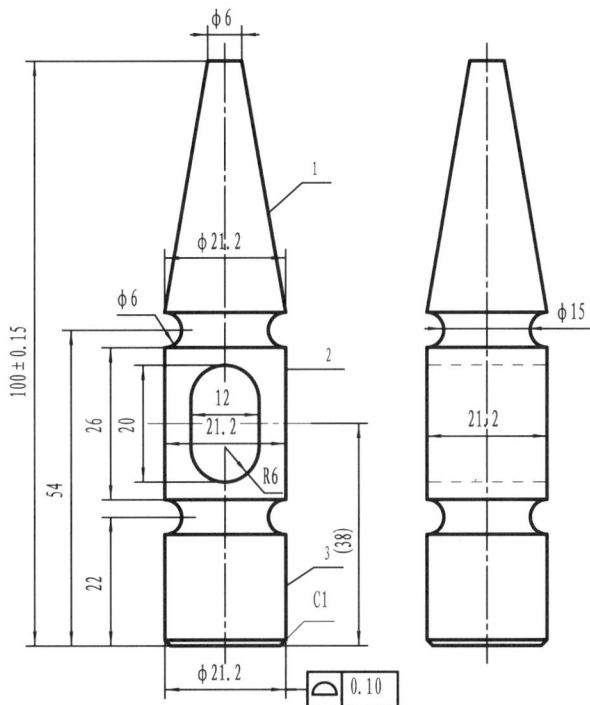

图 2-4-2-1 锥度榔头零件图

技术要求：

1. 各锐边倒棱.

2. 图中所示 1 为圆锥（台）；2 为方柱带腰孔；3 为圆柱.

3. 抛光后表面粗糙度＜Ra0.8 μm.

表 2-4-2-1 曲面锉削任务评分标准

姓名		工件号			总成绩	
序号	考核要求	配分	评分标准	实测结果	得分	
1	100±0.15 mm	5	每超差 0.10 扣 1 分			
2	22 mm	5	每超差 0.10 扣 1.5 分			
3	26 mm	5	每超差 0.10 扣 1.5 分			
4	20 mm	5	每超差 0.10 扣 1.5 分			
5	54 mm	5	每超差 0.10 扣 1.5 分			
6	(38 mm)	5				
7	R3 mm(2 处)	5	目测圆环表面			
8	12 mm	5	每超差 0.10 扣 1 分			
9	21.2 mm(左)	5	每超差 0.10 扣 1 分			
10	R6	5	每超差 0.10 扣 1 分			
11	φ21.2(大)	5	每超差 0.10 扣 1 分			
12	φ6(顶)	5	每超差 0.10 扣 1 分			

续表

姓名		工件号		总成绩	
13	φ21.2（圆柱）	5	每超差 0.10 扣 1 分		
14	⌒ ⎵ 0.10	5	每超差 0.10 扣 1 分		
15	C1	5	目 测		
16	21.2 mm（右）	5	目 测		
17	抛光 Ra0.8～Ra0.4 μm	5	对 比		
18	文明安全生产	5	违章一次性扣完		
19	工量具摆放	2.5	发现一次扣 1 分		
20	除毛倒棱	5	发现一处扣 1 分		
21	工时	2.5	30 小时完成,每超 60 分钟扣 2.5 分		

表 2-4-2-2　工量具准备清单

序号	名称	规格	数量
1	游标高度划线尺	0 mm～300 mm	1 把/组
2	宽座角尺	100 mm×63 mm	1 把/组
3	刀口角尺	100 mm×63 mm	1 把/组
4	划线平台		1 个/组
5	划针		1 支/组
6	划规		1 支/组
7	样冲		1 支/组
8	榔头	0.5kg	1 把/人
9	挡块（V 形铁）		1 支/组
10	锯弓	可调式	1 把/人
11	锯条	300 mm（粗、中粗齿）	1 根/人
12	大平锉刀	300 mm	1 把/人
13	中平锉刀	200 mm	1 把/人
14	圆锉	150 mm、100 mm	1 把/人
15	半圆锉	150 mm	1 把/人
16	方锉	200 mm	1 把/人
17	整形锉	5 件套	1 把/人
18	抛光砂布	细	1 张/人
19	錾子	扁、窄錾	1 把/组
20	钳口铁		1 幅/人
21	游标卡尺	0～150 mm	1 把/组
22	千分尺	0～25 mm	1 把/组
23	R 规（半径规）	R1～R6.5 mm/R7～R14.5 mm	各 1 把/组
24	钻头	φ9.5 mm	1 根/组

表2-4-2-3　锥度榔头加工工艺卡片

厂名								产品型号		锥度榔头	零件图号		1	2-4-2-1	共2页
								产品名称	锥度榔头	毛坯件数	零件名称				第1页
材料牌号				毛坯种类		毛坯外形尺寸		Φ30mm×105mm							

工序	工序名称	工步	工序内容	同时加工件数	切削用量		设备	工艺装备			技术等级	工时定额	
					余量 mm	速度		夹具	刀具	量具		准备终结时间 min	单件 min
1	备料	1	毛坯准备、锯割下料	1	1.5	40（次/min）	钳台	台虎钳	锯条	钢直尺	/	10	20
2	锉削长方体及圆弧槽	1	锉削21.2mm×21.2mm×105mm长方体达到公差要求	1	1.5	30~60（次/min）	钳台	台虎钳	300mm、150mm粗锉刀	游标卡尺+千分尺+刀口角尺	IT11	30	450
		2	根据图纸划出工件的圆弧φ6（R3）的加工划线	1	0.25	40（次/min）	划线平台	V形铁与方箱	高度划线尺	高度尺	/	5	10
		3	锉削加工两φ6（R3）圆弧达公差要求	1	0.05	30~60（次/min）	钳台	台虎钳	200mm粗圆锉	游标卡尺+R规	IT12	20	210
3	加工腰形孔	1	划出腰形孔加工界线和中心眼	1	1.5	20（m/min）	划线平台	划线平台	高度划线尺	样冲等	/	10	20
		2	钻削加工排料孔	1	0.5	20（m/min）	钳床	活动虎钳	钻头	/	/	5	10
		3	鉴削排料与锉削腰形（R6）并达公差要求	1	0.1	30~60（次/min）	钳台	台虎钳	方锉+圆锉+半圆锉	游标卡尺+R规	IT12	30	210
4	圆柱面锉削	1	划出21.2×22圆柱	1	0.25	20（m/min）	划线平台	V形铁与方箱	划规和高度划线尺	/	/	5	15
		2	锯削排料粗加工圆柱	1	2.5	40（次/min）	钳台	台虎钳	锯条	钢直尺	/	10	40
		3	锉削粗加工圆柱	1	1	30~60（次/min）	钳台	台虎钳	300mm、150mm粗锉刀	R规+刀口尺	/	30	140

注

续表

厂名				产品型号	Φ30mm×105mm		零件图号	2-4-27		共2页
材料牌号 45钢				产品名称	锥度榔头		零件名称	锥度榔头		第2页
毛坯种类 圆钢				毛坯外形尺寸			毛坯件数			

工序号	工序名称	工步	工序内容	同时加工件数	余量 mm	速度	设备	夹具	刀具	量具	技术等级	准备终结时间 min	单件 min
4	圆柱面锉削	4	锉削精加工圆柱并达到公差要求	1	0.15	15~45（次/min）	钳台	台虎钳	300mm、150mm中粗锉刀	R规+刀口尺+游标卡尺	IT11	15	60
5	圆锥面锉削	1	划出21.2×φ6圆锥台	1	0.25	20（m/min）	划线平台	V形铁与方箱	划规和高度划线尺	/	/	5	15
		2	锯削排料粗加工圆锥台	1	2.5	40（次/min）	钳台	台虎钳	锯条	钢直尺	/	10	40
		3	锉削粗加工圆锥台	1	1	30~60（次/min）	钳台	台虎钳	300mm、150mm粗锉刀	R规+刀口尺	/	30	175
		4	锉削精加工圆锥台并达到公差要求	1	0.15	15~45（次/min）	钳台	台虎钳	300mm、150mm中粗锉刀	R规+刀口尺+游标卡尺	IT11	15	60
6	检查	1	整体检查工件，修整工件并达到图纸要求	1		10~30（次/min）	钳台	台虎钳	200mm、150mm细锉刀	R规+刀口尺+游标卡尺+千分尺	/	10	45
7	修整外形	1	工件的粗抛光	1	Ra1.6~0.8μm	60（次/min）	钳台	台虎钳	0#砂布	对比块	/	30	180
		2	工件的精抛光	1	Ra0.8~0.4μm	60（次/min）	钳台	台虎钳	旧砂布背面及机油	对比块	IT10	20	90

			编制（日期）		审核（日期）		会签（日期）
标记	处记	更改文件号	签字	日期	标记	处记	更改文件号 签字 日期

曲面锉削是锉削中非常重要的加工方法.曲面锉削运用比较广泛,机械加工比较困难的曲面件都是通过曲面锉削来完成的.有时为了使工件的外形美观,也要进行曲面锉削.

任务目标

通过该零件的训练,熟练地掌握曲面锉削基本操作技能,并达到一定的技能水平,掌握曲面锉削的基本动作要领,能用锉刀对外圆弧、内圆弧及球面进行加工.

技能练习

锥度榔头加工工艺

表 2-4-2-4　锥度榔头加工工艺过程

步骤	工艺方法及工艺步骤	图示
1	1. 分析锥度榔头图样、尺寸及相关的技术要求; 2. 锯削下料:φ30 mm×105 mm; 3. 锉削加工 φ30 mm×105 mm 的一端面;达到平面度、垂直度要求.	
2	锉削长方体:加工长方体采用平面锉削方法. (1)加工第一个面:以 0.707×φ30 mm 为 A1 面的边长即长方体第一个面,又是第一基准面.(如右图 a 所示) (2)在以第一个面(A1)为基准,加工 A2 面,并与基准面(A1)垂直(⊥).(如右图 b 所示) (3)然后以 A2 面为基准加工第三面(A3).技术要求:垂直度、平面度、Ra3.2 μm.(如右图 c 所示) (4)最后以 A2 和 A1 为基准加工第四面,并达到相应的垂直度,平面度、Ra 和 21.6 mm×21.6 mm×105 mm 的长方体.(如右图 d 所示)	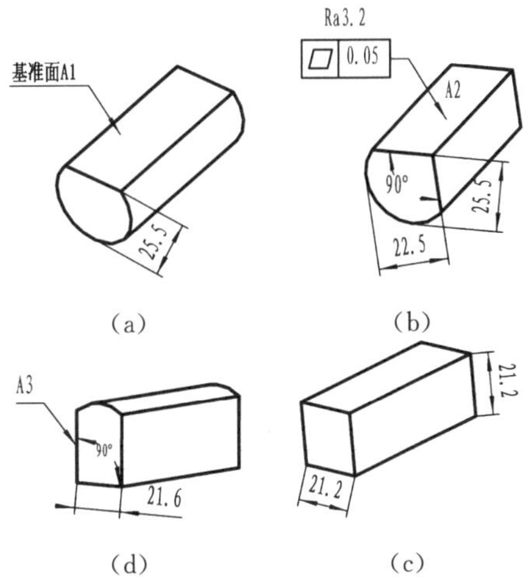
3	利用高度游标尺、"V"型铁和平板等划线工具对工件进行划线,划出 22 mm、54 mm 定位尺寸和 φ6 mm,φ15 mm 定形尺寸以及工件总长 100 mm 等加工线.(如右图所示)	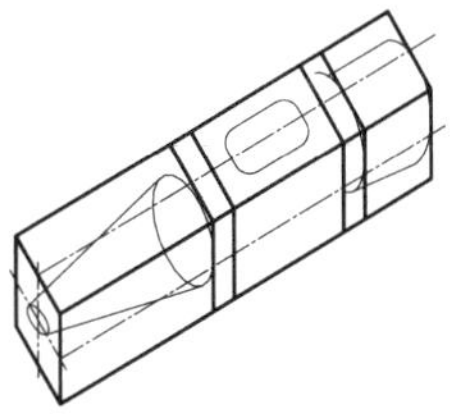
4	用圆锉、半圆锉锉削加工两圆环槽,并达到尺寸 φ6 mm、φ15 mm、Ra3.2 μm、22 mm、54 mm 等尺寸要求. 　　用 R 规和游标卡尺对 φ6 mm、φ15 mm 等尺寸进行检查修整.	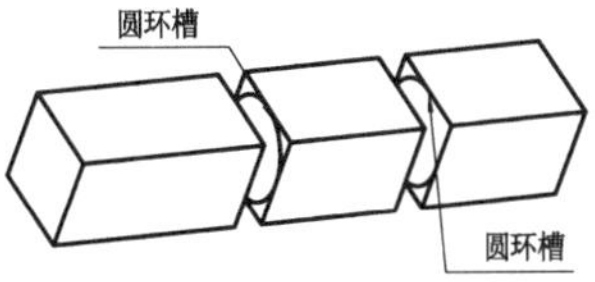

步骤	工艺方法及工艺步骤	图示
5	腰形孔的加工： (1)按图纸尺寸划线打排料孔样冲眼； (2)将工件夹持在活动虎钳(平口钳)上，且调平； (3)选择 $\phi 9$ mm 的麻花钻，钻削两个相切或相离的排料孔，然后用錾子錾削使两孔相通； (4)采用平锉、半圆锉、圆锉进行腰形孔的成型粗加工； (5)对腰形孔进行精加工，并达到定形尺寸 R6 mm、12 mm、20 mm，定位尺寸 38 mm 及 Ra3.2 μm； (6)用 R 规、游标卡尺、刀口尺等量具进行检查修整.	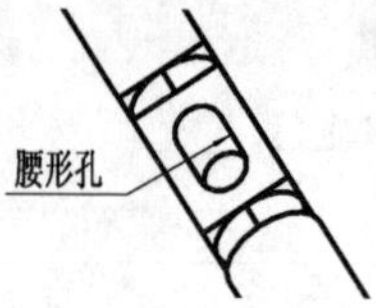 腰形孔
6	$\phi 21.2$ mm×22 圆柱加工： 　　锯削多余的废料；将四方锯削加工成八方棱面，再将八方加工成十六方，通过若干个棱面，然后采用曲面锉削方法将若干棱形加工成圆柱形.最后精加工圆柱，且达到相应的同轴度、圆度、尺寸 $\phi 21.2$ mm× 22 mm 及 Ra3.2 μm.(如右图所示) 　　用 R 规、游标卡尺、刀口角尺等量具进行检查修整.	 圆柱
7	$\phi 21.2$ mm× $\phi 6$ mm 圆锥(台)加工： (1)锯削和锉削锥度榔头的全长，并达到尺寸 100±0.15 mm. (2)锯削多余的废料；将四方锯削加工成八方锥棱面，再将八方加工成十六方，通过若干个锥棱面，然后采用曲面锉削方法将若干棱形加工成圆锥形.最后精加工圆锥台，且达到相应的同轴度、圆锥度、尺寸 100 mm、 $\phi 21.2$ mm× $\phi 6$ mm 及 Ra3.2 μm.(如右图所示) (3)用 R 规、游标卡尺、刀口角尺等量具进行检查修整.	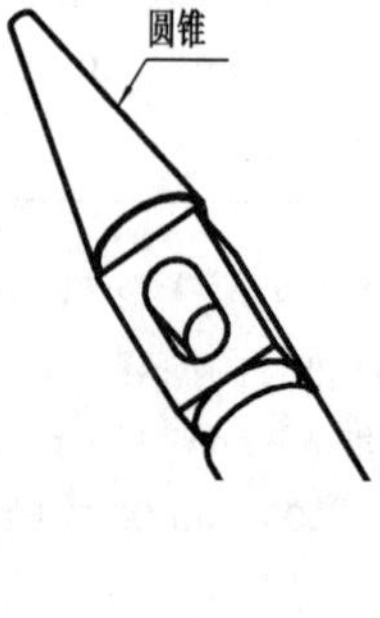 圆锥
8	锉削加工 $\phi 21.2$×(22)圆柱端面的 C_1 倒角：仍然采用曲面锉削的方法.(如右图所示)	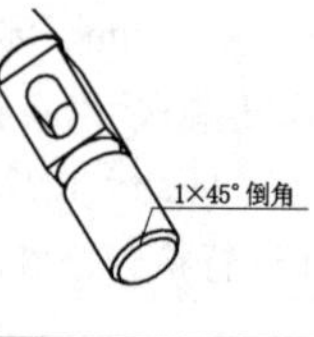 1×45° 倒角

续表

步骤	工艺方法及工艺步骤	图示
9	整体修复及抛光： (1)整体尺寸复检； (2)整体观看锥度榔头的外形结构； (3)精修尺寸； (4)采用1♯、0♯新砂布反复进行粗砂，消除锉痕. (5)利用旧砂布反复进行精砂，抛光工件表面. (6)旧砂布或旧砂布背部加机油反复砂，彻底消除加工痕迹，增加表面抗氧化能力. (如右图所示)	

【曲面锉削基本工艺知识】

一、曲面锉削方法

曲面由各种不同的曲线形面所组成，掌握内外圆弧面的锉削方法和技能是掌握各种曲面锉削的基础.

1. 锉削外圆弧面的方法

锉削外圆弧面所用的锉刀均为平板锉.锉削时，锉刀要同时完成两个运动，即前进运动和绕工件圆弧中心转动，锉削外圆弧面有两种方法：

一种是顺着圆弧面锉削.锉削时，锉刀向前，右手下压，左手上提，这种方法能使圆弧面锉削光洁、圆滑，但锉削位置不容易掌握，而且效率不高，所以比较适用于精锉圆弧面（如图2-4-2-2a所示）.

另一种方法是：横着圆弧面锉削.锉削时，锉刀作直线运动，而且不断随圆弧面摆动，这种方法锉削效率高，且便于按划线均匀锉近弧线，但只能锉成近似圆弧面的多棱形面，所以比较适用于圆弧面的粗加工.（如图2-4-2-2b所示）

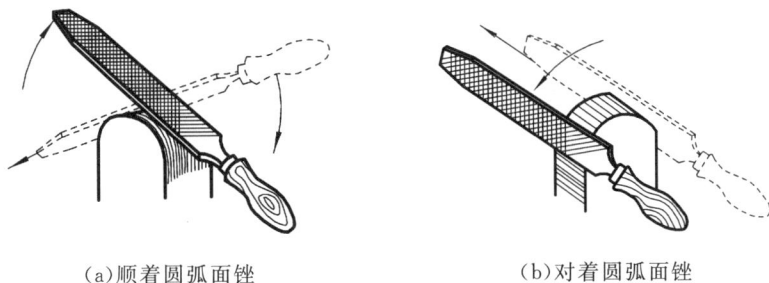

(a)顺着圆弧面锉　　　　　　　　(b)对着圆弧面锉

图 2-4-2-2　外圆弧面的锉削方法

2. 锉削内圆弧面的方法

锉削内圆弧面应选用圆锉或半圆锉、方锉等，锉削时，锉刀同时完成三个运动：一是前进运动；二是随圆弧面向左或向右移动；三是绕锉刀中心线转动，这种才能保证锉出的弧面光滑、准确.（如图2-4-2-3所示）

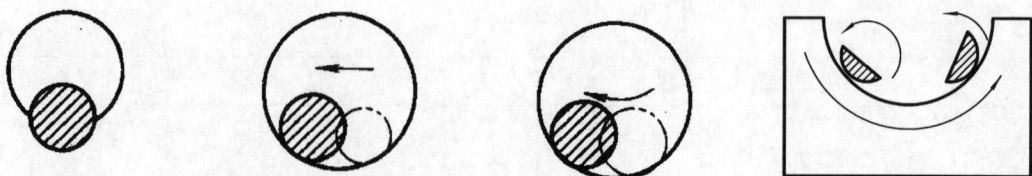

图 2-4-2-3　内圆弧面的锉削方法

3. 平面与曲面的连接方法

一般情况下应先加工平面后加工曲面,以便于使曲面与平面的连接,如果先加工曲面而后加工平面,则在加工平面时,由于锉刀侧面没有依靠容易产生移动,使已加工好的曲面损伤,同时连接处也不容易锉圆滑或使圆弧不能与平面相切.(如图 2-4-2-4 所示)

图 2-4-2-4　平面与曲面连接锉削方法

4. 球面的连接方法

锉削圆柱形工件端部球面时,锉刀要以纵向和横向两种曲面锉法结合进行,才能获得要求的球面.

图 2-4-2-5　球面锉削方法

5. 推锉的操作方法

由于推锉时,容易掌握锉刀平衡,而且切削量小,因此,能获得较平整的加工平面和较小的表面粗糙度.但是推锉时切削量较小,所以一般常用在狭长小平面的平面度修整或对有凸台的狭平面以及使内圆弧面的锉纹成顺圆弧方向的精锉加工.

操作时,双手撑住锉刀左右 1/3 的位置,用锉刀中间部位在狭窄平面上推动锉削,推到弧面时要减轻压力,然后提起锉刀再进行下一次锉削.

6. 曲面形体线轮廓度的检查方法

在进行曲面形体的线轮廓度锉削时,可以用曲面样板通过塞尺或透光法进行检查.

【项目知识链接】

一、半径规

半径规又称 R 样板、R 规,它一半测量外圆弧,另一半是测量内圆弧.是由薄钢板制成,叶片具有很高的精度.

钳工一般所用 R 规规格是 R1~R6.5 mm;R7~R14.5 mm;R15~R25 mm 几种.特殊规格可根据需专门生产.R 规根据规格的不同叶片多少也不同,如 R1~R6.5 mm 规格的叶片为 16 片,其增量(1.0,1.25,1.5,1.75,2.0,2.25,2.5,2.75,3.0,3.5,4.0,4.5,

5.0，5.5，6.0，6.5 mm）；R7～R14.5 mm 规格的叶片也为 16 片，其增量（77.5，8.0，8.5，9.0，9.5，10.0，10.5，11.0，11.5，12.0，12.5，13.0，13.5，14.0，14.5 mm）；R15～25 mm 规格的叶片数同上，其增量（15，15.5，16.0，16.5，17.0，17.5，18.0，18.5，19.0，19.5，20.0，21.0，22.0，23.0，24.0，25.0 mm）.

R 规是利用光隙法测量圆弧半径的工具.测量时必须使 R 规的测量面与工件的圆弧完全紧密的接触，当测量面与工件的圆弧中间没有间隙时，工件的圆弧度数则为此时相应的 R 规上所表示的数字.由于是目测，故准确度不是很高，只能作定性测量.（如图 2-4-2-6 和 2-4-2-7 所示）

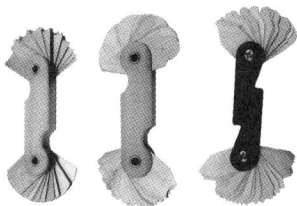

图 2-4-2-6　半径规

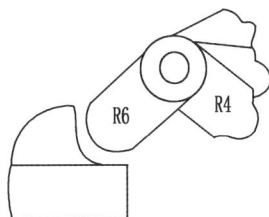

图 2-4-2-7　圆弧测量方法

二、测量曲线或曲面的方法

曲线和曲面要求测量很准时，必须用专门的量仪进行测量，精度要求不高时，可采用以下几种方法进行测量：

1. 拓印法

对于柱面半径的测量，可用纸拓印其轮廓，得到如实的平面曲线，然后判定该曲线的圆弧连接情况，测量其半径.（如图 2-4-2-8a 示）

2. 铅丝法

对于曲线回转面零件的母线曲率半径的测量，可用铅丝弯成实形后，得到如实的平面曲线，然后判定该曲线的圆弧连接情况，最后用中垂线法求得各个圆弧的中心，测量其半径.（如图 2-4-2-8b 所示）

3. 坐标法

一般的曲面可用钢直尺和三角板定出曲面上各个点的坐标，在圆上画出曲线或求出曲率半径.（如图 2-4-2-8c 所示）

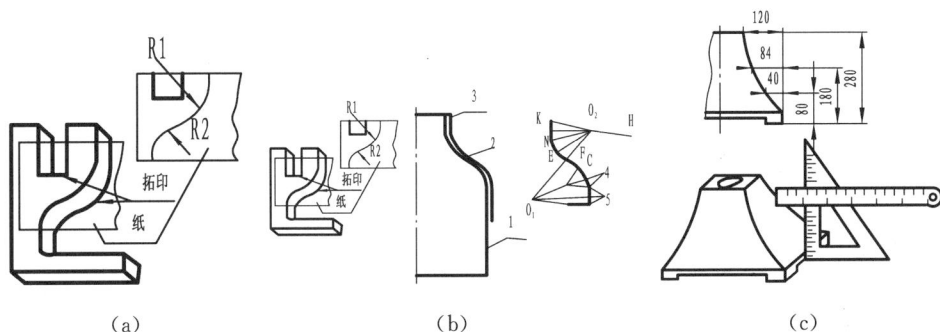

（a）　　　　　　　　（b）　　　　　　　　（c）

图 2-4-2-8　测量曲线和曲面

【技能质量分析和安全操作规程】

一、锉削时产生废品的形式、原因及预防方法

表 2-4-2-5

废品形式	原因	预防方法
工件夹坏	1. 台虎钳钳口太硬，将工件表面夹出凹痕． 2. 夹持力太大将空心件夹变形．夹持工件位置不正确． 3. 夹紧力不恰当，夹薄管未采用弧形木垫，对薄而大的工件未用辅助工具夹持．	1. 夹紧加工工件时应用软钳口；抛光时要垫棉砂． 2. 夹紧力要恰当，夹持位置要合理，夹薄管最好用弧形木垫． 3. 对薄而大的工件要用辅助工具夹持．
圆弧不圆滑	1. 锉削未按曲面锉削法，右手压，左手提不协调． 2. 未及时进行检测，圆弧测量不正确．	1. 加强曲面锉削技能练习． 2. 加工工件要时常测量．
腰形孔歪斜	1. 钻孔时歪斜，划线不正确． 2. 锉削过程要时常检查．	1. 划线钻孔要正确，细心． 2. 锉削加工不能超过划线，且时常测量．
工件尺寸太小超差	1. 划线不正确． 2. 锉刀锉出加工界线． 3. 未及时测量或测量错误．	1. 按图样尺寸正确划线． 2. 锉削时要经常测量，对每次锉削量要心中有数．
表面粗糙度高	1. 粗加工时用力过大，修整时锉刀选择不正确． 2. 锉屑嵌在锉刀中未及时消除． 3. 粗锉时锉痕太深，以致在精锉时无法去除锉痕． 4. 抛光方法不正确，选用砂布不正确．	1. 选用锉刀齿较细的锉刀． 2. 经常用铜刷或者钢丝刷清除锉屑． 3. 粗锉时在接近精修余量时，减小锉削压力，避免锉痕太深． 4. 抛光时需选 0＃砂布，后用旧砂布，最后用旧砂布加机油．
不应锉的部分被锉掉	1. 锉垂直面时未选用光边锉刀． 2. 锉刀打滑锉伤邻近表面．	1. 应选用光边锉． 2. 注意消除油污等引起打滑的因素．

【成绩鉴定和信息反馈】

请参照表 2-1-1-10 和表 2-1-1-11.

※课外作业

1. 曲面锉削有哪几种方法？
2. 平面锉削与曲面锉削的区别有哪些？
3. 曲面锉削外圆弧有哪两种方法？分别是怎样加工的？
4. 平面与曲面的连接时，是怎样的推锉方式？
5. R 规的使用方法是什么？
6. 曲线或曲面的测量方法有几种？

项目五　钻削

项目简述

钻削是用各种孔加工刀具进行钻孔、扩孔、铰孔、锪孔及攻螺纹的切削加工. 钻孔是用麻花钻、扁钻或中心孔钻等在实体材料上钻削通孔或盲孔. 扩孔是用扩孔钻扩大工件上预制孔的孔径. 锪孔是用锪孔钻在预制孔的一端加工沉孔、锥孔、局部平面或球面等, 以便安装紧固件. 铰孔是用铰刀从工件壁上切除微量金属层, 以提高孔的尺寸精度和表面质量的加工方法. 钳工螺纹加工是用丝锥和板牙对内孔及外圆柱加工螺纹的方法. 钻削方式主要有两种: ①工件不动, 钻头作旋转运动和轴向进给, 这种方式一般在钻床、镗床、加工中心或组合机床上应用; ②工件旋转, 钻头仅作轴向进给, 这种方式一般在车床或深孔钻床上应用. 麻花钻的钻孔孔径范围为 $\phi0.05\sim100$ mm, 采用扁钻可达 125 mm. 对于孔径大于 100 mm 的孔, 一般先加工出孔径较小的预制孔(或预留铸造孔), 而后再将孔径镗削到规定尺寸.

钻削加工是机械加工车间耗时最多的工序之一. 调查表明, 在所有的加工工时中: 有 36% 消耗在孔加工操作上. 与此对应的是, 车削加工耗时为 25%, 铣削加工耗时为 26%. 而采用高性能整体硬质合金钻头取代高速钢和普通硬质合金钻头, 能够大幅度减少钻削加工所需的工时, 从而降低孔加工成本, 是钻削加工的发展趋势.

项目内容

1. 钻床的种类和基本结构;

2. 钻削的辅助工具和钻头的装夹工具;

3. 麻花钻的结构、常用切削角度和刃磨方法;

4. 扩孔钻、锪孔钻、铰刀、丝锥、板牙等刀具的结构和种类;

5. 钻头和钻削工件的装夹方法;

6. 钻孔、扩孔、锪孔、铰孔、攻丝、套丝的工艺方法和操作技能;

7. 钻削安全文明生产规程.

能力目标

通过本项目的学习, 能熟练地掌握钻孔、扩孔、锪孔、铰孔、攻丝、套丝的工艺方法和操作技能, 并能达到规定的表面粗糙度和位置精度.

任务一 钻孔、扩孔、锪孔、铰孔

任务:练习 1:麻花钻刃磨

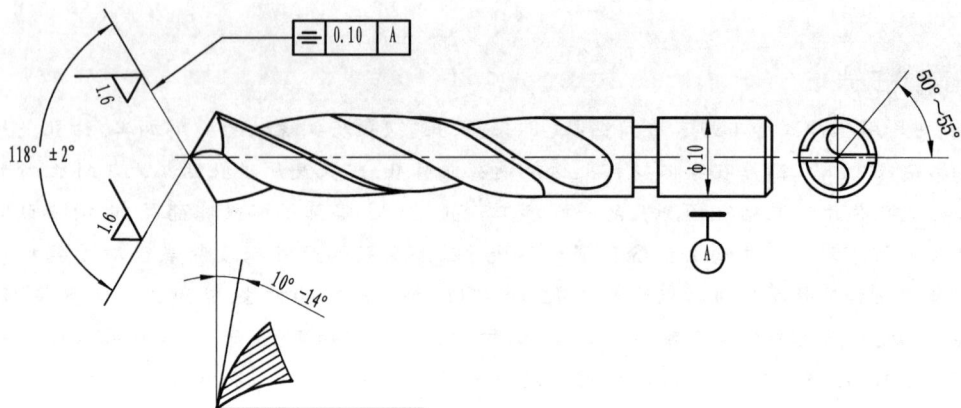

图 2-5-1-1 麻花钻

表 2-5-1-1 麻花钻刃磨任务评分标准

姓名		工件号		总成绩	
序号	考核要求	配分	评分标准	实测结果	得分
1	顶角 118°±2°	15	每超差 1°扣 5 分		
2	主后角 10°～14°两组	15	每超差 1°扣 5 分		
3	横刃斜角 50°～55°	15	超差不得分		
4	对称度 0.10 mm	15	每超差 0.02 mm 扣 5 分		
5	切削刃直线度	15	超差一处扣 8 分		
6	表面粗糙度 Ra3.2 μm	15	超差一处扣 5 分		
9	安全文明操作	10	安全文明生产,违者不得分		
10	工时定额 720min		根据场地情况集中或者分散安排由指导教师辅导练习,工时为 12 小时		

练习2:钳口铁制作

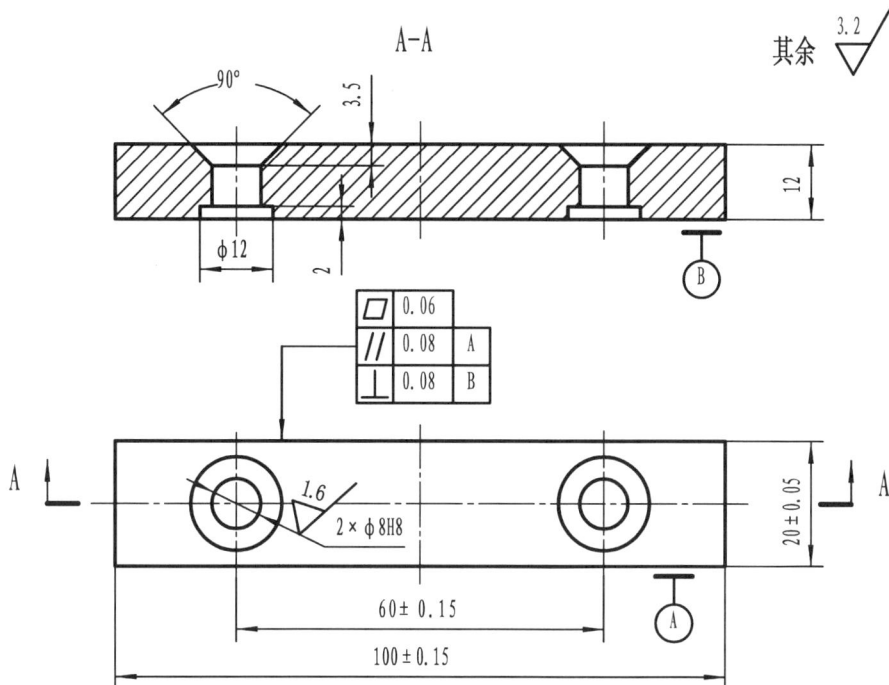

技术要求:1. 各锐边倒棱

2. 基准B面质量由毛坯确定,无需加工

图 2-5-1-2 钳口铁

表 2-5-1-2 钳口铁制作任务的评分标准

姓名			工件号		总成绩	
序号	考核要求		配分	评分标准	实测结果	得分
1	2—ϕ8H8 铰孔		15	超差一处扣 8 分		
2	90°锪孔		10	超差一处扣 5 分		
3	ϕ12 沉孔		10	超差一处扣 5 分		
4	60±0.15 mm		15	超差 0.01 mm 扣 3 分		
5	100±0.15 mm		5	超差 0.01 mm 扣 2 分		
6	20±0.05 mm		10	超差 0.02 扣 2 分		
7	平面度 0.06 mm		5	超差不得分;		
8	垂直度 0.08 mm		5	超差不得分		
9	平行度 0.08 mm		5	超差不得分		
10	表面粗糙度 Ra1.6 μm		10	超差不得分		
11	表面粗糙度 Ra3.2 μm 处		5	超差一处扣 2 分		
12	安全文明生产		5	安全文明生产,违者不得分		
13	工时定额 24h		扣分	24 小时完成,超过 30 分钟扣 5 分		

表 2-5-1-3　工量具准备清单

序号	名称	规格	数量
1	游标高度划线尺	0～300 mm	1把/组
2	游标卡尺	1～125 mm	1把/组
3	千分尺	0～25 mm	1把/组
4	宽座角尺	100 mm×63 mm	1把/组
5	划线平台		1个/组
6	划针		1支/组
7	划规		1支/组
8	样冲		1支/组
9	榔头	0.5kg	1把/组
10	挡块（V形铁）		1个/组
11	麻花钻	ϕ5.8 mm	1支/组
12	麻花钻	ϕ12 mm	1支/组
13	柱形锪孔钻	ϕ12 mm	1套/组
14	锥形锪孔钻	90°	1支/组
15	铰刀	ϕ6 mm	1支/组
16	大锉刀	300 mm	1把/人
17	中锉刀	200 mm	1把/人
18	砂布		1张/人
19	手锯		1把/人
20	锯条	300 mm	2根/人

表2-5-1-4 钳口铁加工工艺卡片

厂名					产品型号		零件图号		共1页
材料牌号 45钢		毛坯种类 钢板	毛坯外形尺寸 105mm×22mm×12mm		产品名称		零件名称 钳口铁	2-5-2	第1页

工序	工序名称	工步	工序内容	同时加工件数	余量 mm	切削用量 速度	设备	工艺装备 夹具	刀具	量具	技术等级	准备终结时间 min	单件 min
1	备料	1	毛坯准备、锯割下料	2	2	40（次/min）	钳台	台虎钳	锯条	钢直尺		20	160
2	锉削	1	锉削长方体达到公差要求	2	2/1	30～60（次/min）	钳台	台虎钳	锉刀	游标卡尺+千分尺		30	570
3	孔加工	1	划线打样冲眼	2			台钻	划线平台	高度游标划线尺	高度游标划线尺		5	25
		2	钻孔	2	Φ5.8	15（m/min）	台钻	平口钳	Φ5.8麻花钻			5	5
		3	孔口倒角	2			台钻	平口钳	Φ12麻花钻			5	5
		4	90°锪锥形孔	2		5（m/min）	台钻	平口钳	90°锥形锪孔钻	游标卡尺		5	15
		5	Φ12锪柱形孔	2		5（m/min）	台钻	平口钳	柱形锪孔钻	游标卡尺		5	15
		6	手动铰孔	2	Φ0.20		台钻	台虎钳	Φ6铰刀	塞规	IT8	5	25
4	热处理	1	热处理-调质	全体同学作业件				夹钳					
								编制（日期）			审核（日期）	会签（日期）	
标记	处记	更改文件号	签字	日期									
标记	处记	更改文件号	签字	日期									

钳工加工孔的方法一般指钻孔、扩孔、锪孔和铰孔,以及攻丝和套丝.钻削加工在钳工加工中占有极其重要的作用,它是钳工加工的一个难点和重点,在夹具、模具制造和产品装配中具有不可替代的地位.

任务目标

通过该任务零件的训练,让学生熟练地掌握划线、钻孔、扩孔、锪孔和铰孔等操作技能.掌握麻花钻的结构和刃磨方法;掌握工件的安装、划线、打样冲、钻孔、扩孔、锪孔和铰孔等技能;掌握钻削安全文明操作规程.

【技能训练】

练习1

表 2-5-1-5　麻花钻的刃磨工艺

步骤	工艺方法	工艺步骤图
1. 工艺准备	准备好工具和设备：φ10 mm 麻花钻 1 支/人(可用铸铁麻花钻或废钻头代替)；检查砂轮机是否完好和有无跳动；准备好量角器、角度样板、冷却液、防护眼镜.	
2. 刃磨麻花钻	刃磨前,钻头切削刃应放在砂轮中心水平面上或稍高些.钻头中心线与砂轮外圆柱面母线在水平面内的夹角等于顶角(118°+2°)的一半,同时钻尾向下倾斜. 钻头刃磨时用右手握住钻头前端作支点,左手握钻尾,以钻头前端支点为圆心,钻尾作上下摆动,并略带旋转;但不能转动过多,或上下摆动太大,以防磨出负后角,或把另一面主切削刃磨掉.特别是在磨小麻花钻时更应注意. 当一个主切削刃磨削完毕后,把钻头转过180°刃磨另一个主切削刃,人和手要保持原来的位置和姿势,这样容易达到两刃对称的目的.	
3. 刃磨检查	目测法 麻花钻磨好后,把钻头垂直竖在与眼等高的位置上,在明亮的背景下用眼观察两刃的长短、高低;但由于视差关系,往往感到左刃高,右刃低,此时要把钻头转过180°,再进行观察.这样反复观察对比,最后感到两刃基本对称就可使用.如果发现两刃有偏差,必须继续修磨. 用量角器或者角度样板进行检查.	

练习 2

表 2-5-1-6 钳口铁的加工工艺

步骤	工艺方法	工艺步骤图
1. 备料	用 12 mm 厚的 45♯钢板料,根据零件图划线,注意保留锯割余量和后续锉削余量 2 mm,然后锯割成长方体.	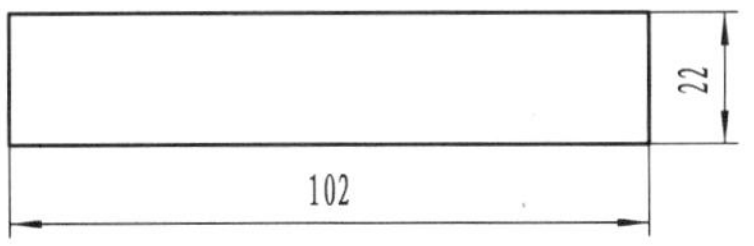
2. 锉削长方体	用锉刀锉削锯割工件至右图尺寸,达到零件图的公差要求:长度尺寸为 100 ± 0.15 mm,宽度尺寸为 20 ± 0.05 mm,平行度为 0.08 mm,垂直度为 0.08 mm,表面粗糙度为 Ra3.2 μm;注意角尺和游标卡尺的用法.	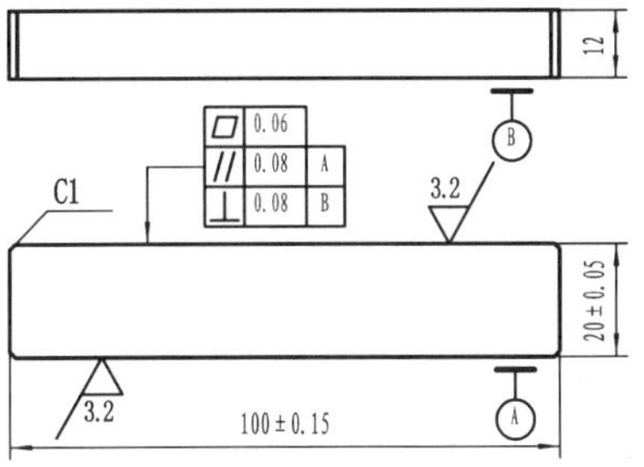
3. 划线	在划线平台上用高度游标划线尺划线,划好后用游标卡尺检查,准确后打上样冲眼.为了提高划线精度,可进行双面划线,选择划线精度高的表面进行孔加工.	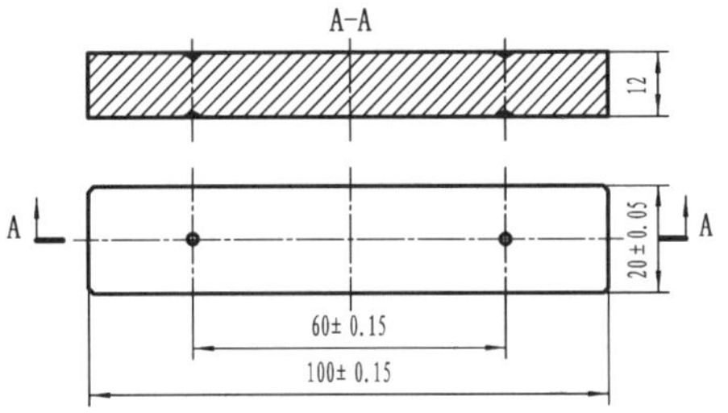
4. 钻孔	根据划线位置,在平口钳上装夹工件,注意要装夹平稳,用刀口角尺检查后,在台钻上用 φ5.8 mm 麻花钻孔.钻孔时,先用麻花钻点钻,检查位置是否正确,正确后便可进行钻削加工.	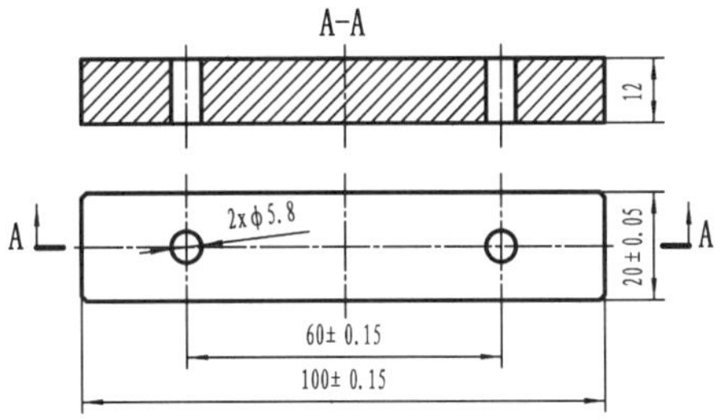
5. 孔口倒角	用 φ12 mm 的麻花钻进行孔口倒角 1 mm.深度用钻床深度尺控制起始位置(注意起点时,可停车用麻花钻接触起点记下深度位置,用彩色粉笔做好标记),结合游标卡尺深度尺检查.	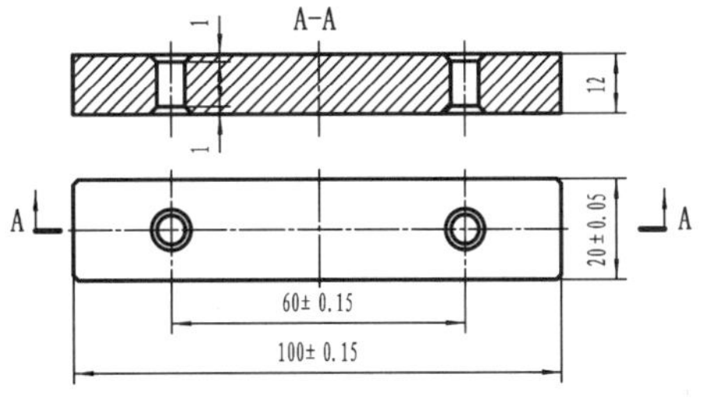

步骤	工艺方法	工艺步骤图
6. 锪孔	用90°锥形锪孔钻和φ12 mm柱形锪孔钻锪孔,深度用钻床深度尺控制起始位置(注意起点时,可停车用锪孔钻接触起点记下深度位置,用彩色粉笔做好标记),结合游标卡尺深度尺检查.	
7. 铰孔	用φ6 mm铰刀铰孔,铰孔时加少量机油,要一铰到底,不可回转.	

【钻削基本工艺知识】

各种零件的孔加工,除一部分由普车、镗床、铣床、数控铣床、加工中心等机床完成外,另一部分则是由钳工利用钻床和钻孔工具(钻头、扩孔钻、锪孔钻、铰刀等)完成的.钳工加工孔的方法一般指钻孔、扩孔和铰孔.用钻头在实体材料上加工出孔的方法叫钻孔.在钻床上钻孔时,一般情况下,钻头应同时完成两个运动:主运动,即钻头绕轴线的旋转运动(切削运动);辅助运动,即钻头沿着轴线方向对着工件的直线运动(进给运动),钻孔时,由于钻头结构上的缺点,加工精度只能达到 IT11~10 级,表面粗糙度为 Ra100~25 μm,属于粗加工.

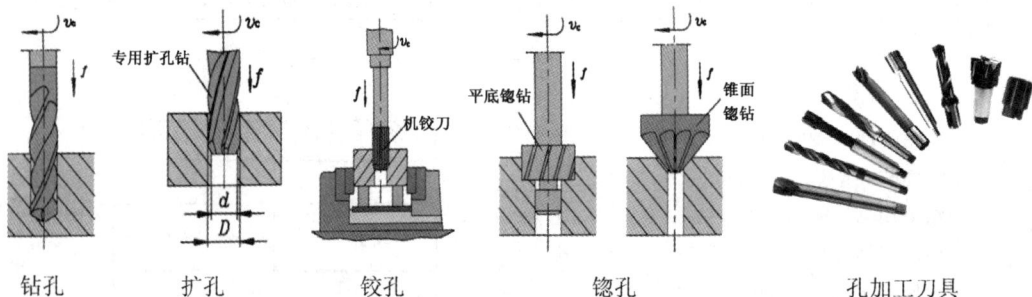

图 2-5-1-3　钻削加工

一、钻床

常用的钻床有台式钻床、立式钻床和摇臂钻床三种常用机床,手电钻也是常用的钻孔工具.

1. 台式钻床

简称台钻,是一种在工作台上作业的小型钻床,其钻孔直径一般在13 mm 以下.由于加工的孔径较小,故台钻的主轴转速一般较高.主轴的转速可用改变三角胶带在带轮上的位置来调节.台钻的主轴进给由进给手柄实现.在进行钻孔前,需根据工件高低调整好工作台与主轴架间的距离,并锁紧固定.台钻小巧灵活,使用方便,结构简单,主要用于加工小型工件上的各种小孔.它在仪表制造、钳工和装配中用得较多.

图 2-5-1-4 为 Z512 型台钻的外形图.该钻床传动部分由电动机及一组五级塔轮传给主轴,通过三角皮带的连结进行变速.钻床上装有电器转换开关.能使钻床正转、反转、停止.钻孔时的走刀量靠扳动进给手柄进行(加工时注意观察进刀刻度尺以控制钻削深度).钻轴头架的升降调整:松开紧固手柄,摇动升降手柄使螺母旋转,由于丝杆架固定,螺母便带动头架进行升降.调整到适应工件的钻孔高度后,再固紧手柄.

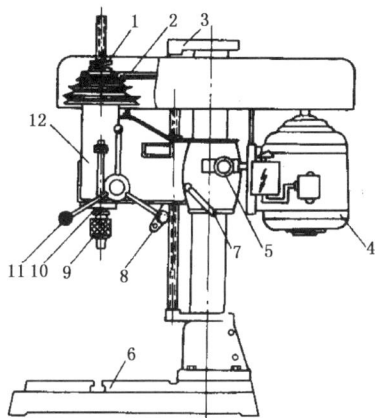

1—塔轮;2—三角胶带;3—丝杆架;4—电动机;5—滚花螺钉;6—工作台;
7—紧固手柄;8—升降手柄;9—钻夹头;10—主轴;11—走刀手柄;12—头架

图 2-5-1-4 Z512 型台钻

2.立式钻床

简称立钻.这类钻床的规格用最大钻孔直径表示,其最大钻孔直径有 25 mm,35 mm,40 mm,50 mm 等几种.与台钻相比,立钻刚性好、功率大,因而允许钻削较大的孔,生产率较高,加工精度也较高.立式钻床主轴的转速和走刀量变化范围大,可以适应不同材料的刀具及钻孔、扩孔、铰孔、锪孔、攻丝等各种不同的加工需要.如下图所示.

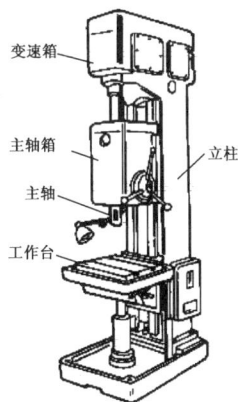

图 2-5-1-5 立式台钻

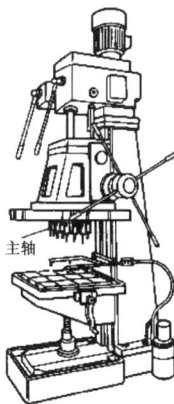

图 2-5-1-6 多轴立式钻床

3. 摇臂钻床

摇臂钻床主要由:底座、立柱、摇臂、主轴箱、工作台等部分组成.主轴箱能在摇臂上移动,摇臂能绕立柱回转 360°并沿着主柱上下移动,使摇臂钻床能灵活调整刀具的位置,以对准被加工孔的中心,不需移动工件便能进行很大范围内钻孔.工件可以固定在工作台上或直接固定在底座上.当主轴箱调整到需要的位置后,摇臂和主轴箱可分别由夹紧机构锁紧,以防止刀具在切削时走动和振动.

摇臂钻床的主轴转速范围和走刀量范围很广,可用于钻孔、扩孔、锪孔、铰孔、镗孔、攻丝等各种工作,适用于一些笨重的大工件以及多孔工件的加工.

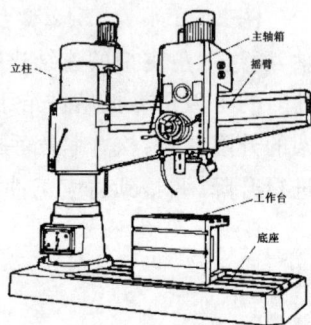

4. 电钻

电钻是一种手持的钻孔工具.适用于大的工件或在工件的某些特殊位置上钻孔.常用的电钻有手枪式和手提式两种形式.

图 2-5-1-7　摇臂钻床

图 2-5-1-8　手枪式电钻　　　　图 2-5-1-9　手提式电钻

（1）电钻的构造　电钻的电源电压一般有 220V 和 36V 两种.其尺寸规格有 6 mm,10 mm,13 mm 等几种.

电钻是操作人员直接握持操作的,保证电气安全极为重要.220V 的电钻操作时一般均需采取相应的安全措施,而 36V 的电钻又需供应低压电源,因此目前已采用一种双重绝缘结构的电钻.采用这种电钻（工作电压为 220V）操作时就不必另加安全措施.图 2-5-1-10 便是双重绝缘电钻的构造.

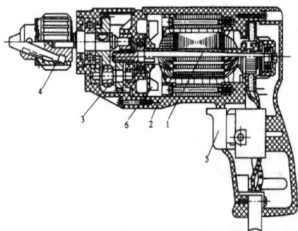

1. 绝缘转子　2. 绝缘机壳　3. 减速箱　4. 钻夹头　5. 开关　6. 风叶

图 2-5-1-10　绝缘电钻的构造

（2）电钻的正确维护和安全使用

①对电钻的塑性外壳要妥善保护,以防碰裂.电钻不要与汽油及其他溶剂接触.

②要保持电钻的通风畅通,防止铁屑等杂物进入,以免损坏电钻.

③保持钻头的锋利,钻孔时不宜用力过猛,以防电钻过载;当转速明显降低时,应立即减小压力;电钻因故突然停止转动时,必须立即切断电源进行检查.

④装电钻夹头时,切忌用锤子等物敲击,以免损坏钻夹头.

⑤使用时,必须握持电钻手柄,不能一边拉动软线一边搬动电钻,以防软线被擦破、割断和轧坏而引起触电事故.

5. 钻头装夹工具

（1）钻夹头

柱柄钻头用钻夹头夹持.钻夹头（图 2-5-1-11）上端有一锥孔,紧配一根上下两端均带有

钳工工艺及实训

莫氏锥度的芯棒,装入钻床主轴的锥孔内使用.夹头体1的三个斜孔中装有带螺纹的卡爪5,用来夹紧柱柄钻头,它和环形螺母4啮合.当带用小齿轮的钥匙3插入钻夹头1中并转动时,小伞齿轮便传动钻头套2上的大伞齿轮,进而使压合在钻头套2内部的环形螺母4旋转,使三个卡爪5同时推出或缩入,达到夹紧和放松钻头的目的.

（2）钻头套与楔铁

钻头套是将钻头和钻床主轴连接起来的过渡工具,如图2-5-1-12a.楔铁用来从钻套中取出钻头.使用时(图2-5-1-12b)应该注意两点:一是楔铁带圆弧的一边一定要放在上面,否则会把钻床主轴套或钻套的长圆孔打坏.二是取出钻头时,要用手或其他方法接住钻头,以免落下时损坏钻床台面和钻头.

（3）快换钻夹头

快换钻夹头是一种能在主轴转动情况下,更换钻头或其他刀具的夹紧工具(图2-5-1-13).更换刀具时,一手将外环1向上提起,钢珠2受离心力的作用甩出贴往外环下部大直径处,由于不受钢珠的卡阻,装有钻头的可换钻套3便靠自重落下,用另一只手接住.然后再把另一个装有钻头的可换钻套装上,放下外环,钢珠又卡入可换套筒的凹坑内,于是又带动钻头旋转.快换钻夹头装卸迅速,使用方便,减少了换刀时间,提高了生产率,所以在一些生产单位应用较多.

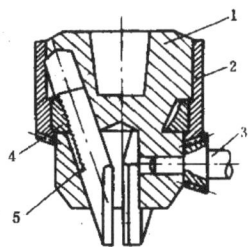

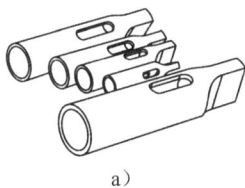

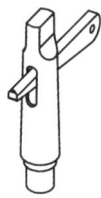

a)

b)

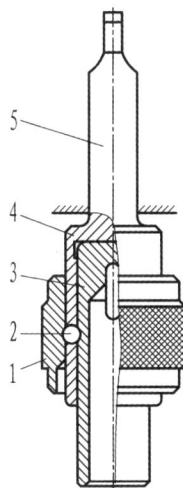

1-夹头体；2-钻头套；3-钥匙；4-环形
螺母；5-卡爪

图 2-5-1-11　钻夹头结构

a）钻套；b）楔铁用法

图 2-5-1-12　钻头套与楔铁

1-外环；2-钢珠；3-快换钻套；
4-钢丝；5-莫式锥柄

图 2-5-1-13　快换钻夹头

二、麻花钻

麻花钻是钻孔用的切削工具,常用高速钢(W18Cr4V2)制造,工作部分经热处理淬硬至HRC62～68.由柄部、颈部及工作部分组成,见图2-5-1-14.

1. 柄部

是钻头的夹持部分,起传递动力的作用,柄部有直柄和锥柄两种,直柄传递扭矩较小,一般用于直径小于13 mm的钻头;锥柄可传递较大扭矩(主要是靠柄的扁尾部分),用于直径大于13 mm的钻头.

2. 颈部

是砂轮磨削钻头时退刀用的,钻头的规格、材料、商标等一般也刻在颈部.

3. 工作部分

它包括导向部分和切削部分.导向部分有两条狭长、螺纹形状的刃带(棱边亦即副切削刃)和螺旋槽.棱边的作用是引导钻头和修光孔壁;两条对称螺旋槽的作用是排除切屑和输送切削液(冷却液).切削部分结构见图 2-5-1-15,它有两条主切屑刃和一条横刃.两条主切屑刃之间通常为 $118°\pm2°$,称为顶角.

4. 切削部分

切削部分的六面五刃:两个前面,两个后面,两个副后面,两条主切削刃,两条副切削刃,一条横刃,见图 2-5-1-15.

(1)前刀面 前刀面即螺旋沟表面,是切屑流经表面,起容屑、排屑作用,需抛光以使排屑流畅.

(2)后刀面 后刀面与加工表面相对,位于钻头前端,形状由刃磨方法决定,可为螺旋面、圆锥面和平面、手工刃磨的任意曲面.

(3)副后刀面 副后刀面是与已加工表面(孔壁)相对的钻头外圆柱面上的窄棱面(棱带).

(4)主切削刃 主切削刃是前刀面(螺旋沟表面)与后刀面的交线,标准麻花钻主切削刃为直线(或近似直线).

(5)副切削刃 副切削刃是前刀面(螺旋沟表面)与副后刀面(窄棱面)的交线,即棱边.

(6)横刃 横刃是两个(主)后刀面的交线,位于钻头的最前端,亦称钻尖.

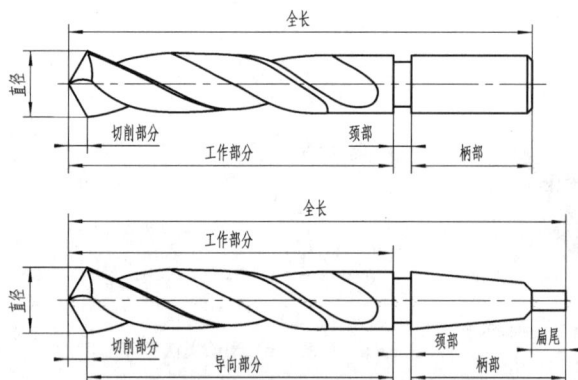

a)锥柄钻头 b)直柄钻头

图 2-5-1-14 麻花钻结构

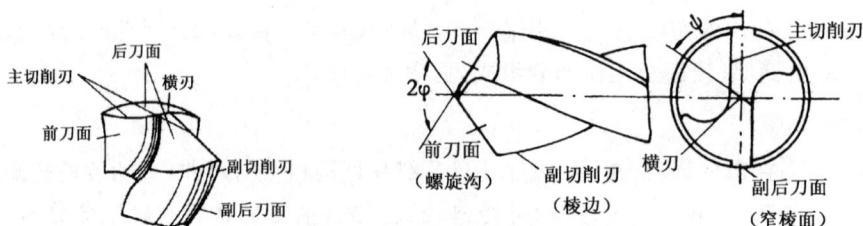

图 2-5-1-15 麻花钻切削部分结构

5. 麻花钻辅助平面和切削角度

（1）辅助平面

①切削平面 Ps　钻头主切削刃上选定点的切削平面 Ps 是由该点切削速度方向与该点切削刃的切线所构成的平面. 由于主切削刃上各点的切削速度方向不同, 故各点切削平面也就不同（见图 2-5-1-16）.

②基面 Pr　钻头主切削刃上选定点的基面 Pr 是过该点且垂直于该点切削速度的平面（见图 2-5-1-16）. 由于主切削刃上各点切削速度方向不同, 因此各点的基面也不同, 但基面总是通过钻头轴线并垂直于切削速度方向的平面.

③主截面　通过主切削刃上的任一点并垂直于切削平面和基面的平面.

④柱截面　通过主切削刃上的任一点作与钻头轴线平行的直线, 该直线绕钻头轴线旋转一周所形成的圆柱面的切面.

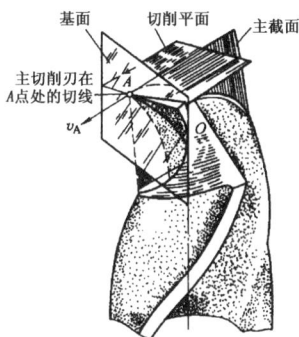

图 2-5-1-16　麻花钻的辅助平面

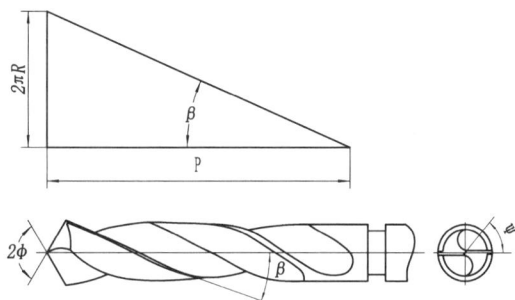

图 2-5-1-17　麻花钻的螺旋角

（2）麻花钻切削角度

①螺旋角 β　钻头螺旋沟表面与外圆柱表面的交线为螺旋线, 该螺旋线与钻头轴线的夹角称钻头螺旋角, 记为 β. 标准麻花钻的名义螺旋角一般在 18°～30°之间, 大直径钻头取大值. 从切削原理角度出发, 钻不同工件材料需要不同的螺旋角. 如: 钻青铜、黄铜时, $β＝8°～12°$；钻紫铜、铝合金时, $β＝35°～40°$；钻高强度钢、铸铁时, $β＝10°～15°$.

②前角 r_o.　主切削刃上选定点的前角是在该点的主截面内（如图 2-5-1-18 中的 N—N 面）前刀面与基面的夹角. 主切削刃上螺旋角大处的前角也大, 故钻头外缘处的前角大, 可达 30°, 钻心处前角最小, 在钻心成至 D/3 范围内为负值, 横刃处为 $-54°～-60°$, 在接近横刃处为 $-30°$.

③后角 $α_o$.　主切削刃上选定点的后角, 是在钻头柱截面内测量的后刀面与切削平面之间的夹角. 如图 2-5-1-18. 主切削刃上的各点后角是变化的, 愈接近钻心处的后角愈大, 直径在 15～30 mm 的钻头, 外沿处的后角为 9°～12°, 钻心处为 30°～60°.

④顶（锋）角 2φ　钻头顶角是在与两条主切削刃平行的平面内测量的两条主切削刃在该平面内投影间的夹角. 标准麻花钻的 $2φ＝118°±2°$. 顶角的大小将影响主切削长度、刀尖角的大小、轴向力、扭矩的大小及钻头的耐用度.

⑤横刃斜角 ψ(φ)　（见图 2-5-1-18）两个主后刀面的交线即为横刃, 在端面投影图中横刃相对于主切削刃倾斜的角度, 称横刃斜角, 记为 ψ. 它是刃磨钻头主后刀面时自然形成的. 后角大时, ψ 减小, 一般情况下, $ψ＝50°～55°$. 当横刃近似垂直于主切削刃, 即 $ψ≈90°$ 时, 后角

最小,因而可用ψ的大小来判断后角是否刃磨得合适.

6. 标准麻花钻的缺点

(1)由于横刃较长,横刃处的前角为负值,加工时横刃处于挤刮状态,产生很大的轴向力,使钻头容易抖动,造成定心不良.试验表明50%的轴向力和15%的扭矩是横刃产生的.

(2)主切削刃上各点的前角大小不同,引起各点切削性能不同.

(3)棱边较宽,副后角为零,靠近切削部分的棱边与孔壁的摩擦严重,容易发热和磨损.

(4)主切削刃全宽参加切削,切屑变形大,切屑宽而卷曲,造成排屑困难.

7. 标准麻花钻的刃磨和修磨方法

(1)麻花钻的刃磨要求(参照图2-5-1-19)

①顶角 2φ 为 $118°\pm2°$

②孔缘处的后角 α_o 为 $10°\sim14°$

③横刃斜角 ψ 为 $50°\sim55°$

④两主切削刃长度以及和钻头轴心线组成的两个角要相等

⑤两个主后刀面要刃磨光滑.

(2)麻花钻的刃磨方法

口诀一:"刃口摆平轮面靠."这是钻头与砂轮相对位置的第一步,往往有学生还没有把刃口摆平就靠在砂轮上开始刃磨了.这样肯定是磨不好的.这里的"刃口"是主切削刃,"摆平"是指被刃磨部分的主切削刃处于水平位置."轮面"是指砂轮的表面."靠"是慢慢靠拢的意思.此时钻头还不能接触砂轮.

口诀二:"钻轴斜放出锋角."这里是指钻头轴心线与砂轮表面之间的位置关系."锋角"即顶角 $118°\pm2°$ 的一半,约为 $60°$ 这个位置很重要,直接影响钻头顶角大小及主切削刃形状和横刃斜角.要记忆常用的一块 $30°,60°,90°$ 三角板中 $60°$ 的角度,以便于掌握.口诀一和口诀二都是指钻头刃磨前的相对位置,二者要统筹兼顾,不要为了摆平刃口而忽略了摆好斜角,或为了摆好斜放轴线而忽略了摆平刃口.在实际操作中往往会出这些错误.此时钻头在位置正确的情况下准备接触砂轮.

口诀三:"由刃向背磨后面."这里是指从钻头的刃口开始沿着整个后刀面缓慢刃磨.这样便于散热和刃磨.在稳定巩固口诀一、二的基础上,此时钻头可轻轻接触砂轮,进行较少量的刃磨,刃磨时要观察火花的均匀性,要及时调整压力大小,并注意钻头的冷却.当冷却后重新开始刃磨时,要继续摆好口诀一、二的位置,这一点往往在初学时不易掌握,常常会不由自主地改变其位置的正确性.

口诀四:"上下摆动尾别翘."这个动作在钻头刃磨过程中也很重要,往往有学生在刃磨时把"上下摆动"变成了"上下转动",使钻头的另一主刀刃被破坏.同时钻头的尾部不能高翘于砂轮水平中心线以上,否则会使刃口磨钝,无法切削.

在上述四句口诀中的动作要领基本掌握的基础上,对钻头的后角也要充分注意,不能磨

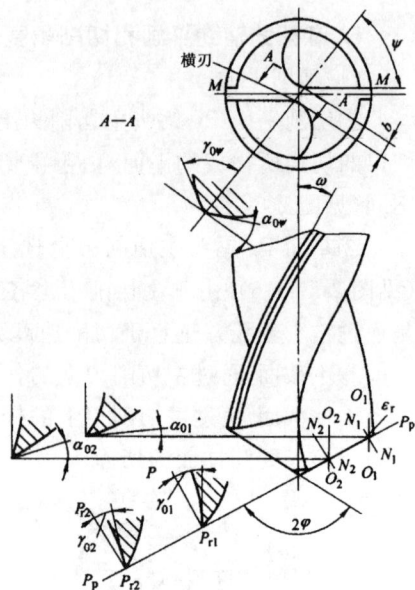

图 2-5-1-18　麻花钻的切削角度

得过大或过小.可以用一支过大后角的钻头和另一支过小后角的钻头在台钻上试钻.我们会发现,过大后角的钻头在钻削时,孔口呈三边或五边形,振动厉害,切屑呈针状;过小后角的钻头在钻削时轴向力很大,不易切入,钻头发热严重,无法钻削.通过比较、观察、反复地"少磨多看"试钻及对横刃的适当修磨,就能较快地掌握麻花钻的正确刃磨方法,较好地控制后角的大小.当试钻时,钻头排屑轻快,无振动,孔径无扩大,则可以较好地转入其他类型钻头的刃磨练习.

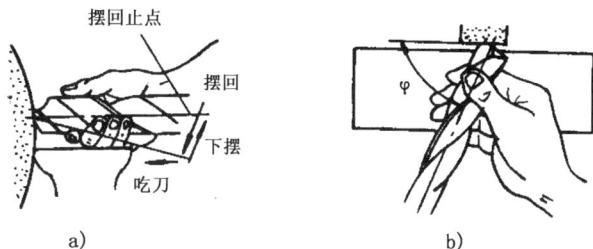

图 2-5-1-19　麻花钻刃磨过程

(2)麻花钻的修磨方法（见图 2-5-1-20）

①修磨横刃:把横刃磨短成 b＝0.5～1.5 mm.使其长度等于原来的 1/3.

②修磨主切削刃:在钻头外缘处磨出过渡刃 f_0＝0.2d

③修磨棱边:在靠近主切削刃的一段棱边上,磨出副后角＝6°～8°

④修磨前面:减少此处的夹角,避免扎刀现象.

⑤修磨分屑槽:磨出几条错开的分屑槽,利于排屑.

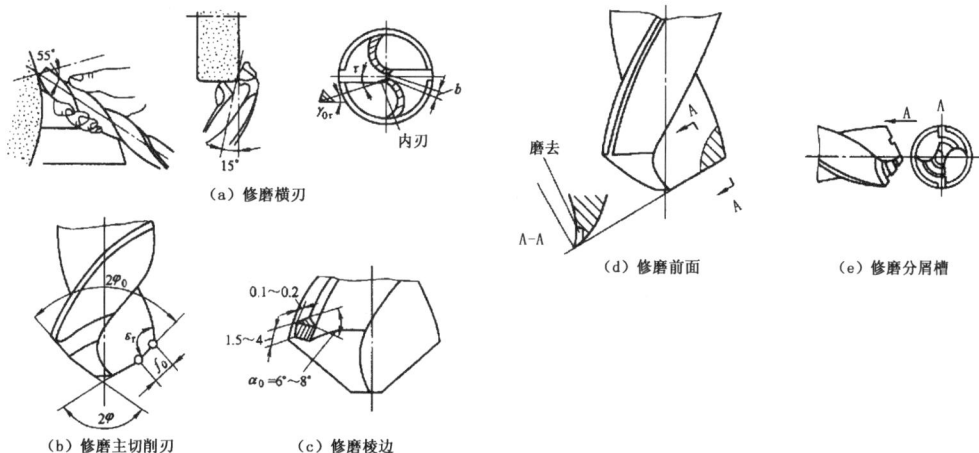

图 2-5-1-20　麻花钻的修磨方法

三、钻孔方法

1. 钻削用量及其选择

(1)钻削用量　钻削用量包括三要素:切削速度 V_c、进给量 f、切削深度 a_p.

①切削速度 V_c　指钻削时钻头切削刃上最大直径处的线速度,可由下式计算:

$$V_c＝\pi dn/1000　（m/min）$$

式中　d 钻头直径,mm　n 钻头转速,r/min.

②进给量 f　指主轴每转一转钻头对工件沿主轴轴线相对移动的距离,单位为 mm/r.

③切削深度 a_p　指已加工表面与待加工表面之间的垂直距离,即一次走刀所能切下的金属层厚度,$a_p=d/2$,单位为 mm.

(2)钻削用量的选择

钻削用量选择的目的,首先是在保证钻头加工精度和表面粗糙度的要求以及保证钻头有合理的使用寿命的前提下,使生产率最高;不允许超过机床的功率和机床、刀具、夹具等的强度和刚度的承受范围.

钻削时,由于背吃刀量已由钻头直径决定,所以只需选择切削速度和进给量;对钻孔生产率的影响,切削速度和进给量是相同的;对钻头寿命的影响,切削速度比进给量大;对孔的表面粗糙度的影响,进给量比切削速度大.

钻孔时选择钻削用量的基本原则是在允许范围内,尽量先选择较大的进给量 f,当 f 的选择受到表面粗糙度和钻头刚性的限制时,再考虑选择较大的切削速度 V_c.

①切削深度

直径小于 30 mm 的孔一次钻出;直径 30~80 mm 的孔可分两次钻削,先用(0.5~0.7)d(d 为要求加工的孔径)的钻头钻底孔,然后用直径为 d 的钻头将孔扩大.

②进给量

孔的精度要求较高且表面粗糙度值较小时,应选择较小的进给量;钻较深孔、钻头较长以及钻头刚性、强度较差时,也应选择较小的进给量.

③钻削速度

当钻头直径和进给量确定后,钻削速度应按钻头的寿命选取合理的数值,一般根据经验选取.孔较深时,取较小的切削速度.

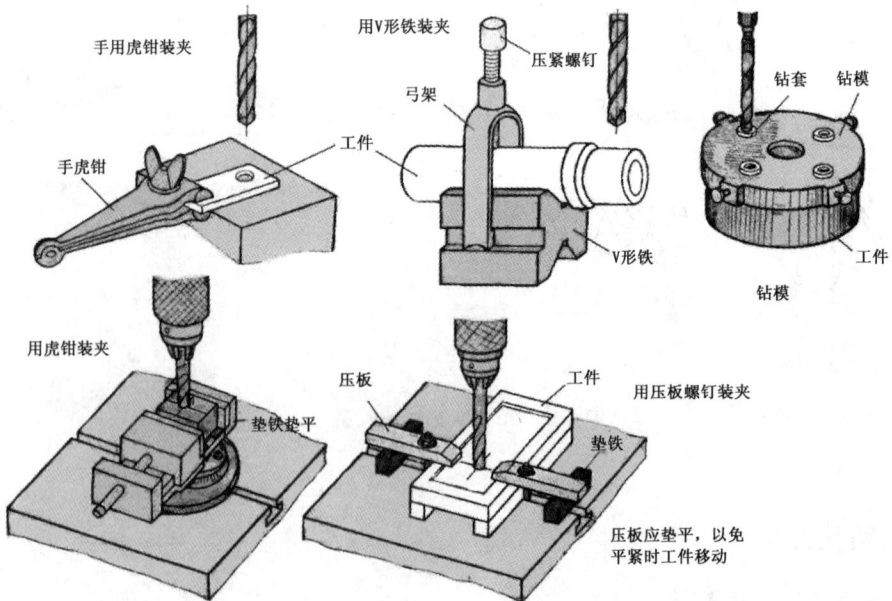

图 2-5-1-21　工件的装夹方法

2. 工件的装夹

钻孔时应根据工件形状、钻孔直径大小和工件大小的不同,采用合适的夹持方法,以确保钻孔质量及安全生产.如图 2-5-1-21.

3. 钻孔操作方法和步骤

(1)先划十字中心线,并打好样冲眼,按孔的大小划好圆周线.同时对较大直径的孔划上一组间隔均匀的正方形或者圆.最大尺寸在孔径左右间距为 2 mm 左右,通常划 2~3 圈.

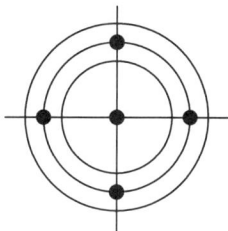

图 2-5-1-22　划孔的加工界线

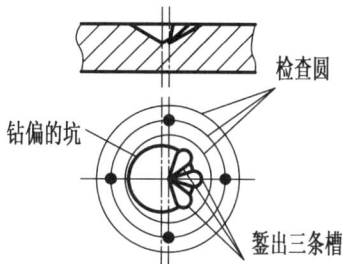

图 2-5-1-23　起钻歪斜矫正歪斜

(2)试钻　钻孔前,先把孔中心的样冲眼冲大一些.这样钻孔时钻头不易偏心.试钻一浅坑,注意从两个方向观察,使起钻孔处于最内圈的圆或方框两方向的中间位置.钻削进给时用力均匀,并经常注意退出钻头,工件将钻穿时注意到进给力要小.

(3)借正　当试钻不同心时,应及时借正.一般靠移动工件位置借正.如果偏离较多,可用样冲或油槽錾在需要多钻去材料的部位錾几条槽,以减少此处的切削阻力而让钻头偏过来.如图 2-5-1-23.

(4)在钻削过程中,特别钻深孔时,要经常退出钻头以排出切屑和进行冷却,否则可能使切屑堵塞或钻头过热磨损甚至折断,并影响加工质量.

(5)钻通孔时,当孔将钻透时,进刀量要减小,避免钻头在钻穿时的瞬间抖动,出现"啃刀"现象,影响加工质量,损伤钻头,甚至发生事故.

(6)钻削时的冷却润滑:钻削钢件时常用机油或乳化液;钻削铝件时常用乳化液或煤油;钻削铸铁时则用煤油.

4. 特殊表面的钻孔方法

(1)在斜面上钻孔的方法

方法一:先用立铣刀在斜面上铣出一个水平面,然后再钻孔.

方法二:用錾子在斜面上錾出一个小平面后,先用中心钻钻出一个较大的锥坑或用小钻头钻出一个浅坑,再钻孔.

(2)钻半圆孔的方法

①相同材料的半圆孔钻削方法.如图 2-5-1-25.

②不同材料的半圆孔钻削方法.如图 2-5-1-26.

③使用半孔钻钻孔.如图 2-5-1-27.

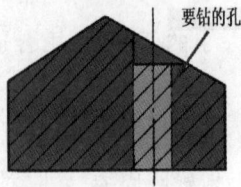

图 2-5-1-24　斜面上钻孔的方法

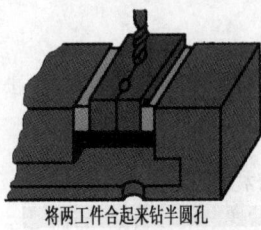

将两工件合起来钻半圆孔

图 2-5-1-25　钻半圆孔的方法

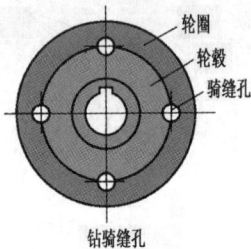

轮圈
轮毂
骑缝孔

钻骑缝孔

图 2-5-1-26　钻骑缝孔的方法

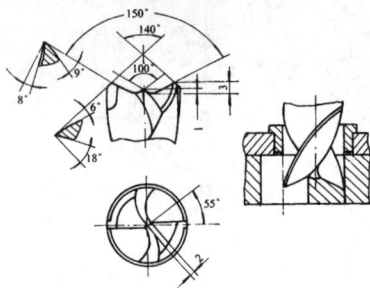

图 2-5-1-27　半孔钻图

四、扩孔

用以扩大已加工出的孔(铸出、锻出或钻出的孔),它可以校正孔的轴线偏差,并使其获得正确的几何形状和较小的表面粗糙度,其加工精度一般为 IT9~IT10 级,表面粗糙度 Ra = 25~6.3 μm.扩孔的加工余量一般为 0.2~4 mm.钻孔时钻头的所有刀刃都参与工作,切削阻力非常大,特别是钻头的横刃为负的前角,而且横刃相对轴线总有不对称,由此引起钻头的摆动,所以钻孔精度很低.扩孔时只有最外周的刀刃参与切削,阻力大大减小,而且由于没有横刃,钻头可以浮动定心,所以扩孔的精度远远高于钻孔.

扩孔时可用钻头扩孔,但当孔精度要求较高时常用扩孔钻(图 2-5-1-28).扩孔钻的形状与钻头相似,不同的是:扩孔钻有 3~4 个切削刃,且没有横刃,其顶端是平的,螺旋槽较浅.扩孔钻的结构与麻花钻相比有以下特点:

(1)刚性较好.由于扩孔的背吃刀量小,切屑少,扩孔钻的容屑槽浅而窄,钻芯直径较大,增加了扩孔钻工作部分的刚性.

(2)导向性好.扩孔钻有 3~4 个刀齿,刀具周边的棱边数增多,导向作用相对增强.

(3)切屑条件较好.扩孔钻无横刃参加切削,切削轻快,可采用较大的进给量,生产率较高;又因切屑少,排屑顺利,不易刮伤已加工表面.

因此扩孔与钻孔相比,加工精度高,表面粗糙度值较低,且可在一定程度上校正钻孔的轴线误差.此外,适用于扩孔的机床与钻孔相同.

钳工工艺及实训

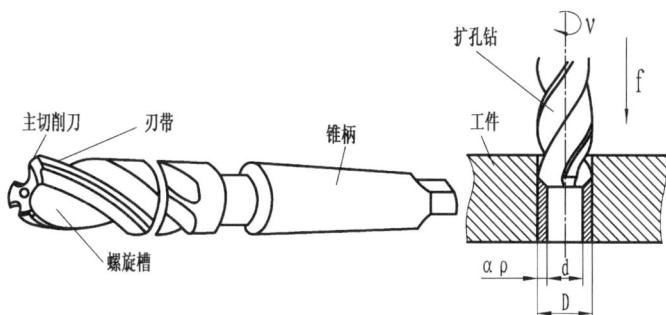

图 2-5-1-28　扩孔钻

五、锪孔 (huōkǒng)

锪孔是用锪孔钻在预制孔的一端加工沉孔、锥孔、局部平面或球面等，以便安装螺钉头或垫圈等紧固件，或者使连接零件能齐平安装.锪孔时使用的刀具称为锪钻，一般用高速钢制造.加工大直径凸台断面的锪钻，可用硬质合金重磨式刀片或可转位式刀片，用镶齿或机夹的方法，固定在刀体上制成.

1. 锪孔钻

锪钻分为柱形锪钻、锥形锪钻和端面锪钻三种

(1)柱形锪钻：锪圆柱形埋头孔的锪钻.

柱形锪钻起主要切削作用的是端面刀刃.

螺旋槽的斜角就是它的前角($\gamma_0 = \beta_0 = 15°$)，后角 $\alpha_0 = 8°$.

柱形锪钻前端有导柱，导柱直径与工件上的孔为紧密的间隙配合，以保证有良好的定心和导向.一般导柱是可拆的，也可把导柱和锪钻做成一体.

(2)锥形锪钻：锪锥形沉孔的锪钻.

锥形锪钻的锥角按工件沉孔锥角的不同，有 $60°,75°,90°,120°$ 四种，其中 $90°$ 用得最多.

锥形锪钻的直径在 $12 \sim 60$ mm，齿数为 $4 \sim 12$ 个，前角 $\gamma_0 = 0°$，后角 $\alpha_0 = 4° \sim 6°$.

为了改善钻尖处的容屑条件，每隔一齿将刀刃切去一块.

(3)端面锪钻：用来锪平孔口端面的锪钻称为端面锪钻.

2. 锪孔方法

锪孔方法和钻孔方法基本相同.锪孔时存在的主要问题是由于刀具振动而使所锪孔口的端面或锥面产生振痕，使用麻花钻改制的锪钻，振痕尤为严重.为了避免这种现象，在锪孔时应注意以下几点.

(1)锪孔时的切削速度应比钻孔低，一般为钻孔切削速度的 1/2～1/3.同时，由于锪孔时的轴向抗力较小，所以手进给压力不宜过大，并要均匀.精锪时，往往采用钻床停车后主轴惯性来锪孔，以减少振动而获得光滑表面.

(2)锪孔时，由于锪孔的切削面积小，标准锪钻的切削刃数目多，切削较平稳，所以进给量为钻孔的 2～3 倍.

(3)尽量选用较短的钻头来改磨锪钻，并注意修磨前面，减小前角，以防止扎刀和振动.用麻花钻改磨锪钻，刃磨时，要保证两切削刃高低一致、角度对称，保持切削平稳.后角和外

缘处前角要适当减小,选用较小后角,防止多角形,以减少振动,以防扎刀.同时,在砂轮上修磨后再用油石修光,使切削均匀平稳,减少加工时的振动.

(4)锪钻的刀杆和刀片,配合要合适,装夹要牢固,导向要可靠,工件要压紧,锪孔时不应发生振动.

(5)要先调整好工件的螺栓通孔与锪钻的同轴度,再作工件的夹紧.调整时,可旋转主轴作试钻,使工件能自然定位.工件夹紧要稳固,以减少振动.

(6)为控制锪孔深度,用钻床上的深度标尺和定位螺母,作好调整定位工作.

(7)当锪孔表面出现多角形振纹等情况,应立即停止加工,并找出钻头刃磨等问题,及时修正.

(8)锪钢件时,因切削热量大,要在导柱和切削表面加润滑油.

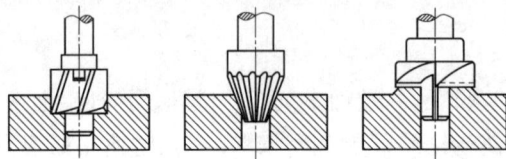

图 2-5-1-29　锪孔

六. 铰孔

铰孔是用铰刀从工件壁上切除微量金属层,以提高孔的尺寸精度和表面质量的加工方法.铰孔是应用较普遍的孔的精加工方法之一,其加工精度可达 IT9~IT6 级,表面粗糙度 Ra＝3.2~0.8 μm.

1. 铰刀

铰刀是多刃切削刀具,有 6~12 个切削刃和较小顶角.铰孔时导向性好.铰刀刀齿的齿槽很宽,铰刀的横截面大,因此刚性好.铰孔时因为余量很小,每个切削刃上的负荷小于扩孔钻,且切削刃的前角 $\gamma_0＝0°$,所以铰削过程实际上是修刮过程.特别是手工铰孔时,切削速度很低,不会受到切削热和振动的影响,因此使孔加工的质量较高.

铰刀一般分为整体圆柱形机铰刀和手铰刀;可调节的手铰刀;锥铰刀;螺旋槽手铰刀;硬质合金机用铰刀等五类.手用铰刀的顶角较机用铰刀小,其柄为直柄(机用铰刀有锥柄和直柄两种).铰刀的工作部分由切削部分和修光部分所组成.如下图所示.

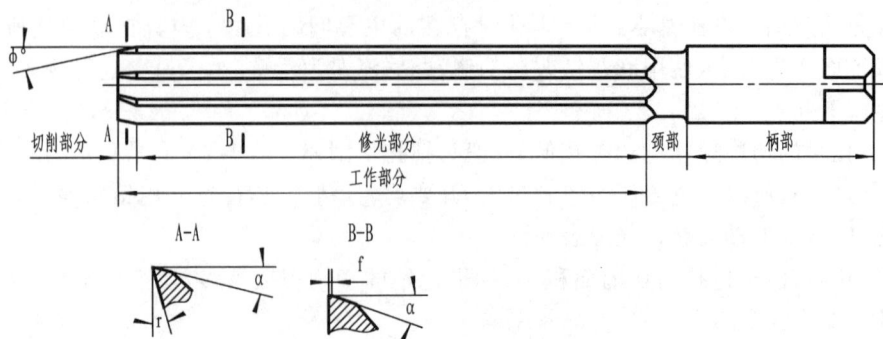

图 2-5-1-30　普通手用铰刀

图 2-5-1-31　可调手用铰刀

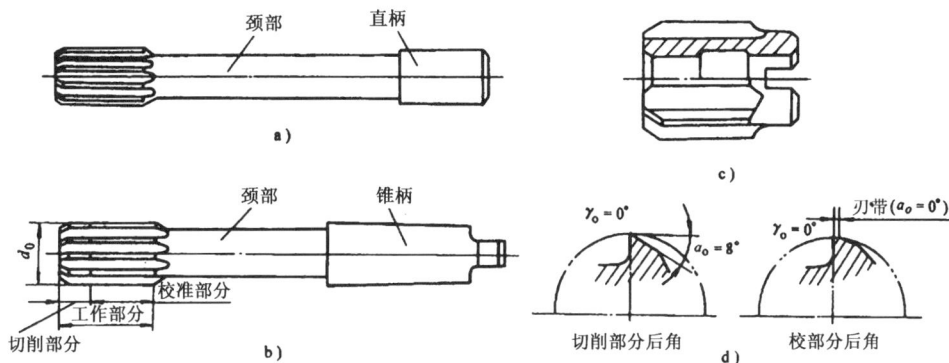

a)直柄机用铰刀　b)锥柄机用铰刀　c)套式机用铰刀　d)切削校准部分角度

图 2-5-1-32　机用铰刀

标准铰刀有 4～12 齿.铰刀的齿数除与铰刀直径有关外,主要根据加工精度的要求选择.齿数过多,刀具的制造重磨都比较麻烦,而且会因齿间容屑槽减小,而造成切屑堵塞和划伤孔壁以致铰刀折断的后果.齿数过少,则铰削时的稳定性差,刀齿的切削负荷增大,且容易产生几何形状误差.铰刀齿数可参照表 2-5-2-7 选择.

表 2-5-1-7　铰刀齿数选择

铰刀直径/ mm		1.5～3	3～14	14～40	>40
齿数	一般加工精度	4	4	6	8
	高加工精度	4	6	8	10～12

表 2-5-1-8　铰刀种类

类型	图示
常用铰刀	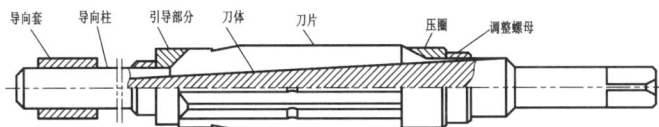

续表

类型	图示
手用螺旋铰刀	
机用螺旋直柄铰刀	
机用螺旋锥柄铰刀	
机用螺旋铰刀(大螺旋角)	
套式铰刀心轴 (与套式铰刀同时使用)	
套式螺旋铰刀 (与套式铰刀心轴同时使用)	

2. 手用铰刀铰孔的方法

(1)工件要夹正、夹紧,尽可能使被铰孔的轴线处于水平或垂直位置.对薄壁零件夹紧力不要过大,防止将孔夹扁,铰孔后产生变形.

(2)手铰过程中,两手用力要平衡、均匀,防止铰刀偏摆,避免孔口处出现喇叭口或孔径扩大.

(3)铰削进给时不能猛力压铰杠,应一边旋转,一边轻轻加压,使铰刀缓慢、均匀地进给,保证获得较细的表面粗糙度.

(4)铰削过程中,要注意变换铰刀每次停歇的位置,避免在同一处停歇而造成振痕.

(5)铰刀不能反转,退出时也要顺转,否则会使切屑卡在孔壁和后刀面之间,将孔壁拉毛,铰刀也容易磨损,甚至崩刃.

(6)铰削钢料时,切屑碎末易黏附在刀齿上,应注意经常退刀清除切屑,并添加切削液.

(7)铰削过程中,发现铰刀被卡住,不能猛力扳转铰杠,防止铰刀崩刃或折断,而应及时取出铰刀,清除切屑和检查铰刀.继续铰削时要缓慢进给,防止在原处再次被卡住.

3. 机用铰刀的铰削方法

使用机用铰刀铰孔时,除注意手铰时的各项要求外,还应注意以下几点:

(1)要选择合适的铰削余量、切削速度和进给量.

(2)必须保证钻床主轴、铰刀和工件孔三者之间的同轴度要求.对于高精度孔,必要时要采用浮动铰刀夹头来装夹铰刀.

(3)开始铰削时先采用手动进给,正常切削后改用自动进给.

(4)铰不通孔时,应经常退刀清除切屑,防止切屑拉伤孔壁;铰通孔时,铰刀校准部分不能全部出头,以免将孔口处刮坏,退刀时困难.

(5)在铰削过程中,必须注入足够的切削液,以清除切屑和降低切削温度.

(6)铰孔完毕,应先退出铰刀后再停车,否则孔壁会拉出刀痕.

4. 锥孔的铰削方法

小尺寸的圆锥孔,按 ϕ =(锥孔小端直径－精铰余量)钻削圆柱底孔,然后直接用锥铰刀

钳工工艺及实训

铰削即可.对于孔径较大,尺寸较深的锥孔来说,需要先钻削出台阶孔,再进行铰削.铰削过程中要不断用锥销进行检查.如下图所示.

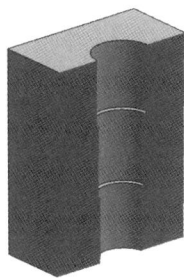

图 2-5-1-33 钻削台阶孔

图 2-5-1-34 锥销检查锥孔尺寸

5. 铰削时切削液的选用方法

(1)切削液的种类性能及其作用

生产中经常使用的切削液大致分为三大类:

①水溶液.是以水为主要成分并加入防锈添加剂的切削液,起冷却、清洗作用.常用的有电解水溶液和表面活性水溶液.电解水溶液由 99% 的水,0.75% 的碳酸钠和 0.25%的亚硝酸钠配制而成,用于磨削;表面活性水溶液由 94.5%的水,4%的肥皂和 1.5%的无水碳酸钠配制而成,用于精车、精铣和铰孔.

②乳化液.是油与水的混合液体,根据油和水混合的比例不同,分为普通乳化液、极压乳化液和防锈乳化液.用 3%～5%的乳化油加水稀释,形成低浓度乳化液,又叫普通乳化液,普通乳化液冷却与清洗作用较强.在乳化油中加入硫、磷、氯等有机化合物,则形成极压乳化油,提高润滑膜耐受温度、压力的能力,用 5%～20% 的极压乳化油加水稀释形成极压乳化液,极压乳化液润滑作用较强.在普通乳化液的基础上加入 0.1%的亚硝酸钠、磷酸三钠、尿素等防锈添加剂形成防锈乳化液,主要起防锈、冷却作用.

③切削油.主要成分是矿物油,常用的有 L－AN7、LAN10、L－AN15、L－AN32、L－AN46 全损耗系统用油和轻柴油、煤油等,少数采用动物油或植物油,如豆油、菜籽油、棉籽油、蓖麻油等,此类切削液的比热小,黏度大,流动性差,润滑效果好.

(2)根据铰刀的使用状况选择切削液

铰刀在使用过程中会发生微小的变化.为增加刀具的使用寿命,新铰刀制造时总选最大极限尺寸.由于新铰刀刀刃处于初期磨损阶段,刀齿有毛刺,开始使用铰刀时,先选用废料加水溶液,试铰 2～3 件,使刀刃的毛刺磨掉,避免划伤工件.进入正常铰削阶段,切削液选用浓度较小的乳化液,由于加入乳化液会增加刀具磨损的速度,用乳化液铰孔最多能加工 10 个孔,铰刀的尺寸就已达到孔径最大极限尺寸与最小极限尺寸的平均值,乳化液换成 L－AN15 全损耗系统用油再继续铰孔,当加工 100 个孔之后,随铰刀磨损量的增加,铰刀尺寸逐渐减小,达到孔径最小极限尺寸,此时采用 L－AN32 全损耗系统用油进行铰削;当铰刀磨损到稍小于工件孔径最小极限尺寸时,采用 L－AN15 全损耗系统用油 50%和豆油 50%的混合油进行铰孔,此类切削液可使孔径扩大 0.02 mm,以保证精度,延长刀具寿命,提高生产效率.

（3）根据工件的材料选用切削液

零件材料不同，其力学性能和工艺性能也不同，所以铰孔时，必须根据工件材料的不同性能特点，选用合适的切削液.

①铰削中碳钢和合金钢时，由于中碳钢和合金钢有良好的切削加工性能，加工时不会产生大量的切削热，切屑易变形折断，刀具不易磨损. 所以选切削液时，主要采用润滑为主、冷却为辅的切削液以达到减小工件的表面粗糙度值为目的. 低速铰孔时，选浓度大的硫化乳化液，中速铰削时，选用硫化油与煤油的混合液，增加润滑性.

②铰削不锈钢时，由于不锈钢材料的导热性差、高温强度大、切屑易粘刀、刀具磨损快等特点. 选用切削液要以降低温度、清洗切屑为主. 将 3% 的亚硝酸钠加 2% 的碳酸钠用少量热水混合，然后将 1% 的 L—AN46 全损耗系统用油加 0.5% 的乙醇合在一起后用适量的水稀释，这样配成的乳化油铰削不锈钢效果很好.

③铰削铸铁时，由于铸铁中石墨的存在对基体起着割裂作用，所以铸铁的强度、塑性和韧性很差，但硬度和脆性很大，且表面有细小的裂纹和针孔，加工中易形成崩碎切屑，不需要冷却，润滑效果也不明显，因此，铰铸铁孔时，不加切削液，如能一孔重复铰削两遍，可减小工件的表面粗糙度值，使工件表面粗糙度值减小到 $R_a = 3.2\ \mu m$.

④铰削黄铜时，由于黄铜是由铜和锌元素组成，工业中一般所采用的黄铜含锌量不超过 45%，特点是塑性好、强度高、切削加工性好，铰削黄铜时需加以润滑为主的切削液. 一般用黏度较大的菜油.

⑤铰削生铝，即铸造铝合金时，由于此类合金的塑性差、强度低、脆性大，加工时，表面粗糙度值大，所以铰削时，加煤油或 30% 煤油与 70% 菜油的混合油，则能减小工件的表面粗糙度值.

（4）根据工件的精度要求选择切削液

工件都有不同的精度要求，在铰孔时，切削液不同，也会引起加工精度的变化，必须引起注意.

用同一把铰刀铰孔，切削液的选择不同，铰出孔的孔径尺寸也不同. 在实际加工中发现：加入切削油，铰出孔的尺寸比铰刀尺寸要大 0.01～0.015 mm；加入普通乳化液，铰出孔的尺寸比铰刀尺寸大 0～0.005 mm；加入水溶液，铰出的孔比铰刀尺寸小 0.005 mm；从以上的数据可得出如下结论：铰孔时，加切削油，孔径胀大，加普通乳化液，孔径稍微胀大，加水溶液孔径缩小. 因此，对尺寸精度要求很高的孔进行铰削时，一定要根据铰刀的尺寸合理选择切削液，保证必要的精度.

（5）根据工件的表面粗糙度要求选取不同切削液

铰孔时，切削液也会影响到工件表面粗糙度. 加入浓度大的乳化液，工件内表面光洁如镜面，表面粗糙度值很小，$R_a = 0.8～1.6\ \mu m$；加入全损耗系统用油，工件表面颜色发乌，表面粗糙度比用乳化液稍差，$R_a = 1.6\ \mu m$；加入水溶液，工件表面粗糙度值最大，$R_a = 3.2\ \mu m$. 当铰削表面要求很光洁的内孔时，加入极压乳化液作为切削液；表面粗糙度值较大时，用水溶液作为切削液；若粗糙度要求一般，选全损耗系统用油作为切削液.

（6）根据生产环境温度的变化选用切削液

同一浓度的切削液的黏度随温度的变化而不同. 夏天和冬天相差较大. 同样浓度的乳化液，夏天黏度变小，冬天黏度变大. 润滑作用的原理是切削液渗透到刀具与切屑工件的接触表面之间形成很薄的一层油膜，减少了刀具与工件之间的摩擦，减轻了切屑与刀具的粘附和刀瘤的产生,减少了刀具磨损,起润滑作用.若要形成油膜,油的黏度必须较大.因此,夏天选用乳化液时,选用黏度大的,冬天温度低时选用黏度小的.

【知识链接】

一、群钻

1. 标准群钻

标准群钻主要用来钻削钢材,它的结构特点是在标准麻花钻上磨出月牙槽,修磨横刃和磨出单面分屑槽.月牙槽把主切削刃分成外刃(AB 段)、圆弧刃(BC 段)、内刃(CD 段),利于断屑、排屑、减小切削阻力.如图 2-5-1-35.口诀:

三尖七刃锐当先,月牙弧槽分两边;一侧外刃开屑槽,横刃磨低窄又尖.

2. 各种群钻简介

(1)薄板群钻

用标准钻头钻薄板时,由于钻心钻穿工件后,立即失

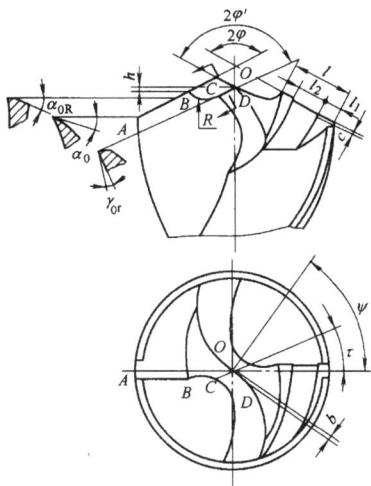

图 2-5-1-35　标准群钻

去定心作用和突然使轴向阻力减少,且带动工件弹动,使钻出的孔不圆,毛边,常产生扎刀或钻头折断.

将麻花钻的两条切削刃磨成弧形,这样两条切削刃的外缘和钻心处就形成 3 个刀尖.这样钻薄板时,钻心尚未钻穿,两切削刃的外刀尖已在工件上划出圆环槽,起到良好的定心作用.如图 2-5-1-36.

(2)钻削铸铁的群钻

铸铁硬而脆,易产生崩脆切屑,加重钻头磨损.修磨铸铁群钻主要是磨出二重顶角(φ_2＝70°).较大的钻头可以磨出三重顶角,以减少耐磨性.同时,可以把后角磨得大些,横刃磨得短些.如图 2-5-1-37 所示,特点及口诀:

铸铁屑碎赛磨料,转速稍低、大走刀,三尖刃利加冷却,双重锋角寿命高

(3)钻削黄铜、青铜的群钻

铸造黄铜、青铜的强度、硬度都低,切削时抗力较小,会造成切削刃自动向下,钻穿时会使钻头崩刀、折断,孔出口钻坏,工件弹出(扎刀现象).如图 2-5-1-38 所示,其特点及刃磨口诀:

铜钻孔易"扎刀",外缘前角要减小.刃带膛窄、修圆弧,孔圆、光整质量高.

(4)钻削铝、铝合金的群钻

铝、铝合金材料强度、硬度都低,塑性差,切削时抗力较小.切屑呈带状但断屑容易.易形成刀瘤.如图 2-5-1-39 所示,钻铝合金群钻的特点及刃磨口诀:

料粘、孔糙、积屑瘤,孔深排屑很棘手;錾出平面、大锋角,精孔最好加煤油.

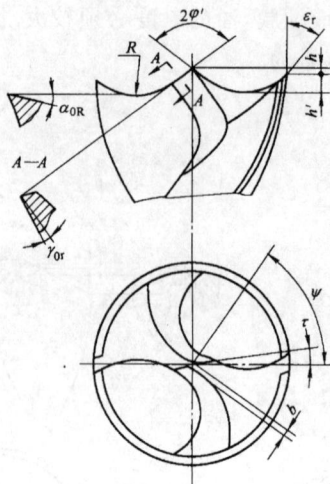

图 2-5-1-36　薄板群钻

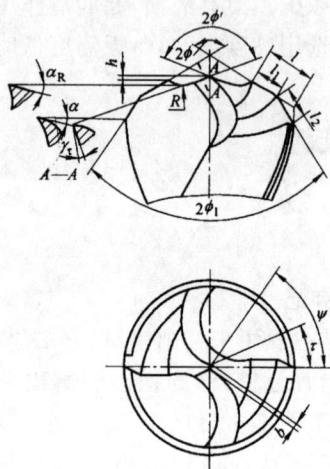

图 2-5-1-37　铸铁群钻

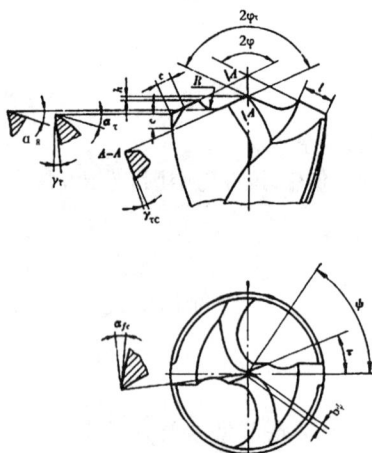

图 2-5-1-38　黄铜群钻

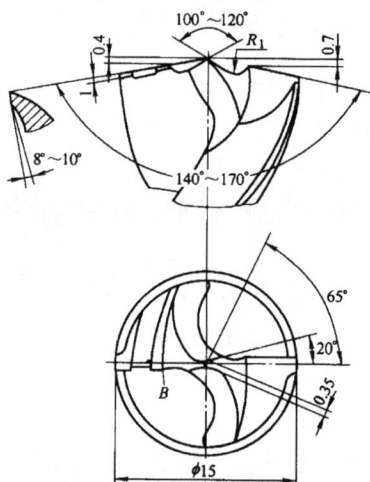

图 2-5-1-39　铝、铝合金群钻

二、硬质合金钻头

硬质合金钻头是在麻花钻切削刃上嵌焊一块硬质合金刀片.适用于钻削很硬的材料,如高锰钢和淬硬钢,也适于高速钻削铸铁.常用硬质合金刀片材料是 YG8 或 YW2.硬质合金钻头切削部分的几何参数一般是:$\gamma_o=0°\sim5°$,$\alpha_o=10°\sim15°$,$2\varphi=110°\sim120°$,$\psi=77°$,主切削刃磨成 R2×0.3 的小圆弧.如图 2-5-1-40 至 2-5-1-43 所示.

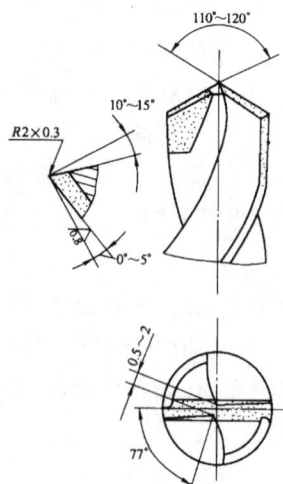

图 2-5-1-40　硬质合金钻头

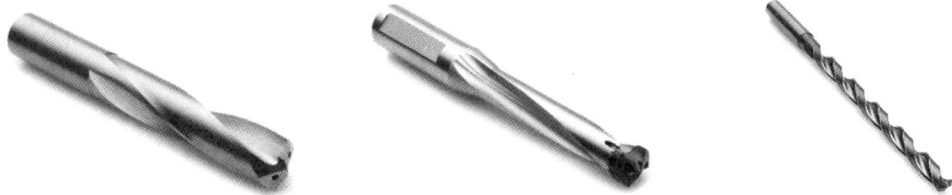

图 2-5-1-41　整体硬质合金钻头　　图 2-5-1-42　可换刀头硬质合金钻头　　图 2-5-1-43　整体硬质合金深孔钻

【技能质量分析和安全操作规】

一、钻孔的质量分析

废品形式	产 生 原 因	改 进 方 法
孔径大于规定尺寸	1. 钻头两切削刃长度不等,角度不对称 2. 钻头摆动(钻头弯曲、钻床主轴有摆动、钻头在钻夹头中未装好和钻头套表面不清洁等引起)	1. 重新刃磨 2. 重新装夹
孔壁粗糙	1. 钻头不锋利 2. 进给量太大 3. 后角太大 4. 冷却润滑不充分	1. 重新刃磨钻头、提高刃磨质量 2. 减少进给量 3. 重新修磨 4. 加冷却液并充分冷却
钻孔偏移	1. 划线或样冲眼中心不准 2. 工件装夹不稳固 3. 钻头横刃太长 4. 钻孔开始阶段未借正	1. 提高划线质量和样冲精度 2. 工件装夹平稳 3. 修磨横刃 4. 及时借正
钻孔歪斜	1. 钻头与工件表面不垂直(工件表面不平整和工件底面有切屑等污物所造成) 2. 进给量太大,使钻头弯曲 3. 横刃太长,定心不良	1. 提高工件装夹精度 2. 做好清洁 3. 修磨横刃 4. 减少进给量

二、钻头损坏原因

钻孔时钻头损坏原因是由于钻头用钝,切削用量不当,排屑不畅,工件装夹不妥和操作不正确等所造成,具体原因见下表

损坏形式	产 生 原 因	改 进 方 法
钻头工作部分折断	1. 用钝钻头钻孔 2. 进给量太大 3. 切屑在钻头螺旋槽内塞住 4. 孔刚钻穿时,进给量突然增大 5. 工件松动 6. 钻薄板或铜料时钻头未修磨 7. 钻孔已歪斜而继续工作	1. 提高划线质量和样冲精度 2. 工件装夹平稳 3. 修磨横刃 4. 及时借正和排屑 5. 重新刃磨钻头 6. 孔将穿时减少进给量 7. 发现钻孔歪斜及时处理

损坏形式	产生原因	改进方法
切削刃迅速磨损	1. 切削速度太快,而冷却润滑液又不充分 2. 钻头刃磨未适应工件的材料 3. 刃磨钻头没有及时冷却使钻头退火	1. 调整转速 2. 充分冷却 3. 根据材料重新刃磨钻头
扎刀	1. 由于材料组织疏松、切削刃太锋利而钻头旋转时自动切入工件,轻者孔口损坏,钻头崩刃,重者钻头折断,甚至将工件拉出造成事故.	1. 注意材料的选择 2. 不同材料选择不同的群钻 3. 根据加工条件调整切削参数

三、钻床安全文明操作规程

1. 操作前要穿紧身防护服,袖口扣紧,上衣下摆不能敞开,严禁戴手套,不得在开动的机床旁穿、脱换衣服,或围布于身上,防止机器绞伤. 女生(所有留长头发的同学)必须先戴发网,再戴安全帽,不得穿裙子、拖鞋.

2. 钻孔前清理工作台;工作前对设备、工具、工装、夹具进行全面检查,确认无误后,方可使用.

3. 钻孔前要夹紧工件,一般要用台钳或压板将工件夹紧,固定可靠,不准用手握住工件钻孔;钻通孔时要加垫块或使钻头对准工作台的沟槽,防止钻头损坏工作台.

4. 通孔快被钻穿时,要减小进给量,以防产生扎刀和事故.

5. 松紧钻夹头应在停车后进行,且要用钥匙来松紧而不能敲击. 当钻头要从钻头套中退出时要用斜铁敲出.

6. 钻床需变速时应先停车后变速.

7. 切屑的清除应用刷子和钩子,而不可用嘴吹和手拉,以防止切屑飞入眼中或将手划伤.

8. 遵守金属切削加工安全操作规程、电动工具安全操作规程.

9. 手不准触摸钻床和砂轮机的旋转部位.

10. 严禁在机床旋转时,翻转、装夹工件和换挡变速.

11. 钻斜孔时,必须使用专用工装,加工薄板时,下面必须用铁块垫平.

12. 精铰深孔时,应尽量抬高钻杆;测量工件时,注意手不要碰到刀具.

13. 钻孔即将钻透时,必须停止自动走刀,用手轻压钻把,直至钻透.

14. 使用摇臂钻床钻孔时,摇臂必须锁紧,钻床及摇臂回转范围内要保持清洁不准有障碍物和其他物品. 在校夹或校正工件时,摇臂必须移离工件并升高,刹好车,必须用压板压紧或夹住工作物,以免回转甩出伤人.

15. 工作结束时,切断电源,清理机床和场地,填写设备使用记录.

【成绩鉴定和信息反馈】

请参照表 2-1-1-10 和表 2-1-1-11.

✳ 课外作业

1. 简述麻花钻的基本结构和角度.

2. 简述麻花钻的刃磨要求和刃磨方法.

3. 叙述钻床的安全操作规程.

4. 简述群钻的类型和标准群钻的结构.

5. 简述钻孔的操作工艺过程及其注意事项.

6. 铰孔时该如何科学合理地选择切削液?

任务二　攻丝和套丝

1. 六角螺母制作

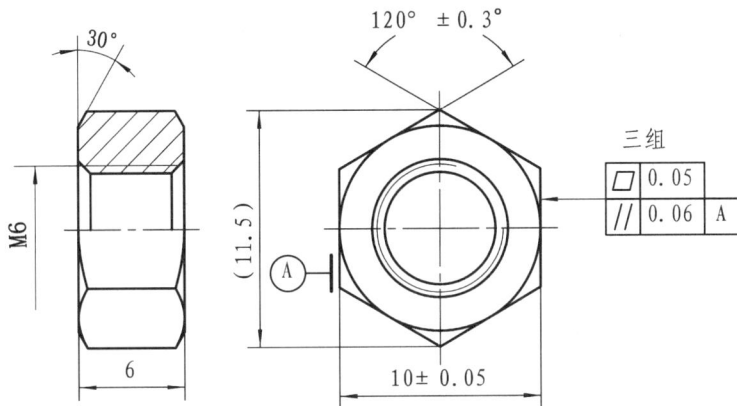

图 2-5-2-1　六角螺母

2. 螺杆制作

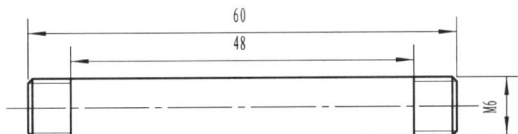

技术要求:

未注倒角为直径方向 0.6 mm 与轴线成 20°角.

图 2-5-2-2　螺杆

表 2-5-2-1　螺母螺杆任务综合评分标准

姓名		工件号		总成绩	
序号	考核要求	配分	评分标准	实测结果	得分
1	螺母 M6	15	超差不得分		
2	螺母 M6 底孔孔口倒角至 φ6.2 mm	5	超差不得分		
3	螺杆 M6 螺纹	15	超差不得分		
4	螺杆倒角 C0.6	5	超差不得分		
6	螺母六角对边尺寸 10±0.05 mm 三组	24	超差 0.02 扣 2 分		
7	螺母 120°±0.3°六处	12	超差不得分		
8	螺母外形 30°倒角	14	超差不得分		
9	操作安全	10	安全文明生产,违者不得分		
10	工时定额 18h	扣分	18 小时完成,超过 30 分钟扣 5 分		

表2-5-2-2 螺母课题加工工艺卡片

厂名				产品型号	Φ12mm×9mm	产品名称		零件图号		零件名称		共1页	第1页
材料牌号		45钢		毛坯种类	圆钢	毛坯外形尺寸		毛坯件数		螺母		2-5-2-1	螺母

工序	工序名称	工步	工序内容	切削用量 余量mm	切削用量 速度	设备	工艺装备 夹具	工艺装备 刀具	工艺装备 量具	技术等级	工时定额 准备终结时间min	工时定额 单件min	备注	同时加工件数
1	备料	1	毛坯准备、下料	1.5	40（次/min）	钳台	台虎钳	锯条	钢直尺		10	20		2
2	制作正六角体	1	锉削圆柱体达到尺寸6mm要求	1.5	30~60（次/min）	钳台	台虎钳	锉刀	游标卡尺+千分尺		10	110		2
		2	划线、打样冲眼			钳台	台虎钳	高度划线尺、划规、划针、样冲	游标卡尺		10	20		2
		3	锉削正大边形（六棱柱）达到公差要求	1.0	30~60（次/min）	钳台	台虎钳	300mm粗锉刀、150mm细齿锉刀	游标卡尺+千分尺	IT11	20	520		2
3	螺纹加工	1	钻孔	Φ5	20（m/min）	台钻	平口钳	Φ5麻花钻			10	20		2
		2	孔口倒角	Φ6.2	15（m/min）	台钻	平口钳	Φ8麻花钻			10	20		2
		3	手动攻丝	M6	15（m/min）	台钻	平口钳	M6丝锥	M6螺钉		10	50		2
4	热处理		热处理-调质（选作）				夹钳							全体同学作业件
								编制（日期） 审核（日期）				会签（日期）		
标记	处记	更改文件号	签字	日期		标记	处记	更改文件号	签字	日期				

表 2-5-2-3　工量具准备清单

序号	名称	规格	数量
1	游标高度划线尺	0～300 mm	1 把/组
2	游标卡尺	0～150 mm	2 把/组
3	千分尺	0～25 mm	2 把/组
4	活络角尺		1 把/组
5	万能游标量角器		1 把/组
6	划线平台		1 张/组
7	划针		1 把/组
8	划规		1 把/组
9	样冲		1 把/组
10	榔头		1 把/组
11	挡块（V 形铁）		1 只/组
12	麻花钻	ϕ5 mm	1 只/组
13	麻花钻	ϕ8 mm	1 只/组
14	丝锥	M6 mm	1 套/组
15	板牙	M6 mm	1 只/组
16	绞手（板牙架）		1 只/组
17	普通绞手		1 只/组
18	大锉刀	300 mm	1 把/人
19	细齿锉刀	150 mm	1 把/人

螺杆课题加工工艺卡片（略）

任务情景

攻丝和套丝在钳工来讲就是加工螺纹,螺纹在日常生活用品和机械制造业应用十分广泛,攻丝套丝在钳工加工中占有较为重要的地位,它是钳工加工的一个难点.

任务目标

通过本任务零件的训练,熟练地掌握攻螺纹、套螺纹等技能.掌握丝锥的选择方法和工件的安装,划线,打样冲,钻孔、攻螺纹、套螺纹的基本技能.遵守钻床的安全文明操作规程.

技能练习

1. 六角螺母加工工艺

表 2-5-2-4　六角螺母加工工艺步骤

步骤	工艺方法	工艺步骤图
1. 下料	用手锯锯割两段 ϕ12 mm×9 mm 的圆钢两件.	
2. 划线、打样冲眼	以毛坯外圆为基准,用划规和角尺找正圆心,借助 V 型铁和高度游标划线尺,用划针和划规划出六边形和内切圆轮廓线.	

步骤	工艺方法	工艺步骤图	
3. 锉削第一面	根据划线基准线,用粗齿、细齿锉刀锉削出第一个表面,以尺寸 11 mm 为参考进行测量.注意达到平面度要求.		
4. 锉削平行面	根据第一个锉削面,用粗齿、细齿锉刀锉削出第二个表面,保证尺寸 10±0.05 mm.注意达到平面度 0.05 mm 和平行度 0.06 mm 要求.		
5. 锉削第三面	根据第一个锉削基准面,用粗齿、细齿锉刀锉削出第三个表面,参考尺寸 11 mm.注意达到平面度 0.05 mm 和角度 120°±0.3°的要求,结合游标量角器或者活络角尺检查.		
6. 锉削第四面	根据第二、三个锉削面,用粗齿、细齿锉刀锉削出第四个表面,参考尺寸 11 mm.注意达到平面度 0.05 mm 和角度 120°±0.3°的要求,结合游标量角器或者活络角尺检查.		
7. 锉削平行面	以第三、四个锉削面为基准,用粗齿、细齿锉刀锉削出第五、六个表面,保证尺寸 10±0.05 mm.注意达到平面度 0.05 mm、平行度 0.06 mm 和角度 120°±0.3°的要求,结合游标量角器或者活络角尺检查.		
8. 钻底孔	以样冲眼为基准(注意检查,如不合格则需要调整)钻 $\phi 5$ mm 的底孔		

续表

步骤	工艺方法	工艺步骤图
9. 孔口倒角	用 $\phi 8$ mm 以上直径的钻头进行孔口倒角(注意要接近于 $\phi 6.2$ mm)	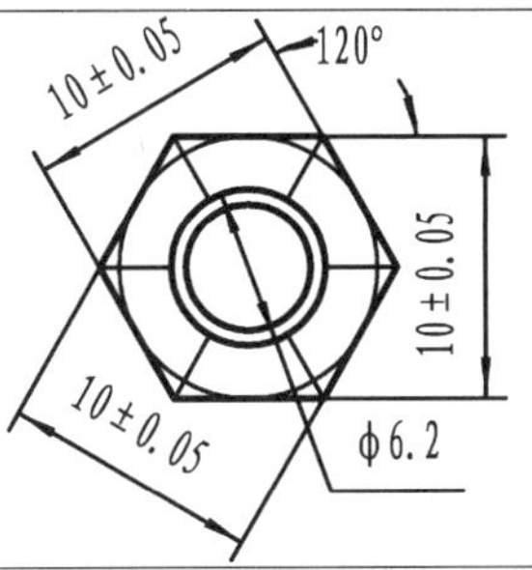 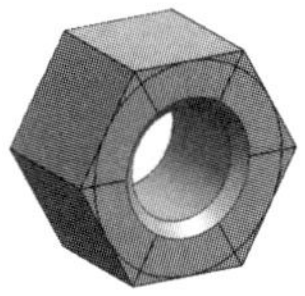
10.	用 M6 的丝锥攻丝加少量机油,起攻时注意保证丝锥与孔口垂直,可用 90°角尺从两个方向检查,正常套丝后,要及时断屑,攻丝完毕,要用标准螺杆检查	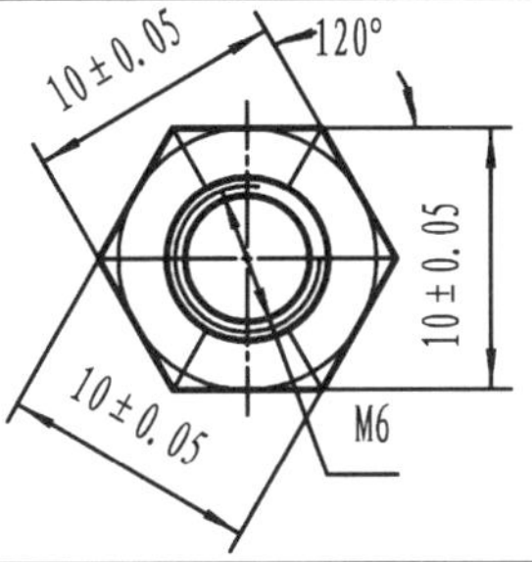 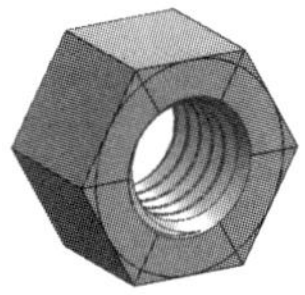
11	用粗齿、细齿锉刀倒角、精修外形	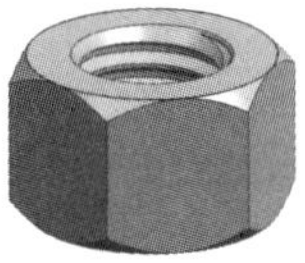
备注	本课题也可以先做底孔,在以底孔为基准,锉削外形,最后加工螺纹,这样有利于工件的外形更加美观和对称.	

2. 螺杆加工工艺

表 2-5-2-5　螺杆零件的加工工艺步骤

步骤	工艺方法	工艺步骤图
1. 下料	用手锯锯割 $\phi 6$ mm×60 mm 的圆钢一件.	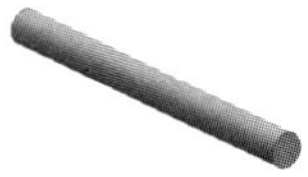
2. 锉削外圆、端面倒角	用圆弧锉削的方法,加工出 $\phi 5.8$ mm×6 mm 的台阶轴,再进行端面倒角 0.6 mm,注意与轴线的角度为 15°～20°.	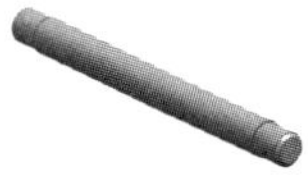
3. 套丝	套丝,可加少量机油,可用角尺从两个方向(角尺旋转 90 度)检查板牙端面是否和螺杆轴线垂直,避免牙型歪斜,注意用力均匀,防止断牙. 正常套丝后,要及时进行断屑动作处理.套丝完毕,用标准的螺母进行检查.	
4. 装配	将螺母和螺杆进行装配.	

【攻丝套丝基本工艺知识】

一、螺纹的基本知识

1.螺纹的种类

螺纹的种类很多,有标准螺纹、特殊螺纹和非标准螺纹,其中以标准螺纹最常用,在标准螺纹中,除管螺纹采用英制外,其他螺纹一般采用米制.标准螺纹的分类见下表.

表 2-5-2-6　标准螺纹的分类

标准螺纹	普通螺纹	粗牙普通螺纹	
		细牙普通螺纹	
	管螺纹	用螺纹密封的管螺纹	圆锥内螺纹
			圆锥外螺纹
			圆柱内螺纹
		非螺纹密封的管螺纹	圆柱管螺纹
	梯形螺纹		
	锯齿形螺纹		

2. 螺纹主要参数的名称

(1)螺纹牙形

螺纹牙形是指在通过螺纹轴线的剖面上螺纹的轮廓形状,常见的有三角形、梯形、锯齿形等.在螺纹牙形上,两相邻牙侧间的夹角为牙形角,牙形角有 $55°$(英制)、$60°$、$30°$等.

(2)螺纹大径(d 或 D)

螺纹大径是指与外螺纹牙顶或内螺纹牙底相切的假想圆柱或圆锥的直径.国标规定:米制螺纹的大径是代表螺纹尺寸的直径,称为公称直径.

(3)螺纹小径(d_1 或 D_1)

螺纹小径是指与外螺纹的牙底与内螺纹的牙顶相切的假想圆柱或圆锥的直径.

(4)螺纹中径(d_2 或 D_2)

螺纹中径是一个假想圆柱或圆锥的直径,该圆柱或圆锥的母线通过牙形上沟槽和凸起宽度相等的地方.该假想圆柱或圆锥称为中径圆柱或中径圆锥,中径圆柱或中径圆锥的直径称为中径.

(5)线数

螺纹线数是指一个圆柱表面上的螺旋线数目.它分单线螺纹、双线螺纹和多线螺纹.沿一条螺旋线所形成的螺纹为单线螺纹;沿两条或多条轴向等距离分布的螺旋线所形成的螺纹称为双线螺纹或多线螺纹.

(6)螺距(P)

螺距是指相邻两牙在中径线对应两点间的轴向距离.

(7)螺纹的旋向

右旋螺纹不加标注;左旋螺纹加"LH"标注.

此外,螺纹的导程和螺纹旋合长度等也为螺纹的主要参数.

3. 标准螺纹的代号及应用

表 2-5-2-7

螺纹类型	牙形代号	代号示例	代号说明	应用
普通粗牙螺纹	M	M12	普通粗牙螺纹,外径 12 mm	大量用来紧固零件
普通细牙螺纹	M	M10×1.25	普通细牙螺纹,外径 10 mm,螺距 1.25 mm	自锁能力强,一般用来锁薄壁零件和对防振要求较高的零件
梯形螺纹	Tr	Tr32×12/2－IT7	梯形螺纹,外径 32 mm,导程 12 mm,双线,7级精度	能承受两个方向的轴向力,可作传动杆,如车床的丝杆
锯齿形螺纹	B	B70×10	锯齿形螺纹,外径 70 mm,螺距 10 mm	能承受较大的单向轴向力,可作传递单向负荷的传动丝杆

二、攻螺纹

用丝锥在孔中切削加工内螺纹的方法称为攻螺纹.

1. 攻螺纹工具

（1）丝锥

丝锥是加工内螺纹的工具,一般分为手用丝锥和机用丝锥.按其用途不同可以分为普通螺纹丝锥、英制螺纹丝锥、圆柱管螺纹丝锥、圆锥管螺纹丝锥、板牙丝锥、螺母丝锥、校准丝锥及特殊螺纹丝锥等.其中普通螺纹丝锥、圆柱管螺纹丝锥和圆锥管螺纹丝锥,是常用的三种丝锥.

通常手用丝锥中 M6～M24 的丝锥为两支一套,小于 M6 和大于 M24 的丝锥为三支一套,称为头锥、二锥、三锥.这是因为 M6 以下的丝锥强度低,易折断,分配给三个丝锥切削可使每一个丝锥担负的切削余量小,因而产生的

图 2-5-2-3　丝锥

扭矩小,从而保护丝锥不易折断.而 M24 以上的丝锥要切除的余量大,分配给三支丝锥后可有效减少每一支丝锥的切削阻力,以减轻工人的体力劳动.细牙螺纹丝锥为两支一组.

（2）丝锥的构造

丝锥由工作部分和柄部组成.工作部分包括切削部分和校准部分.切削部分磨出锥角.校准部分具有完整的齿形,柄部有方榫.

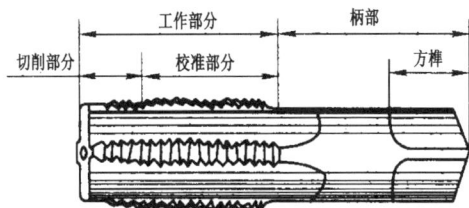

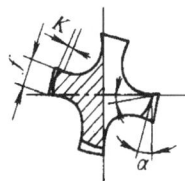

（a）外形　　　（b）切削部分和校准部分的角度

图 2-5-2-4　丝锥的构造

（3）丝锥的几何参数

①前角、后角和倒锥

123

表 2-5-2-8　丝锥的前角

被加工材料	铸青铜	铸铁	硬钢	黄铜	中碳钢	低碳钢	不锈钢	铝合金
前角 γ_0	0°	5°	5°	10°	10°	15°	15°～20°	21°～30°

丝锥切削部分的前角 γ_0 一般为 8°～10°.

丝锥的后角 α_0,一般手用丝锥 $\alpha_0 = 6°～8°$,机用丝锥 $\alpha_0 = 10°～12°$,齿侧为零度.

丝锥的校准部分的大径、中径、小径均有 (0.05～0.12)/100 的倒锥,以减少和螺孔的摩擦,减少所加工螺纹的扩张量.

②容屑槽

M8 以下的丝锥一般是三条容屑槽,M8－12 的丝锥有三条也有四条的,M12 以上的丝锥一般是四条容屑槽.较大的手用和机用丝锥及管螺纹丝锥也有六条容屑槽的.

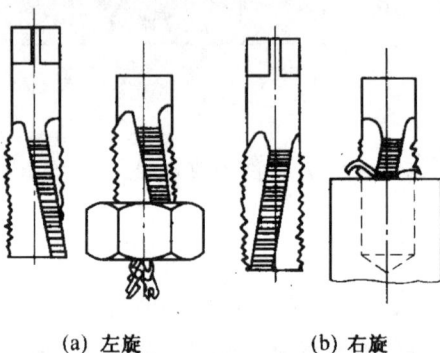

(a) 左旋　　　　(b) 右旋

图 2-5-2-5　丝锥的容屑槽的方向与排屑

(4)成套丝锥的切削用量分配

成套丝锥负荷的分配,一般有两种形式:锥形分配和柱形分配.

一套锥形分配切削量的丝锥中,所有丝锥的大径、中径、小径都相等,只是切削部分的长度和锥角不相等,也叫等径丝锥.当攻制通孔螺纹时,用头攻(初锥)一次切削即可加工完毕,二攻(也叫中锥)、三攻(底锥)则用得较少.一组丝锥中,每支丝锥磨损很不均匀.由于头攻能一次攻削成形,切削厚度大,切屑变形严重,加工表面粗糙,精度差.

一般 M12 以下丝锥采用锥形分配,M12 以上丝锥则采用柱形分配.柱形分配的丝锥的大径、中径、小径都不相等,叫不等径丝锥.即头攻(也叫第一粗锥)、二攻(第二粗锥)的大径、中径、小径都比三攻(精锥)小.头攻、二攻的中径一样,大径不一样.头攻大径小,二攻大径大.这种丝锥的切削量分配比较合理,三支一套的丝锥按顺序为 6:3:1 分担切削量,两支一套的丝锥按顺序为 7.5:2.5 分担切削量,切削省力,各锥磨损量差别小,使用寿命较长.同时末锥(精锥)的两侧也参加少量切削,所以加工表面粗糙度值较小.一般 M12 以上的丝锥多属于这一种.柱形分配丝锥一定要最后一支丝锥攻过后,才能得到正确螺纹.

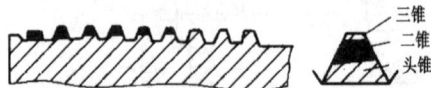

图 2-5-2-6　锥形分配(等径丝锥)　　图 2-5-2-7　柱形分配(不等径丝锥)

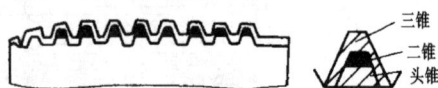

丝锥的修磨.当丝锥的切削部分磨损时,可以修磨其后刀面.修磨时要注意保持各刀瓣的半锥角及切削部分长度的准确性和一致性.转动丝锥时要留心,不要使另一刃瓣的刀齿碰擦而磨坏.当丝锥的校正部分有显著磨损时,可用棱角修圆的片状砂轮修磨其前刀面,并控

制好一定的前角.

2. 铰杠

铰杠是手工攻螺纹时用的一种辅助工具. 铰杠分普通铰杠和丁字形铰杠两类. 常用的是可调式铰杠. 旋转手柄即可调节方孔的大小,以便夹持不同尺寸的丝锥. 铰杠长度应根据丝锥尺寸大小进行选择,以便控制攻螺纹时的扭矩,防止丝锥因施力不当而扭断.

(a)普通铰杠　　　　　　　　　　(b)丁字形铰杠

图 2-5-2-8　铰杠

3. 保险夹头

在钻床上攻螺纹时,通常用保险夹头来夹持丝锥,以免当丝锥的负荷过大或攻制不通螺孔到达孔底时,产生丝锥折断或损坏工件等现象.

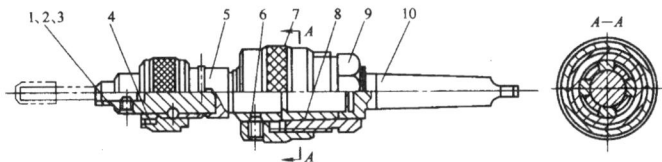

1、2、3—可换夹头;4—滑套;5—轴;6—螺钉;7—螺母;8—摩擦块;9—螺套;10—本体

图 2-5-2-9　锥体摩擦式保险夹头

4. 攻螺纹方法

(1)攻螺纹前螺纹底孔直径和钻孔深度的确定

螺纹底孔直径的大小,应根据工件材料的塑性和钻孔时的扩张量来考虑,使攻螺纹时既有足够的空隙来容纳被挤出的材料,又能保证加工出来的螺纹具有完整的牙形.

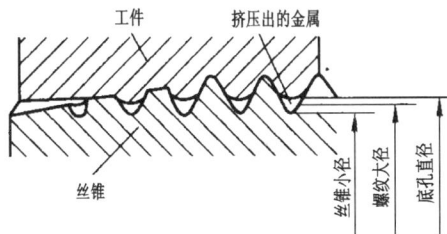

图 2-5-2-10　攻螺纹前的挤压现象

表 2-5-2-9　螺纹底孔直径的计算公式

被加工材料和扩张量	钻头直径计算公式
钢和其他塑性大的材料,扩张量中等	$D_0 = D - P$
铸铁和其他塑性小的材料,扩张量较小	$D_0 = D - (1.05 \sim 1.1)P$

攻不通孔螺纹时,一般取:钻孔深度=所需螺孔深度+0.7D

（2）攻螺纹要点

①攻螺纹前螺纹底孔口要倒角，通孔螺纹两端孔口都要倒角.这样可使丝锥容易切入，并防止攻螺纹后孔口的螺纹崩裂.

②攻螺纹前，工件的装夹位置要正确，应尽量使螺孔中心线置于水平或垂直位置，其目的是攻螺纹时便于判断丝锥是否垂直于工件平面.

③开始攻螺纹时，应把丝锥放正，用右手掌按住铰杠中部沿丝锥中心线用力加压，此时左手配合作顺向旋进；或两手握住铰杠两端平衡施加压力，并将丝锥顺向旋进，保持丝锥中心与孔中心线重合，不能歪斜.

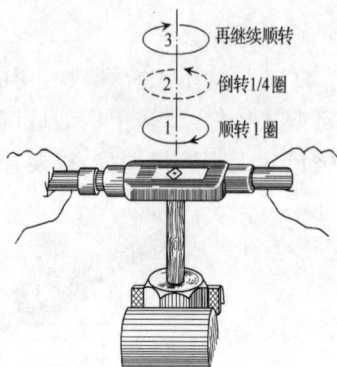

图 2-5-2-11　攻螺纹方法

当切削部分切入工件 1～2 圈时，用目测或角尺检查和校正丝锥的位置.当切削部分全部切入工件时，应停止对丝锥施加压力，只需平稳地转动绞杠靠丝锥上的螺纹自然旋进.

④为了避免切屑过长咬住丝锥，攻螺纹时应经常将丝锥反方向转动 1/4 至 1/2 圈左右，使切屑碎断后容易排出；

⑤攻不通孔螺纹时，要经常退出丝锥，排除孔中的切屑.当将要攻到孔底时，更应及时排出孔底积屑，以免攻到孔底丝锥被轧住.

⑥攻通孔螺纹时，丝锥校准部分不应全部攻出头，否则会扩大或损坏孔口最后几牙螺纹.

⑦丝锥退出时，应先用铰杠带动螺纹平稳地反向转动，当能用手直接旋动丝锥时，应停止使用铰杠，以防铰杠带动丝锥退出时产生摇摆和振动，破坏螺纹粗糙度.

⑧在攻螺纹过程中，换用另一支丝锥时，应先用手握住旋入已攻出的螺孔中.直到用手旋不动时，再用铰杠进行攻螺纹.

⑨在攻材料硬度较高的螺孔时，应头锥、二锥交替攻削，这样可减轻头锥切削部分的负荷，防止丝锥折断.

⑩攻塑性材料的螺孔时，要加切削液.一般用机油或浓度较大的乳化液，要求高的螺孔也可用菜油或二硫化钼等.

二、套螺纹

用板牙在圆杆或管子上切削加工外螺纹的方法称为套螺纹.

1. 套螺纹工具

（1）圆板牙

外形像一个圆螺母，只是在它上面钻有几个排屑孔并形成刀刃.板牙是加工外螺纹的刀具，用合金工具钢 9SiGr 制成，并经热处理淬硬.板牙由切屑部分、定位部分和排屑孔组成.圆板牙螺孔的两端有 40° 的锥度部分，是板牙的切削部分.定位部分起修光作用.板牙的外圆有一条深槽和四个锥坑，锥坑用于定位和紧固板牙.如图 2-5-2-12 所示.

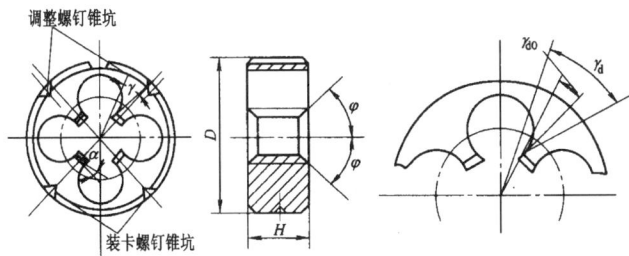

图 2-5-2-12　圆柱板牙

（2）管螺纹板牙

　　管螺纹板牙分圆柱管螺纹板牙和圆锥管螺纹板牙.圆柱管螺纹板牙的结构与圆板牙相仿.圆锥管螺纹板牙的基本结构也与圆板牙相仿,只是在单面制成切削锥,只能单面使用.圆锥管螺纹板牙所有刀刃均参加切削,所以切削时很费力.板牙的切削长度影响管螺纹牙形的尺寸,因此套螺纹时要经常检查,不能使切削长度超过太多,只要相配件旋入后能满足要求就可以了.如图 2-5-2-13 所示.

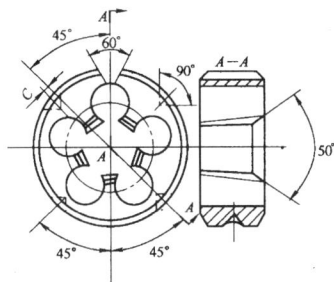

图 2-5-2-13　圆锥管螺纹板牙

（3）板牙铰杠

　　板牙铰杠是手工套螺纹时的辅助工具.

　　板牙铰杠的外圆旋有四只紧定螺钉和一只调松螺钉,使用时,紧定螺钉将板牙紧固在绞杠中,并传递套螺纹时的扭矩.当使用的圆板牙带有 V 形调整槽时,通过调节上面两只紧定螺钉和调整螺钉,可使板牙螺纹直径在一定范围内变动.

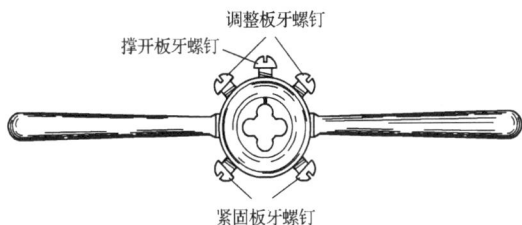

图 2-5-2-14　板牙铰杠

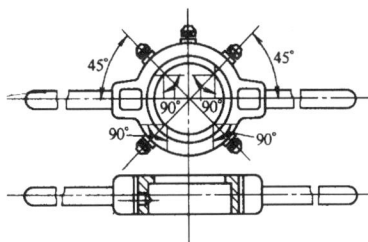

图 2-5-2-15　板牙铰杠角度

2. 套螺纹方法

（1）套螺纹前圆杆直径的确定

$$d_0 \approx d - (0.13 \sim 0.2)P$$

（2）套螺纹要点

　　①为使板牙容易对准工件和切入工件,套螺纹前圆杆端部应倒角.倒角长度应大于一个螺距,斜角为 $15° \sim 20°$.使圆杆端部要倒成圆锥斜角的锥体.锥体的最小直径可以略小于螺纹小径,使切出的螺纹端部避免出现锋口和卷边而影响螺母的拧入.

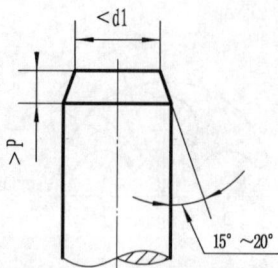

图 2-5-2-16　圆杆端部倒角　　　　图 2-5-2-17　套螺纹方法

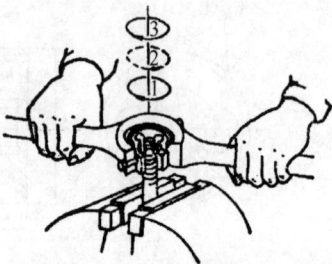

②为了防止圆杆夹持出现偏斜和夹出痕迹,圆杆应装夹在用硬木制成的 V 形钳口或软金属制成的衬垫中,在加衬垫时圆杆套螺纹部分离钳口要尽量近.

③套螺纹时应保持板牙端面与圆杆轴线垂直,否则套出的螺纹两面会有深浅,甚至烂牙.

④在开始套螺纹时,可用手掌按住板牙中心,适当施加压力并转动绞杠.当板牙切入圆杆 1~2 圈时,应目测检查和校正板牙的位置.当板牙切入圆杆 3~4 圈时,应停止施加压力.仅平稳地转动绞杠,靠板牙螺纹自然旋进套螺纹.

⑤为了避免切屑过长,套螺纹过程中板牙应经常倒转.

⑥在钢件上套螺纹时要加切削液,以延长板牙的使用寿命,减小螺纹的表面粗糙度.

(3)套丝操作方法

套丝与攻丝在操作步骤和操作方法上十分相似.装夹检查时要使切削刃具垂直于工件(套丝:板牙平面与圆杆垂直;攻丝:头锥与孔口平面垂直).开始时用加压旋转方式进行切削,力求刃具与工件保持垂直.在切削过程中要及时倒转刃具断去切屑.与攻丝不同之处主要表现为板牙装入板牙铰杠的方法与丝锥装入丝锥铰杠的方法有所不同.观察板牙模具,认出板牙有斜角一面的特征:该面刀齿围成的内圆孔口要比另一面孔口稍大一些.通常板牙有斜角的一面上无字.

【技能质量分析和安全操作规程】

一、废品分析和工具损坏的原因

1. 攻螺纹时废品分析

废品分析	产品的原因	改进方法
烂牙	1. 螺纹底孔直径太小,丝锥不易切入,孔口烂牙 2. 换用二锥、三锥时,与已切出的螺纹没有旋合好就强行攻削 3. 头锥攻螺纹不正,用二锥、三锥时强行纠正 4. 对塑性材料未加切削液或丝锥不经常倒转,而把已切出的螺纹啃伤 5. 丝锥磨钝或刀刃有粘屑 6. 丝锥铰杠掌握不稳,攻铝合金等强度较低的材料时,容易被切烂	1. 根据工件材料,合理确定底孔直径 2. 用手将丝锥旋入已攻出的螺纹孔中,旋合准确后再用铰杠加工 3. 头锥加工螺纹时,一定要引正 4. 攻丝时要加切削液,并经常倒转断屑 5. 随时清除铁屑并检查丝锥 6. 铰杠要握平稳,用力不可过大

钳工工艺及实训

128

废品分析	产品的原因	改进方法
滑牙	1. 攻不通孔螺纹时,丝锥已到底仍继续扳转 2. 在强度较低的材料上攻较小螺孔时,丝锥已切出螺纹仍继续加压力,或攻完退出时连铰杠转出	1. 盲孔攻丝一定要勤检查和做好标记 2. 螺纹切出后只需平稳转动铰杠让丝锥自然旋进
螺孔攻歪	1. 丝锥位置不正 2. 机攻螺纹时丝锥与螺孔不同心	1. 起攻时丝锥要摆正并用角尺检查 2. 丝锥和工件装夹要同轴
螺纹牙深不够	1. 攻螺纹前底孔直径太大 2. 丝锥磨损	1. 准确计算不同材料的底孔直径 2. 更换丝锥
螺纹中径大 (齿形瘦)	1. 在强度低的材料上攻螺纹时,丝锥切削部分全部切入螺孔后,仍对丝锥施加压力 2. 机攻时,丝锥晃动,或切削刃磨得不对称	1. 螺纹切出后只需平稳转动铰杠让丝锥自然旋进 2. 选择角度正确的丝锥、装夹要稳固同轴

2. 套螺纹时废品分析

废品分析	产品的原因	改进方法
烂牙	1. 圆杆直径太大 2. 板牙磨钝 3. 套螺纹时,板牙没有经常倒转 4. 铰杠掌握不稳,套螺纹时,板牙左右摇摆 5. 板牙歪斜太多,套螺纹时强行修正 6. 板牙刀刃上具有切屑瘤 7. 用带调整槽的板牙套螺纹,第二次套螺纹时板牙没有与已切出螺纹旋合,就强行套螺纹 8. 未采用合适的切削液	1. 准确计算不同材料的圆杆直径 2. 更换合格板牙 3. 套螺纹时,板牙要及时倒转断屑 4. 操作要平稳、用力要均匀、平衡 5. 起攻时要套正并做好检查 6. 尽量避免切屑瘤产生、及时清除切屑瘤 7. 手握住板牙旋入已套出的螺纹中,旋合准确后再用铰杠加工 8. 根据不同材料合理选用切削液
螺纹歪斜	1. 板牙端面与圆杆不垂直 2. 用力不均匀,铰杠歪斜	1. 起套时要用角尺检查垂直度 2. 操作要平稳、用力要平衡而均匀
螺纹中径小 (齿形瘦)	1. 板牙已切入仍施加压力 2. 由于板牙端面与圆杆不垂直而多次纠正,使部分螺纹切除过多	1. 螺纹切出后只需平稳转动铰杠让板牙自然旋进 2. 起套时要用角尺检查垂直度,保证垂直度后再加工
螺纹牙深不够	1. 圆杆直径太小 2. 用带调整槽的板牙套螺纹时,直径调节太大	1. 准确计算不同材料的圆杆直径 2. 调整板牙时,用合格螺杆检查板牙直径

3. 丝锥和板牙损坏原因

损坏形式	损坏原因	改进方法
崩牙或扭断	1. 工件材料硬度太高，或硬度不均匀 2. 丝锥或板牙切削部分刀齿前、后角太大 3. 螺纹底孔直径太小或圆杆直径太大 4. 丝锥或板牙位置不正 5. 用力过猛，铰杠掌握不稳 6. 丝锥或板牙没有经常倒转，致使切屑将容屑槽堵塞 7. 刀齿磨钝，并粘附有积屑瘤 8. 未采用合适的切削液 9. 攻不通孔时，丝锥碰到孔底时仍在继续扳转 10. 套台阶旁的螺纹时，板牙碰到台阶仍在继续扳转	1. 对材料做热处理或者更换材料 2. 选择质量合格的丝锥和板牙 3. 准确计算不同材料的圆杆直径和底孔直径 4. 起攻或起套要引正 5. 操作要平稳、用力要均匀、平衡 6. 要经常倒转绞手或铰杠以断屑 7. 更换丝锥或板牙，及时清除积屑瘤 8. 根据不同材料合理选用切削液 9. 勤检查并做好标记 10. 套螺纹前要检查测量操作是否受限并做好标记，一旦受限要及时停止操作

二、螺纹加工安全操作规程与钻削同

【成绩鉴定和信息反馈】

请参照表 2-1-1-10 和表 2-1-1-11.

✷课外作业

1. 螺纹的常见种类有哪些？螺纹有哪些主要参数？

2. 简述丝锥的分类、构成和选用方法.

3. 用计算方法确定 M12 和 M16×1 的铸铁和普通钢件的螺纹底孔直径大小.

4. 简述圆板牙的结构特点.

5. 简述攻丝和套丝的工艺步骤.

6. 编制螺杆加工工艺卡片.

项目六　矫正与弯形

项目简述

　　材料和制品由于制造、运输或保存不当,会造成弯曲、扭曲、凹凸不平等不应有的变形,要消除这些变形,就需要采用正确的矫正方法,合理选用矫正工具,掌握矫正操作要点使其恢复到原来的形状.在生产过程中,有时需要将原来平直的材料弯成所需要的曲线形状或角度,弯形方法、弯形前毛坯长度的确定是钳工所必须掌握的.矫正和弯形也是钳工的一项重要的基本操作技能.

项目内容

1. 矫正工具的种类及其合理选用.
2. 矫正方法及矫正时的注意事项.
3. 各种矫正方法在矫正变形时的应用实例.
4. 弯形件毛坯长度的计算.
5. 弯形方法及弯形时常见弊病分析.
6. 手工盘制圆柱形弹簧.

能力目标

　　通过本项目的学习,能熟悉矫正的几种方法,掌握矫正操作要点.掌握弯形的方法、弯形前毛坯长度的确定.

任务:矫正－弯曲件

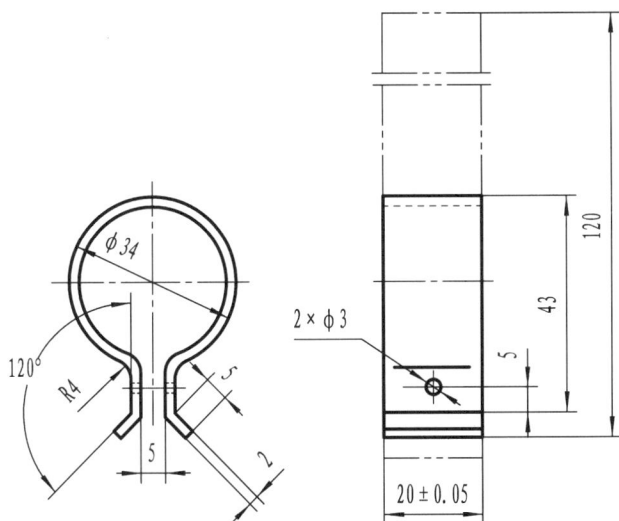

图 2-6-1　项目任务零件图

表 2-6-1　矫正弯形任务评分标准

姓名		工件号			总成绩	
序号	考核要求	配分	评分标准		实测结果	得分
1	φ34 mm	25	每超差 0.20 mm 扣 5 分			
2	5 mm(4 处)	15	每超差 0.05 mm 扣 2 分			
3	120°(2 处)(样板检查)	15	每超差 1°扣 2 分			
4	2—φ3 mm	10	超差一处扣 5 分			
5	20±0.05 mm	10	每超差 0.02 mm 扣 2 分			
6	整体外形	10	不合格者不得分			
7	表面矫正质量	10	一处不合格扣 3 分			
8	安全操作	5	安全文明生产,违者不得分			
9	工时定额	扣分	6 小时完成,超时 30 分钟扣 5 分			

表 2-6-2　**工量具准备清单**

序号	名称	规格	数量
1	游标高度划线尺	0～300 mm	1 把/组
2	游标卡尺	0～150 mm	1 把/组
3	千分尺	0～25 mm	1 把/组
4	宽座角尺	100 mm×63 mm	1 把/组
5	刀口角尺	100 mm×63 mm	1 把/组
6	划线平台		1 个/组
7	划针		1 支/组
8	划规		1 支/组
9	样冲		1 支/组
10	榔头	0.5 kg	1 把/人
11	挡块(V 形铁)		1 支/组
12	大锉刀	300 mm	1 把/人
13	中锉刀	200 mm	1 把/人
14	抛光砂布	细	1 张/人
15	弯曲用 φ30 mm×50 mm 圆钢		1 件/组
16	长方体垫铁		1 件/组
17	φ3 mm 麻花钻		1 支/组
18	φ10 mm 麻花钻		1 支/组

表2-6-3　矫正弯形件加工工艺卡片

厂名			矫正弯形件加工工艺卡片			产品型号	20mm×120mm	产品名称	弯曲件	零件图号	2-6-1	共1页
										零件名称	弯曲件	第1页
材料牌号	45钢	毛坯种类	圆钢	Q235		毛坯件数		技术等级	1	备注		

工序号	工序名称	工步	工序内容	同时加工件数	切削用量 余量mm	切削用量 速度	设备	工艺装备 夹具	工艺装备 刀具	工艺装备 量具	工时定额 准备终结时间min	工时定额 单件min
1	备料	1	毛坯准备、锯割下料	1		40（次/min）	钳台	台虎钳	锯条	钢直尺	10	20
2	矫正	1	矫正外形达到平面度0.10mm要求	1	1.5	30~60（次/min）	钳台	台虎钳	锉刀	角尺	10	20
3	锉削	1	锉削长方体达到公差要求	1	1.5	30~60（次/min）	钳台	台虎钳	锉刀	游标卡尺+千分尺	10	50
4	孔加工	1	划线钻孔	1	Φ3	20（m/min）	台钻	平口钳	Φ3mm麻花钻	IT11	10	50
		2	孔口倒角	1	Φ10	15（m/min）	台钻	平口钳	Φ10mm麻花钻		10	170
5	弯形	1	弯形	1			钳台	台虎钳				
								编制（日期）	审核（日期）	会签（日期）		
标记	处数	更改文件号	签字	日期		标记	处数	更改文件号	签字	日期		

矫正和弯曲是钳工技能练习的一个技巧性较强的项目,它涉及一些弯形的工艺性计算,是与冷冲压弯形相联系的技能训练,为我们以后进行零件的展开长度计算和制作弯曲零件打基础.

任务目标

通过本项目的训练,使学生熟练地掌握矫正和弯曲的基本操作技能,并达到一定的技能水平,掌握矫正和弯曲的基本动作要领,能加工出符合图样要求的工件.

技能练习

弯曲工件的加工工艺

表 2-6-4 弯曲工件加工工艺过程

步骤	工艺方法及工艺步骤图示	
1. 长方体加工	锯割下料,粗锉外形,矫正平面达到0.10 mm 的平面度,再根据中性层计算公式确定展开工件长度,精锉削至长方体尺寸,保证尺寸 20±0.05 mm	
2. 划线	根据弯形零件图计算出折弯位置,再按尺寸划线,两边孔的位置处打样冲眼.	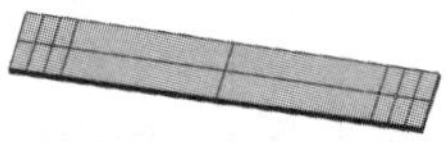
3. 孔加工	钻孔、倒角(注意,如果孔径较大,可安排在最后钻孔,本例因孔径小,为方便钻孔装夹安排在弯曲前面)	
4. 角度弯曲	在台虎钳上进行弯曲	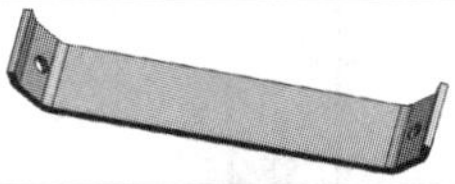
5. 圆弧弯曲	在圆钢上进行圆弧弯曲	

【矫正与弯形基本工艺知识】

一、矫正

1. 矫正的概念

消除金属板材、型材的不平、不直或翘曲等缺陷的操作称为矫正.

金属材料的变形分为弹性变形和塑性变形两种.当外力去除后,变形消失,材料仍能恢复原状,这种变形称为弹性变形;当外力去除后,材料不能恢复原状的,这种变形称为塑性变形.矫正是针对塑性变形而言,所以只有塑性好的材料,才能进行矫正.而塑性差、脆性大的材料,如铸铁、淬硬钢等就不能进行矫正,否则材料将发生断裂.

在矫正过程中,材料受到锤打、扭曲,金属晶格发生畸变,从而引起金属强化,金属表面塑性降低,硬度增加而变脆,这种现象叫做冷硬现象(即冷作硬化).它将给材料进一步矫正和其他冷加工带来困难,必要时可通过退火处理,使材料恢复到原来的机械性能.

矫正分为手工矫正和机械矫正两种,本项目主要介绍手工矫正.

2. 手工矫正工具

(1)矫正平板和铁砧

平板用作矫正大面积板料或工件的基座.铁砧用作敲打条料或角钢的砧座.

(2)锤子

软、硬锤子:软锤子(铜锤、木锤、橡胶槌等)用于矫正已加工过的表面、薄钢件、有色金属制件.硬手锤(如钳工圆头、方头锤子)用于矫正一般材料、毛坯等.

(3)V形块、压力机

V形块、压力机用于矫正较长的轴类、棒类零件.

(4)抽条和木方条

抽条是用条状薄板弯成的简易工具,用于抽打较大面积的薄板料.木方条是用质地较硬的檀树木制成的专用工具,用于敲打板料.

(5)检验工具

检验工具包括平板、刀口形直尺、90°角尺、百分表等,用于矫形后材料、工件的测量、检验.

3. 矫正方法

手工矫正常用的方法有扭转法、弯曲法、延展法和伸张法等几种.

(1)扭转法 对工件施以扭矩,使之产生扭转变形,来达到矫正的目的.

(2)弯曲法 对工件施以弯矩,使之产生弯曲变形,来达到矫正的目的.

(3)延展法 用锤子敲打材料的适当部位,使之局部伸长和展开,来达到矫正复杂变形的目的.

(4)伸张法 用拉力使线材产生沿长度方向变形(拉伸变形),来达到矫正蜷曲线材的目的.

矫正时必须注意:

①操作时,持材料的左手,应戴手套,左前方不要站人.

②锤子的材质最好采用与被矫正的材料相似,对薄而软或有表面粗糙度要求的材料,可采用木槌.

③锤柄应安装牢固.

④锤击时,锤子头部应修磨成圆顶,并且要垂直击锤,防止锤缘接触材料而击出麻点.

⑤已用延展法矫正的工件,不能再进行最终加工,否则会出现回曲而使工件报废.

⑥对淬火后未经回火的工件或脆性材料,不能矫正,否则会断裂.

4. 矫正实例

(1)条料和棒料的矫正

①条料扭曲变形时,应采用扭转法进行矫正.将工件(条料)夹在台虎钳上,用特制的扳手或活络扳手将工件反向扭转,使其恢复到原先的形状.操作时,左手按着扳手的上部,右手握住扳手的末端,双手施加扭力,见图2-6-2.

条料在宽度方向上弯曲,必须用延展法矫直,见图2-6-3.先将条料的凸面向上放在铁砧上,锤打凸面,然后再将条料平放在铁砧上,锤击弯形里面(弯形弧短的一边)材料,经锤击后使短边材料伸长,从而使条料变直.

图 2-6-2　扭转法矫正　　　　　　图 2-6-3　延展法矫正

②棒料(或轴)和条料在厚度方向上弯曲时,用弯曲法进行矫正.

直径小的棒料、轴和薄的条料,先用台虎钳初步校直,然后再在材料的末端用扳手扳动,使它回直,见图 2-6-4a.或将弯曲处夹入台虎钳的钳口内,利用台虎钳把它初步压直,见图 2-6-4b.然后再放到平板上用手锤进一步矫正到所要求的平直为止,见图 2-6-4c、d.

直径大的棒料(或轴)和厚的条料,常用压力机矫直.矫直前,把轴架在两块 V 形铁上,将轴转动,用粉笔划出弯曲处,让压力机压块压在轴的弯曲处的凸起部位上,使其恢复平直.用百分表检查轴的矫正情况,边矫正,边检查,直至符合要求,见图 2-6-5.

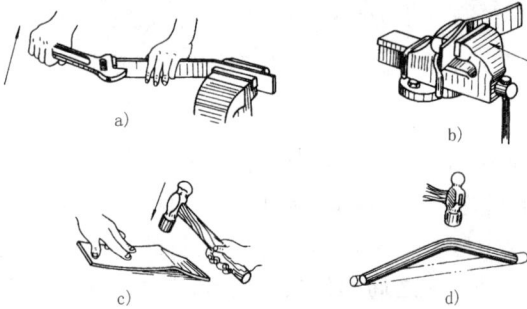

图 2-6-4　弯曲法矫正　　　　　　图 2-6-5　轴的矫正

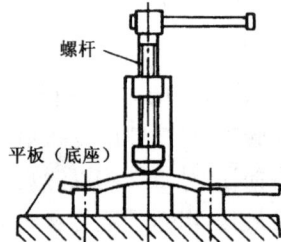

(2)角钢的矫正

角钢由于断面小而且长度大,容易发生变形.角钢变形有翘曲、扭曲、角变形等多种形式.

①角钢翘曲分为向里翘曲(如图 2-6-6a)、向外翘曲(如图 2-6-6b)两种.无论哪一种,都将角钢翘曲的凸起处向上平放在砧座上.对于向里翘曲的角钢,应锤击角钢的一条边的凸起处见图 2-6-6c.经过由重到轻的锤击,角钢的外侧面会逐渐趋于平直.矫正操作时应注意,角钢和砧座接触的一条边必须和砧面垂直,锤击时,才不致使角钢歪倒,否则要影响锤击效果.对于向外翘曲的角钢,应锤击角钢凸起的一条边,不应锤击凸起的面,见图 2-6-6d.经过锤击,角钢凸起的内侧面会随着角钢的边一起逐渐平直.翘曲现象基本消除后,可用手锤锤击微曲的面,作进一步修整.

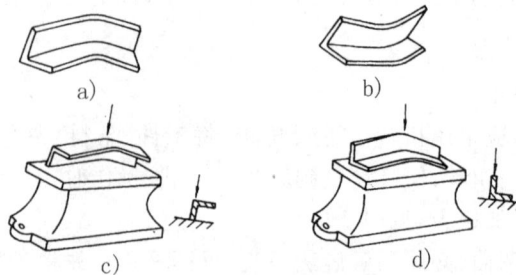

a)角钢里翘　b)角钢外翘　c)矫直角钢里翘方法　d)矫直角钢外翘方法

图 2-6-6　在铁砧上矫直角钢翘曲

②矫正扭曲的角钢,将角钢平直部分放在铁砧上,锤击上翘曲的一面,见图 2-6-7.锤击时应由边向里,由重到轻,锤击一遍后,反过方向再锤击另一面.如此锤击几遍后,可使角钢矫直.操作时,手扶平直的一端,距离远些,防止锤击时振痛.

如果角钢同时有几种变形,应先矫正变形较大的部位,后矫正变形较小部位.如角钢既有弯曲变形又有扭曲变形,应先矫正扭曲变形,然后矫正弯曲变形.

(3)板料的矫平

引起板料翘曲的原因是复杂的,翘曲的形状也是多种多样的,因此应根据翘曲部分不同情况,采取适当矫正方法.

①对中部凸起的板料.由于变形后中间材料变薄,如果直接锤击凸起部位,材料将更薄,凸起现象则更严重.所以不能直接锤击凸起部位,而应锤击边缘.锤击时从外到里,由重到轻,由密到稀或由里向外,由轻到重,由稀到密,这样才能使凸起部位逐渐消除,最后达到平整要求,见图 2-6-8.

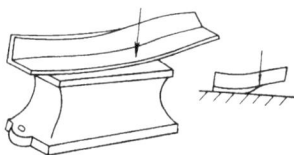

图 2-6-7　在铁砧上矫正角钢扭曲

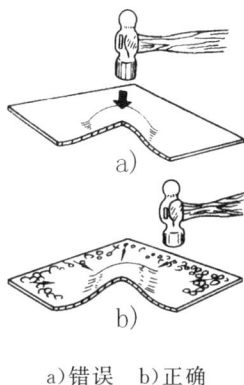

a)错误　b)正确

图 2-6-8　中间凸起的矫正

②对表面上有几处凸起的板料,矫正时应先锤击凸起部位之间的地方,使有分散的凸起部分聚集成一个总的凸起部分.然后再用前面讲述的方法使总的凸起部分逐渐达到平整.

③对四周呈波浪形而中间平整的板料,四周材料由于变形变薄,矫正时应由四周向中间锤打,或由中间向四周锤打.锤击时,中间应重而密,近角处应轻而疏.经过反复多次锤打,可使板料达到平整,见图 2-6-9.

④对角翘曲的板料,矫正时应沿着没有翘曲的对角线进行往复锤击,使之平齐,见图 2-6-10.

图 2-6-9　周边成波浪形的矫正

图 2-6-10　对角翘曲的矫正

⑤对于气割板料,由于周边冷却快,收缩大,致使板料不齐.矫正时应重击周边,使其得到适量伸长.锤击时,周边重而密,第二圈、第三圈应轻而稀,见图 2-6-11,这样就能很快地使板料达到平齐.

图 2-6-11　气割板料的矫平方法

⑥对于薄而质软的有色金属板料、箔类,矫正时用平整的木块,在平板上压推板料的平面,使其达到平整,见图 2-6-12,也可用木槌或橡胶锤锤击.

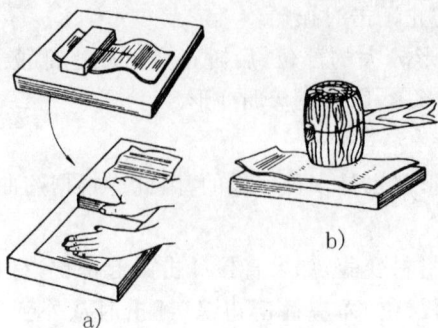

a)用平木板的矫平　b)用木槌矫平
图 2-6-12 薄板料的矫平

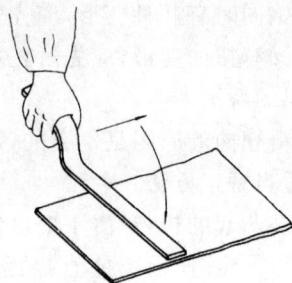

图 2-6-13 用抽条抽平薄板料

⑦对于微小扭曲薄板,矫正时用抽条从左到右,或从右到左,顺序抽打平面,使其平整,见图 2-6-13.

(4)小型热处理薄壁工件弯曲变形的矫正.

①对条形垫片弯曲的矫正 用扁头锤从中间向两端展伸锤击,予以矫形,见图 2-6-14a.

②对 U 形样板弯曲变形的矫正 用扁头锤在样板凹陷部位展伸锤击,予以矫形,见图 2-6-14b.

③对 90°角尺弯曲变形的矫正,应根据两边的内弯和外弯分别锤击不同点,使之展伸矫形.对于外弯件,应锤击外角区;对于内弯件,应锤击内角区,见图 2-6-14c.

(5)蜷曲线材矫直

蜷曲线材矫直采用伸张法.将蜷曲线材一端夹在台虎钳上,在钳口处把线材绕一圈在圆木(也可以用锉刀柄)上.用左手握紧圆木,使线材在食指和中指之间穿过,然后用左手把圆木向后拉,右手展开线材并适当拉紧,线材在拉力作用下,得到伸长矫直,见图 2-6-15.

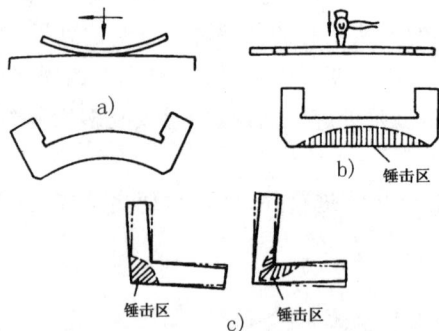

a)薄片矫正　b)U 形件矫正　c)角尺矫正
图 2-6-14　小件热处理后变形的矫正

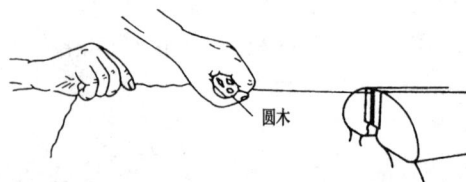

图 2-6-15　蜷曲线材矫直方法

二、弯形

1. 弯曲的概念

将坯料弯成所需形状的操作方法称为弯形.弯形是利用材料的塑性变形进行的,因此只有塑性好的材料才能进行弯形.

2. 弯形件毛坯长度的计算

钢板弯形前后的情况如图 2-6-16 所示.弯形部分的外层材料因受拉伸而伸长,内层材料因受压而缩短,中间有一层材料弯形前后长度不变,称为中性层.它的位置一般都不在材料厚度的中间,而是取决于材料变形半径 r 和材料厚度 t 的比值 r/t,见表 2-6-5.

表 2-6-5 弯形中性层位置系数 x_0

r/t	0.25	0.5	0.8	1	2	3	4	5
x_0	0.2	0.25	0.3	0.35	0.37	0.4	0.41	0.43
r/t	6	7	8	10	12	14	$\geqslant 16$	
x_0	0.44	0.45	0.46	0.47	0.48	0.49	0.50	

中性层至内曲面的距离 $x_0 t$,见图 2-6-16.

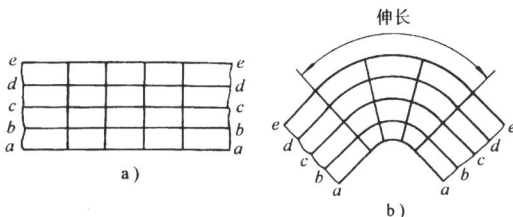

a)弯曲前 b)弯曲后

图 2-6-16 钢板弯曲前后的情况 图 2-6-17 弯曲时中性层的位置

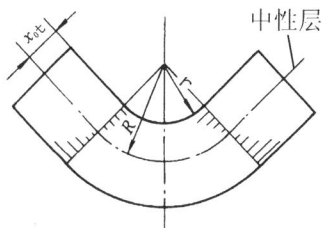

(1)影响中性层位置的因素 由图 2-6-17 和表 2-6-5 得知,材料变形时中性层位置与下列因素有关:

①当材料的厚度 t 一定时,比值 r/t 越小,则中性层位置系数 x_0 也越小.中性层越靠近内曲面,工件外弯曲金属受到的拉伸应力也就越大.当拉伸应力超过材料的抗拉强度时,工件外弯面材料将会失效拉裂,因此,$(r/t)\min$ 值存在一极小值.材料不同,$(r/t)\min$ 值也不同.各种型材,管材弯形时,其最小弯形半径可参考有关资料确定.

②当弯形半径 $r > 16t$ 时,中性层在材料厚度的中间.为简化计算,一般可认为当 $r/t \geqslant 8$ 时,即可按 $x_0 = 0.5$ 计算.

(2)弯形前毛坯长度计算步骤

①将工件复杂的弯形形状分解成几段简单的几何曲线和直线.

②计算 r/t 值,按表 2-6-5 查出中性层位置系数 x_0 值.

③按中性层分别计算各段几何曲线的展开长度.

④各简单曲线的展开长度和直线长度之和即为毛坯的展开长度.

⑤弯形毛坯圆弧长度计算公式

$$A = \pi(r + x_0 t)\frac{\alpha}{180°}$$

式中 A—圆弧部分的长度(mm);

r—内弯曲半径(mm);

x_0—中性层位置系数;

t—材料厚度(mm);

α—弯形角(整圆弯曲时,$\alpha = 360°$,直角弯曲时,$\alpha = 90°$).

对于内边弯成直角不带圆弧的制件,按 $r = 0$ 计算.

图 2-6-18 示出常见的几种弯曲形式.其毛坯总长度等于直线部分和边圆弧长度之和.

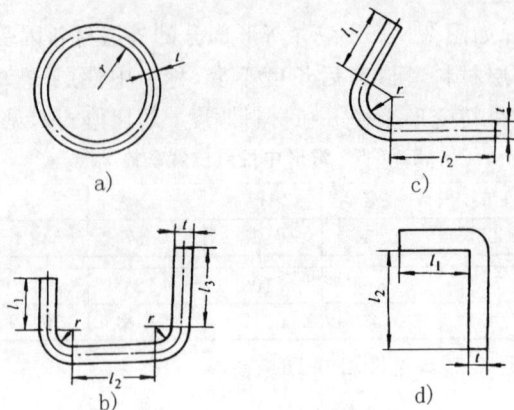

图 2-6-18　常见的几种弯曲形式

例 1　已知图 2-6-18c 中制件的弯曲角 $\alpha = 120°$,弯曲半径 $r = 15$ mm,材料厚度 $t = 4$ mm,边长 $l_1 = 50$ mm,$l_2 = 100$ mm,求毛坯总长度 L.

解:$L = l_1 + l_2 + A$

$r/t = 15/4 \approx 4$　查表 2-6-5 得 $x_0 = 0.41$

圆弧长度 $A = \pi(r + x_0 t)\dfrac{\alpha}{180°}$

$\qquad\qquad\quad = \pi(15 + 0.41 \times 4)\dfrac{120°}{180°}$

$\qquad\qquad\quad = 34.88$ mm

毛坯总长度 $L = l_1 + l_2 + A$

$\qquad\qquad\qquad = 50 + 100 + 34.88 = 184.88$ mm

例 2　已知图 2-6-18d 中,内边不带圆弧的直角. $l_1 = 50$ mm,$l_2 = 85$ mm,$t = 3.5$ mm,求毛坯总长度 L.

解:$r = 0$　$r/t = 0$　$x_0 = 0$

圆弧长度 $A = \pi(r + x_0 t)\dfrac{\alpha}{180°}$

$\qquad\qquad\quad = \pi(0 + 0)\dfrac{90°}{180°}$

$\qquad\qquad\quad = 0$ mm

毛坯总长度 $L = l_1 + l_2 + A$

$\qquad\qquad\qquad = 50 + 85 + 0 = 135$ mm

3. 弯形方法

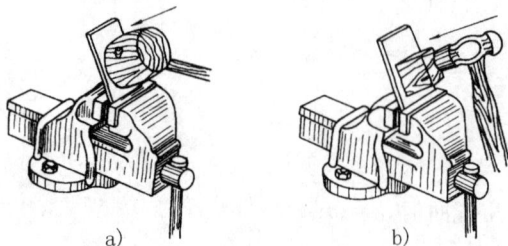

a) 用锤子直接弯形　b) 用垫块间接弯形

图 2-6-19　**板料角度弯形方法**

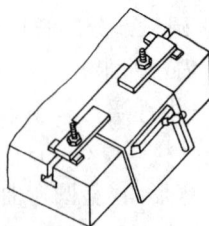

图 2-6-20　**面积较大的板料在平板上的弯形**

弯形分为冷弯和热弯两种.冷弯是指材料在常温下进行的弯形,它适合于材料厚度小于5 mm的钢材.通常由钳工手工完成.热弯是指材料在预热后进行的弯形,通常由锻工完成.这里主要介绍几种钳工手工弯形.

(1)钢板弯形

1)弯制直角工件时,弯制厚度应小于5 mm.凡能在台虎钳上夹持的,可在台虎钳上进行,见图2-6-19a.弯制时,首先在需要弯形部位划好线,线与钳口(或衬铁)对齐夹持,两边要与钳口垂直,用木槌敲击接近划线处,直到敲打到直角为止.

如果弯曲线以上部分较长时,可用左手压住材料上部,用木槌在靠近弯曲部位的全长轻轻敲打.如弯曲线以上部分较短时,用硬木块垫在弯曲处再敲打,弯成直角,如图2-6-19b.

对于工件弯曲部位的长度大于钳口长度2～3倍,而且工件两端又较长,无法在台虎钳上夹持时,可将一边用压板压紧在T形槽的平板上,在弯形处垫上垫板后,用锤敲击,使其逐渐弯成需要的角度,见图2-6-20.

对于较宽和长度超过钳口深度的板料,可用角铁制成的夹具来夹持工件进行弯形,见图2-6-21a,或者用简单成形模来弯形,见图2-6-21b.

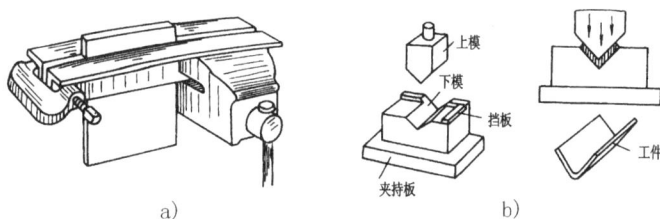

a)用角铁夹具弯形　b)用简单成型模弯形

图 2-6-21　利用工具弯形角度方法

2)弯制各种多角工件 用木垫或金属垫作辅助工具进行弯形,见图2-6-22,工件的弯形步骤如下:

①将钢板按划线夹入台虎钳的两块角衬内,弯成a角,见图2-6-22a.

②装入衬垫1,弯b角成n字型见图2-6-22b.

③装入衬垫2,弯成c角见图2-6-22c.

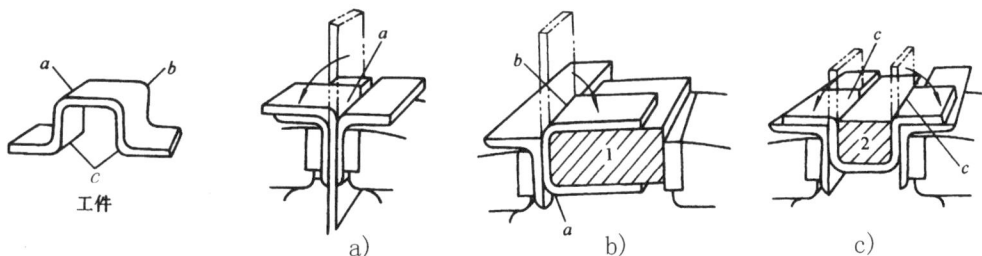

图 2-6-22　多直角形工件的角度弯形方法

3)弯制圆弧形工件(图2-6-23)在材料上划好弯形线,按线夹在台虎钳的两块角铁衬垫里,用方头锤子的窄头锤击,经过a、b、c三步成型,然后在半圆模上修整圆弧(见图2-6-23d),使形状符合要求.

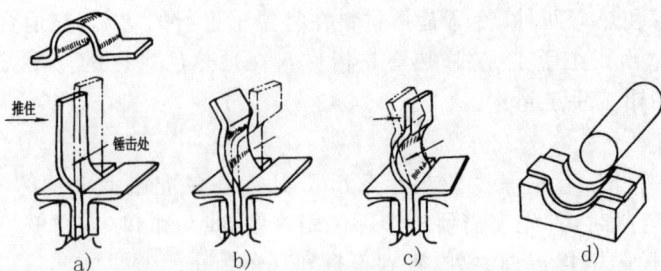

图 2-6-23　弯曲圆弧形工件的顺序

4)弯圆弧和角度结合的工件(图 2-6-24) 在狭长的板料上划好弯形线,加工两端圆弧和孔,按划线夹在台虎钳的衬垫内,先弯好两端 1、2 两处,最后在圆钢上弯工件的圆弧 3.

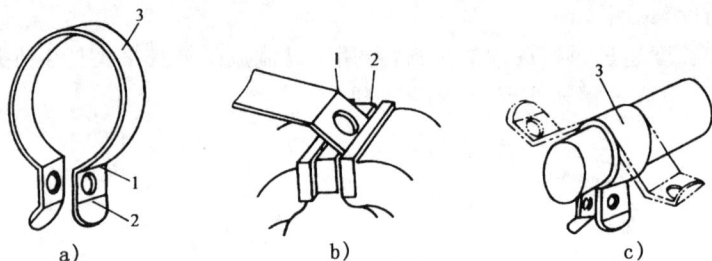

a)工件　b)弯边 1、2　c)弯圆弧

图 2-6-24　弯圆弧和角度结合工件的顺序

5)薄板料的卷边和弯圆

图 2-6-25　板料弯边方法

①卷边:在板料的一端划出两条卷边线,$L=2.5d$ 和 $L_1=1/4\sim1/3L$. 然后按图 2-6-25 所示的步骤进行弯形.

把板料按位置 1 放在平台上,露出 L_1 长度弯成 $90°$. 按位置 2、3 边向外伸料,边弯形,直到符合要求为止. 按位置 4 翻转板料,敲击卷边向里扣. 将合适的铁丝放入卷边内,边放边锤扣(如位置 5). 最后按位置 6 翻转毛坯料,接口紧靠平台缘角,轻敲接口使之扣紧,取出铁丝.

②弯圆:对较大的圆孔弯形,可放在台虎钳上进行,见图 2-6-26. 把板料一端和自制的心轴一同夹在台虎钳上,把板料沿心轴弯转,见图 2-6-26a. 把已弯的一端连同心轴转动一角度,再用台虎钳夹住,逐步转动,逐步弯形,见图 2-6-26b. 最后弯转的板料边沿,要与板料本身相接触,见图 2-6-26c.

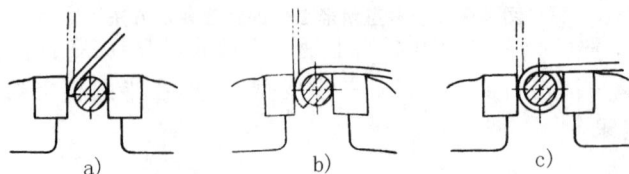

图 2-6-26　大圆孔的弯形方法

③板料中部弯圆弧:首先按图 2-6-27 划出圆弧中心线和两端转角弯曲线 Q,见图 2-6-27a,然后按如下顺序弯形.

沿圆弧中心线 R 将板料夹紧在钳口上弯形,见图 2-6-27b.

将心轴的轴线方向与板料弯形线 Q 对正、放平,并夹紧在钳口上,应使钳口作用点 P 与心轴圆心 O,在一直线上,并使心轴的上表面略高于钳口平面,把 a 脚沿心轴弯形,并使其紧贴在心轴表面上,见图 2-6-27c.

翻转板料,重复上述操作过程,把 b 脚沿心轴弯形,最后使 a、b 脚平行,见图 2-6-27d.

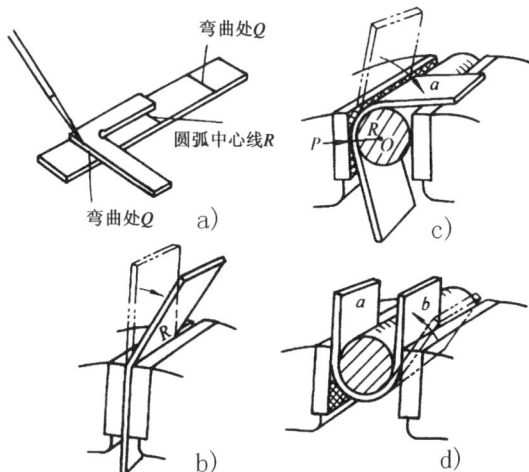

图 2-6-27　板料中部圆弧弯形方法

(2)管子弯形

孔径小于 12 mm 的管子用冷弯,大于 12 mm 时用热弯.为了避免弯形部分发生凹瘪,弯形前必须在管内灌满干黄砂,并用木塞塞紧.如图 2-6-28a 若采用热弯,则在木塞中间钻一小孔,用以管内气体受热膨胀时,向外排出.对于焊接管子,焊缝应放在中性层位置,以免弯形时焊缝开裂,如 2-6-28b.

冷弯管子多在弯管工具上进行.弯管工具的结构如图 2-6-28c 所示.它由底板、转盘、靠铁、钩子和手柄等组成.转盘圆周上和靠铁侧面均有圆弧槽.圆弧槽按所弯管子的直径而定.使用时,将管子插入转盘和靠铁的圆弧槽内,调整好靠铁的位置,套入钩子,按所需的弯形的位置,转动手柄,使管子跟随手柄弯到所需的角度.

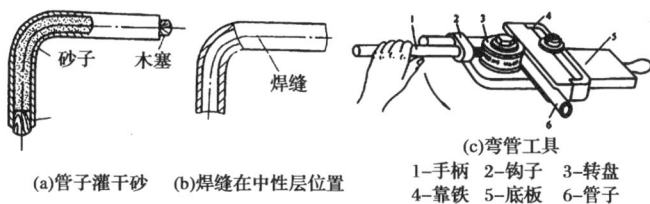

(a)管子灌干砂　(b)焊缝在中性层位置

(c)弯管工具
1—手柄　2—钩子　3—转盘
4—靠铁　5—底板　6—管子

图 2-6-28　管子弯形

(3)角钢的弯圆

分为角钢边向里弯圆和向外弯圆两种.角钢的弯圆一般需要简单的,与弯圆圆弧一致的型胎,必要时需局部加热弯形.

角钢边向里弯圆方法,见图 2-6-29a.将角钢在 a 处与型胎夹紧,敲打 b 处使之贴靠型胎,将其与型胎夹紧.此时 c 处材料被压缩有皱状凸起,必须经过均匀和不断敲打,使 c 处多余材料均匀延展到角钢 a、b 两边.

角钢向外弯圆方法,见图 2-6-29b,在 d 处与型胎夹紧,在 e 处敲打使其紧贴型胎并夹紧.在弯形过程中,必须在 f 处圆弧两边不断敲击,使材料延展,以防止 f 处翘起或发生开裂.

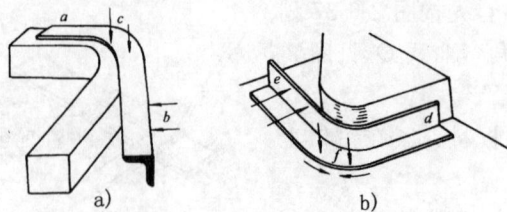

a)角钢向里弯圆　b)角钢向外弯圆

图 2-6-29　角钢的弯圆方法

（4）小规格圆钢的弯形

圆钢的弯形与薄板料的弯形方法相同.

（5）手工盘制弹簧

弹簧是一种机械零件,它的特点是当外力消除后,仍能恢复原来形状.弹簧的主要功用是缓和冲击、吸收振动、控制运动、储存和提供能量、测量力或力矩.

按照弹簧受力性质,弹簧主要分为拉伸弹簧、压缩弹簧、扭转弹簧和弯曲弹簧四种.按照弹簧形状分为螺旋弹簧、碟形弹簧、环形弹簧、板弹簧片簧等.螺旋弹簧制造简便、应用最广.

圆柱形钢丝弹簧手工盘制

手工盘制圆柱形弹簧是钳工最基本的操作之一.

①盘制前的准备　按图 2-6-30 制作心棒一根,一端开槽或钻一小孔,另一端弯成摇手柄式的直角弯头.心棒的直径按下式计算

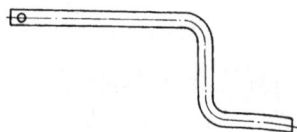

图 2-6-30　盘制心棒

$$D = PD_1$$

式中：D_1—弹簧内径(mm)；

D—心棒直径(mm)；

P—弹性影响系数(一般取 0.75～0.8)

弹性影响系数 P 用以考虑当盘绕力消除后,弹簧直径在钢丝应力作用下扩大的百分数.确定 P 值时应考虑钢丝的性质、粗细、弹簧的直径、盘绕时夹持钢丝的力,以及弹簧节距的调整方法等因素.当弹簧内径与其他零件相配时,P 取大值.当弹簧外径与其他零件相配时,P 取小值.

②盘制方法　将钢丝一头穿入心棒的小孔后,预盘半圈使其固定.然后把钢丝夹在台虎钳的木钳口上,夹紧力以钢丝能被拉动为度,见图 2-6-31.

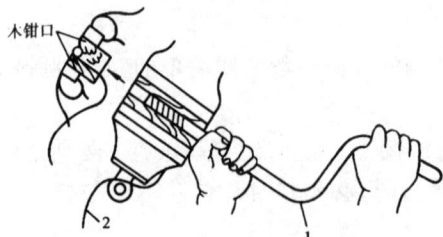

1—盘制心棒　2— 钢丝

图 2-6-31　弹簧的盘制方法

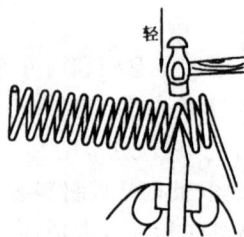

图 2-6-32　弹簧的截取

盘制拉伸弹簧时,左手松握心棒,右手转动心棒,使之一边转动一边向前推进,推进速度

要调整到使每圈弹簧相互紧靠为准.木钳口上的半圆槽起支承作用.

盘制压缩弹簧时,在木钳口上按节距刻出几条线来.开始绕制时,转动心棒手柄 2～3 圈,测量节距并放松心棒测量压簧外径.当两者都正确后,将心棒逐渐向前推进,使弹簧形成均匀的节距,盘足总圈数后再加 2～3 圈即可进行截断.

③弹簧的截取 用扁錾切削刃向上夹在台虎钳上,切削刃对准弹簧的截取部位,用锤子轻轻地锤击钢丝,见图 2-6-32,也可用砂轮切断弹簧多余弹簧圈,然后磨平两端面.对于要求弹簧两头并圈,则需在并头的一圈上加热至大红色,立即用力在平板上撳平.

【技能质量分析和安全操作规程】

一、弯形时常见弊病分析

由于弯形时计算错误,或操作不当都会造成弯形后的缺陷,甚至产生废品,必须引起充分重视.表 2-6-6 列出弯形常见弊病及其产生的原因,供操作者借鉴.

表 2-6-6 弯形时常见弊病及其原因

弊病形式	产生原因	改进方法
弯裂	1. 弯形过程中多次折弯,材料变硬 2. 工件塑性差 3. 弯形半径与材料厚度比 r/t 太小	1. 确定合理工艺,尽量减少弯形次数 2. 注意工件材料选择和适当增加热处理 3. 改进弯曲半径
形状或尺寸不准确	1. 弯形前毛坯长度计算错误 2. 夹持不稳,弯形时出现松动现象 3. 锤击点偏向一边,锤击力过大 4. 模具形状、尺寸不准确	1. 准确合理确定毛坯长度计算方法 2. 牢固地装夹工件 3. 锤击准确、力度适中 4. 模具工装在使用前要仔细检查
管子有瘪痕或焊管开裂	1. 弯形前砂没有灌满 2. 弯形半径小于规定的最小值 3. 焊缝没有放在中性层的位置上	1. 灌砂保证填满 2. 增加弯形半径 3. 将焊缝置于中性层上

二、矫正与弯形安全文明操作规程(按钳工安全文明操作规程执行)

【成绩鉴定和信息反馈】

请参照表 2-1-1-10 和表 2-1-1-11.

❉课外作业

1. 什么叫矫正?常用的矫正方法有哪几种?

2. 说明中间凸起的板料的矫正方法及采用该方法的理由.

3. 分述条料和角钢扭曲变形的矫正方法及采用该方法的理由.

4. 何谓弯形?弯形方法有哪几种?

5. 试述弯形前毛坯展开长度的计算步骤.

6. 用 $\phi 8$ mm 圆钢完成外径为 120 mm 的圆环,求圆钢的落料长度.

7. 图 2-6-18b 中已知圆钢直径 $\phi 6$ mm,$r = 30$ mm,$L_1 = 50$ mm,$L_2 = 70$ mm,$L_3 = 100$ mm,求圆钢的落料长度.

8. 试述拉簧盘制工艺步骤.

9. 叙述弯形时常见废品形式并分析其产生原因.

项目七 铳接

项目简述

铳接是借助铳钉形成的不可拆连接称为铳接. 铳接是机械装配连接中常用的一种连接方式,具有操作简单、连接牢固、应用范围广的特点. 铳接也是钳工操作的一项技能,学会铳接工件对今后的工件装配具有重要的作用.

项目内容

1. 掌握铳接的过程及操作要领.
2. 掌握铳钉长度的计算方法及材料的选择.
3. 熟悉铳接工艺原理、铳接种类、铳接的使用范围.

能力目标

通过学习和练习铳接操作与相关知识,能根据图纸要求对工件进行正确的铳接操作,并能计算铳钉的长度和正确选择铳钉的种类.

任务 钢板组合铳接

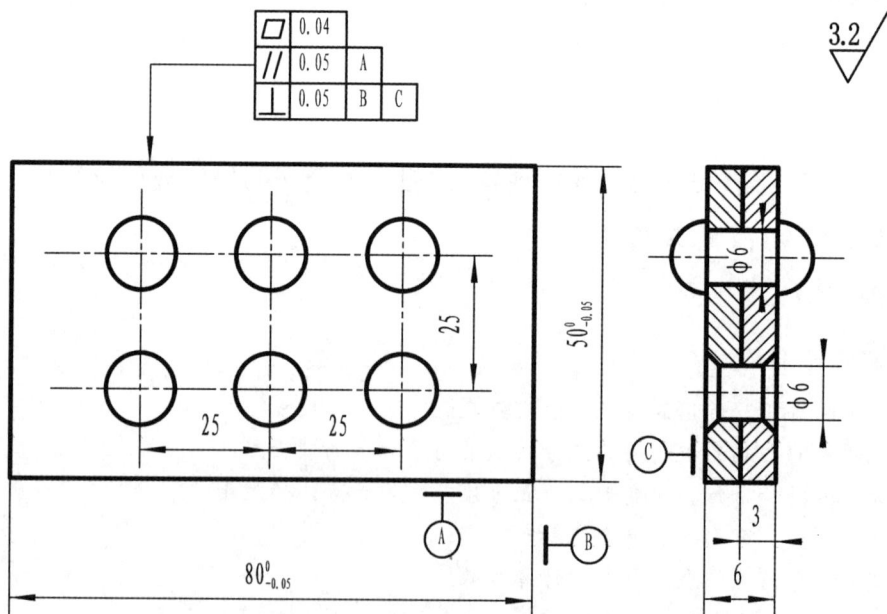

图 2-7-1 铳接课题件

表 2-7-1　铆接评分表

班次		工件号		姓名		总分	
序号	项目与技术要求		配分	评分标准		检测记录	得分
1	沉头铆钉双面与工件表面平整（3 只）		5×3	不平整不得分			
2	半圆头铆钉铆合成型美观（3 只）		5×3	铆钉头不成形不得分			
3	铆钉长度计算及切取正确（6 只）		5×3	不正确不得分			
4	铆接紧固牢靠（6 只）		10	有松动每只扣 2 分			
5	$80^{0}_{-0.05}$ mm（两处）		10	每超差 0.01 mm 扣 2 分			
6	$50^{0}_{-0.05}$ mm（两处）		10	每超差 0.01 mm 扣 2 分			
7	平面度 0.04 mm		5	每超差 0.01 mm 扣 2 分			
8	平行度 0.05 mm		5	每超差 0.01 mm 扣 2 分			
9	垂直度 0.05 mm		10	每超差 0.01 mm 扣 2 分			
10	安全文明生产与职业素养		5	违反者不得分			
11	工时定额 12 小时		扣分	12 小时完成，超过 30 分钟扣 5 分			

表 2-7-2　工量具准备清单

序号	名称	规格	数量
1	游标高度划线尺	0～300 mm	1 把/组
2	游标卡尺	0～150 mm	1 把/组
3	宽座角尺	100×63 mm	1 把/组
4	划线平台		1 个/组
5	划针		1 支/组
6	划规		1 支/组
7	样冲		1 支/组
8	榔头	1.5kg	1 把/人
9	挡块（V 形铁）		1 支/组
10	平锉刀	粗齿 300 mm	1 把/人
11	平锉刀	中齿 150 mm	1 把/人
12	直钻头	ϕ6.2 mm	1 只/组
13	直钻头（或者锪孔钻）	ϕ10 mm（90°）	1 只/组
14	罩模	ϕ10	2 只/组
15	顶模		2 只/组

钳工工艺及实训

表2-7-3 铆接加工工艺卡片

厂名			产品型号		零件图号			共1页
			产品名称		零件名称	钢板组合铆接		第1页
材料牌号 Q235			毛坯种类 板材	毛坯外形尺寸 80×50×3	毛坯件数	技术等级 2		工时定额

工序	工序名称	工步	工序内容	同时加工件数	切削用量 余量mm	切削用量 速度	设备	夹具	刀具	量具	备注	准备终结时间 min	单件 min
1	备料	1	毛坯准备、下料	2	4	30~60 (次/min)	钳台	台虎钳	锯条	钢直尺		10	50
2	锉削长方体	1	锉削长方体	2	2	30~60 (次/min)	钳台	台虎钳	平锉刀	游标卡尺 直角尺		10	170
3	孔加工	1	划线	2			平板		划针	划线高度尺、直角尺		10	20
		2	钢板装夹	2				哈夫夹板				10	20
		3	钻孔Φ6.2mm	2	Φ6.2mm	20 (m/min)	台钻	平口钳	Φ6.2mm直钻头	游标卡尺		10	20
		4	孔口倒角及锪孔	2	Φ1.8mm	15 (m/min)	台钻	平口钳	Φ10mm90°锪孔钻头	游标卡尺		10	20
4	铆接	1	铆接平头铆钉	2			台虎钳	哈夫夹板		刀口角尺		10	170
		2	铆接半圆头铆钉	2			台虎钳	哈夫夹板		R规		10	170

编制（日期）	审核（日期）	会签（日期）

标记	处记	更改文件号	签字	日期	标记	处记	更改文件号	签字	日期

铆接在钳工制作中经常应用,比如制作活络角尺、划规、绞手的项目中就必须应用铆接的工艺和技能,通过本项目的练习理解和掌握平头铆钉和半圆头铆钉的铆接操作方法,从而掌握铆接技能.

任务目标

1. 掌握铆接的过程及操作要领.
2. 掌握铆钉工艺的计算及相关参数的选择方法.

技能练习

钢板铆接加工工艺

表 2-7-4　钢板组合铆接加工工艺

步骤	工艺方法及工艺步骤图示	
1	加工两块 80 mm×50 mm×3 mm 尺寸的钢板,要求平面度小于 0.04 mm、垂直度、平行度小于 0.05 mm、表面粗糙度 Ra3.2 μm. 保证尺寸 $80^0_{-0.05}$ mm 和 $50^0_{-0.05}$ mm 划线、打样冲眼、用直径为 6.2 mm 的麻花钻加工底孔及用锪孔钻锪孔.	
2	将两块钢板组合,用哈夫夹板装夹整齐.	
3	根据钢板的铆合厚度计算和切取铆钉的长度.	
4	铆合 3 只平头铆钉,用顶模齐平铆钉铆合头面.要求铆合后铆钉双面与钢板表面平齐,铆钉无松动,有毛刺可用细齿锉刀将表面锉削平齐.	
5	用罩模和压紧冲头铆合 3 只半圆头铆钉,要求铆合后半圆头双面成形圆滑美观,铆钉无松动或歪斜.	

【铆接任务基本工艺知识】

一、铆接基本知识

1.铆接定义

用铆钉连接两件或数件工件的操作方法叫铆接,铆接是一种不可拆的连接.

如图 2-7-2 所示,将铆钉插入被铆接工件的

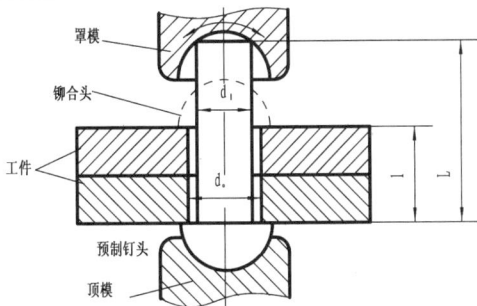

图 2-7-2　铆接过程

孔内,铆钉预制钉头紧贴工件表面,然后将铆钉杆的一端用罩模镦粗为铆合头.

铆接有使用方便、连接可靠等优点,所以目前在钣金、车辆、桥梁等行业仍得到广泛的应用.

2. 铆接的种类

铆接按使用要求和铆接方法的不同可分为多种类型,详见表 2-7-5.

表 2-7-5 铆接种类

分类方式	种类	应用
按使用要求	活动铆接	夹钳、铰链、剪刀、划规等工具
	固定铆接	桥梁、车架、锯弓手柄等
按铆接方法	冷铆接	直径在 8 mm 以下的钢铆钉
	热铆接	直径大于 8 mm 以上的钢铆钉
	混合铆接	小号铆钉只在铆钉端部加热

3. 铆接的形式

铆接的形式如图 2-7-3 所示,可分为搭接、对接和角接三种.

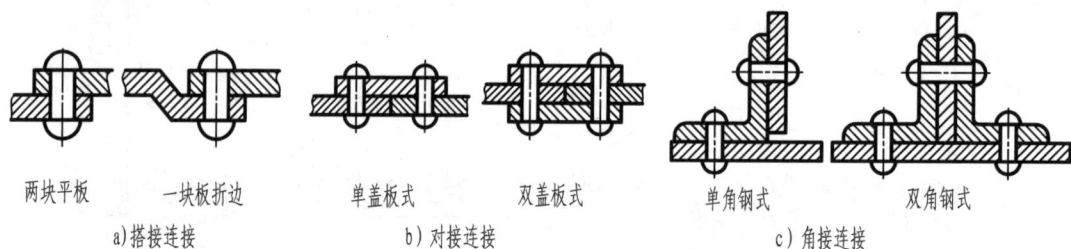

两块平板　　一块板折边　　　单盖板式　　双盖板式　　　单角钢式　　　　双角钢式

a)搭接连接　　　　　　b)对接连接　　　　　　c)角接连接

图 2-7-3 铆接形式

4. 铆道及铆距

铆道是铆钉的排列形式,根据铆接强度和密封的要求,铆道有单排、双排和多排等,如图 2-7-4 所示.铆距是指铆钉与铆钉间或铆钉与铆接板边缘间的距离.按结构和工艺的要求,对铆距的规定如下:

(1)单排排列 铆钉中心之间的距离应大于等于铆钉直径的 3 倍,而铆钉中心到边缘的距离应是铆钉直径的 1.5 倍(钻孔)或 2.5 倍(冲孔).

(2)双排排列 铆钉距离应大于等于直径的 4 倍,而铆钉中心至铆件边缘的距离应是铆钉直径的 1.5 倍.

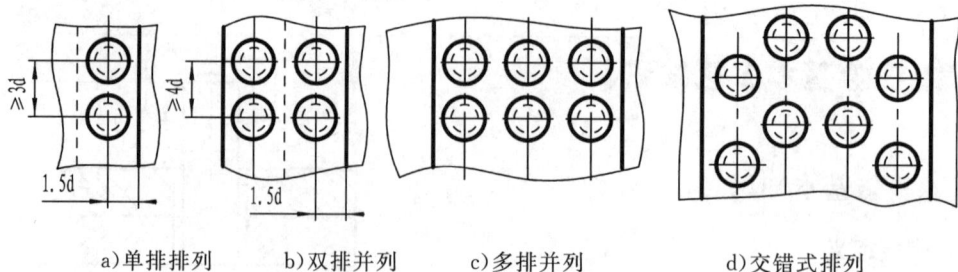

a)单排排列　　　b)双排并列　　　c)多排并列　　　d)交错式排列

图 2-7-4 铆钉的排列形式

二、铆钉和铆接工具

1. 铆钉

铆钉:在铆接中,利用自身形变或过盈连接被铆接件的零件.

表 2-7-6　铆钉的种类及应用

名称	形状	应用
平头铆钉	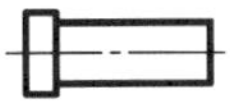	铆接方便,应用广泛,常用于一般无特殊要求的铆接中,如铁皮箱盒、防护罩壳及其他结合件中
半圆头铆钉	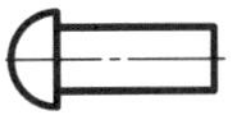	应用广泛,如钢结构的屋架、桥梁和车辆、起重机等,常用这种铆钉
沉头铆钉	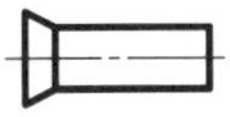	应用于框架等制品表面要求平整的地方,如铁皮箱柜的门窗以及有些手用工具等
半圆沉头铆钉	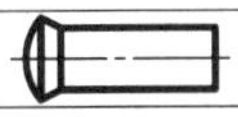	用于有防滑要求的地方,如踏脚板和走路梯板等
管状空心铆钉	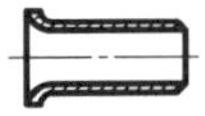	用于在铆接处有空心要求的地方,如电器部件的铆接等
皮带铆钉	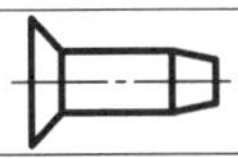	用于铆接机床制动带以及铆接毛毡、橡胶、皮革材料的制件

铆钉种类很多,常用的有半圆头、平头、沉头铆钉、抽芯铆钉、空心铆钉,这些通常是利用自身形变连接被铆接件.(一般小于 8 mm 的用冷铆,大于 8 mm 的用热铆)但也有例外,比如三环锁上的铭牌,就是利用铆钉与锁体孔的过盈量铆接的.特殊的铆钉有对插铆钉、抽芯铆钉和击芯铆钉等.

对插铆钉比较特殊.分为两部分,较粗的一段带帽杆体中心有孔,与较细的另一段带帽杆体是过盈配合.铆接时,将细杆打入粗杆即可.

抽芯铆钉是一类单面铆接用的铆钉,但须使用专用工具——拉铆枪(手动、电动)进行铆接.这类铆钉特别适用于不便采用普通铆钉(须从两面进行铆接)的铆接场合,故广泛用于建筑、汽车、船舶、飞机、机器、电器、家具等产品上.其中以开口型扁圆头抽芯铆钉应用最广,沉头抽芯铆钉适用于表现需要平滑的铆接场合,封闭型抽芯铆钉适用于要求随较高载荷和具有一定密封性能的铆接场合.

击芯铆钉是另一类单面铆接的铆钉,铆接时,用手锤敲击铆钉头部露出钉芯,使之与钉头端面平齐,即完成铆接操作,甚为方便,特别适用于不便采用普通铆钉(须从两面进行铆接)或抽芯铆钉(缺乏拉铆枪)的铆接场合.通常应用扁圆头击芯铆钉,沉头击芯铆钉适用于表面需要平滑的铆接的场合.

不同用途的铆接所需铆钉的形状、材料也有所不同,铆钉的种类及应用如表 2-7-6.

2. 铆钉直径尺寸的确定和长度计算

为了保证铆接件铆接的质量,常要进行铆钉尺寸的计算,如图所示.

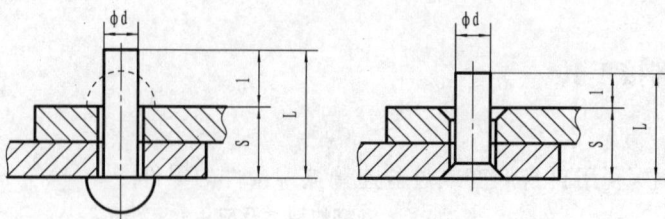

图 2-7-5　铆钉尺寸的计算

(1)铆钉直径的计算

铆接时,铆接直径大小与被连接件的厚度有关,一般计算铆钉直径是铆合工件板厚度的1.8 倍,当被连接板材厚度不同时,搭接连接时,铆钉直径等于最小板厚的1.8 倍.标准铆钉直径及工件上的铆孔直径可以从下表中直接查出选用.

表 2-7-7　标准铆钉直径及通孔直径(GB152－76)　(mm)

公称直径		2.0	2.5	3.0	4.0	5.0	6.0	8.0	10.0
通孔直径	精装配	2.1	2.6	3.1	4.1	5.2	6.2	8.2	10.3
	粗装配	2.2	2.7	3.4	4.5	5.6	6.6	8.6	11

(2)铆钉长度的计算

铆接时,铆钉选用的长度除与被接件的厚度有关外,还需要留出铆合头所需的长度,半圆头铆钉伸出工件长度为铆钉直径的 $1.25\sim1.5$ 倍,沉头铆钉只需要留出 $0.8\sim1.2$ 倍,即 $L=S+L_1$.

①半圆头铆钉长度 $L=(1.25\sim1.5)d+S$

②半圆头铆钉铆合头长度 $L_{铆合头}=(1.25\sim1.5)d$

②沉头铆钉的长度 $L=(0.8\sim1.2)d+S$

④沉头铆钉的铆合头长度 $L_{铆合头}=(0.8\sim1.2)d$

(式中:L 为铆钉长度;d 为铆钉直径;S 为被铆合件厚度)

例　用沉头铆钉搭接连接 2 mm 和 5 mm 的两块钢板,如何选择铆钉直径、长度及通孔直径?

解:① 计算沉头铆钉的直径:$d=1.8t=(1.8\times2)$mm$=3.6$(mm)

　　按表 2-7-7 圆整后,取 $D=4$ mm

　　查表按表 2-7-7 精装配时通孔直径为 4.1 mm;粗装配时通孔直径为 4.5 mm.

②计算沉头铆钉铆合头长度:$L=L_{铆合头}+L_{总厚}$

　　$L_{铆合头}=(0.8\sim1.2)d$

　　　　　$=\{(0.8\sim1.2)\times4\}$mm

　　　　　$=3.2\sim4.8$(mm)

　　　　　≈5(mm)

③计算沉头铆钉长度:$L=L_{铆合头}+S=\{5+(2+5)\}$(mm)$=12$(mm)

3. 铆接工具

(1)榔头　通常用半圆头榔头,重量大小按铆钉直径来确定.

(2)压紧冲头　当铆钉插入被铆接件的铆孔后,用压紧冲头将被铆接件压紧.

(3)罩模与顶模　罩模与顶模都有半圆形的凹球面,经过淬火抛光,按铆钉半圆头尺寸制成,罩模是罩制半圆头的,顶模夹在台虎钳上,作为铆钉头部的支撑.

(4)尖头冲头 铆接空心铆钉扩孔使用.

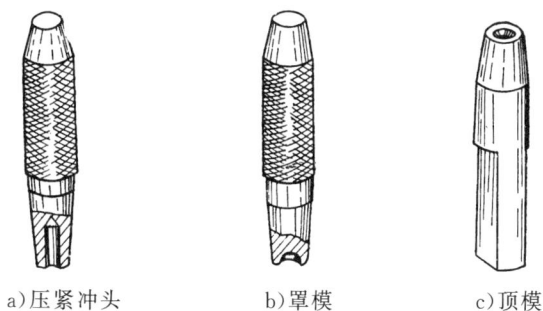

a)压紧冲头   b)罩模   c)顶模

图 2-7-6 铆接工具

三、铆接的方法

铆接的过程是将铆接的铆钉插入被铆接工件的孔内,并把铆钉头紧贴工件表面,然后将铆钉杆的一头镦粗成为铆合头.

1. 半圆头铆钉的铆接方法

按要求位置划线和打样冲眼,钻孔并孔口倒角与去毛刺,然后插入铆钉,把铆钉圆头放在顶模上,以压紧冲头压紧板料,用榔头的圆头面锤击铆钉头中心,再逐渐锤击铆钉的边缘,使其铆钉铆合头不断变形和成形,达到基本成半圆形状,最后用罩模修整. 第一只铆钉铆好后,其他铆孔进行配合钻孔,将第二只铆钉铆好后,再继续其他铆孔的配合钻孔,并逐一按"先中间,后两边,成对角"的顺序进行铆合,最后用罩模修整铆合头成形.

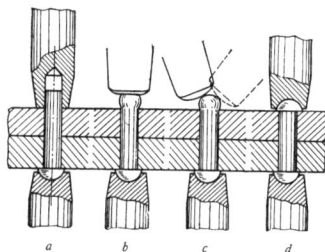

图 2-7-7 半圆头铆接过程

2. 沉头铆钉的铆接方法

基本与半圆头铆钉的铆接方法相同,略有不同之处,沉头铆钉铆合不需要顶模,只要放在一个平面上就可以了,在锤击时只要将沉孔填平整即可,然后用锉刀将凸起不平处修平.

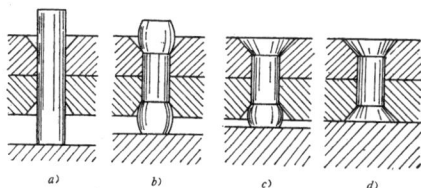

图 2-7-8 沉头铆钉铆接过程

3. 活动铆接

活动铆接的铆孔比铆钉大 $0.2 \sim 0.4$ mm,在活动铆接时,要经常检查活动情况,铆合好后,如果发现太紧,可把铆钉圆头垫在有孔的垫铁上,用榔头的平面部分锤击成头,正反来回锤击下致使其合适即可.

【技能质量分析和安全操作规程】

一、铆接质量分析

缺陷形式	缺陷图示	产生原因	改进和预防措施
铆钉头与墩头倾斜		1. 底孔倾斜 2. 压紧冲头、罩模、顶模时歪斜	1. 提高底孔同轴度和两连接板的装夹精度 2. 铆接时铆钉和工件、工具垂直
铆钉头部贴合不够紧密		1. 孔径过小 2. 铆接力量不够 3. 顶模未顶严实	1. 铆接前检查孔径尺寸 2. 注意锤击力度 3. 顶模顶实
铆钉头部有少部分为贴合而歪斜	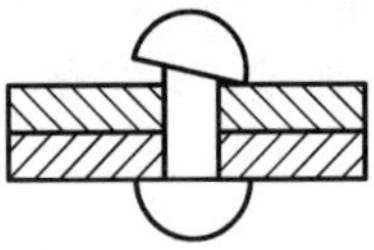	1. 罩模歪斜 2. 铆钉长度偏短	1. 铆接时施力和工具要与铆钉轴线垂直 2. 更换铆钉
连接板被铆钉胀开	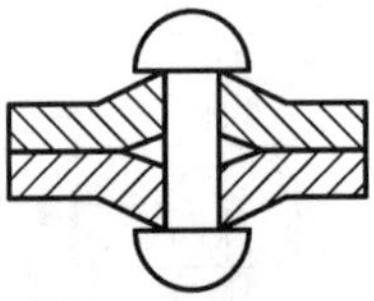	1. 孔径过小 2. 板料贴合不紧密	1. 铆接时检查孔径或修正孔径 2. 紧固夹紧两板料以防止松动
铆钉刻伤工件	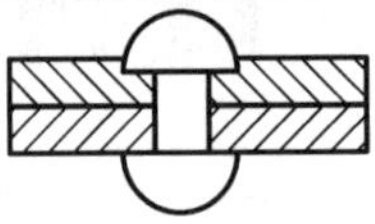	1. 铆钉长度不够 2. 罩模过大	1. 计算好铆钉长度 2. 选择合适的罩模
铆钉弯曲	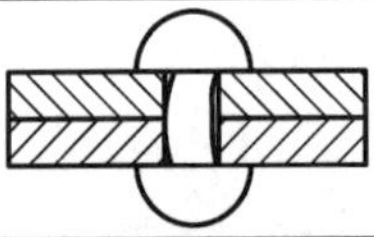	1. 铆钉和孔的间隙过大	1. 更换铆钉 2. 铆接前检查底孔直径
铆钉头部有裂纹	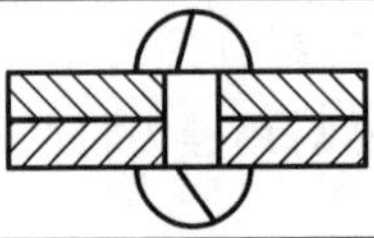	1. 铆钉材料塑性差	1. 更换塑性好的铆钉
铆钉头部偏移	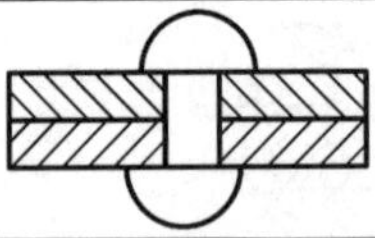	1. 罩模头部和铆钉轴线不重合或者铆接时罩模跳动 2. 榔头锤击用力不稳	1. 罩模要与铆钉中心线重合 2. 锤击力量要稳定、准确
铆钉头部不圆	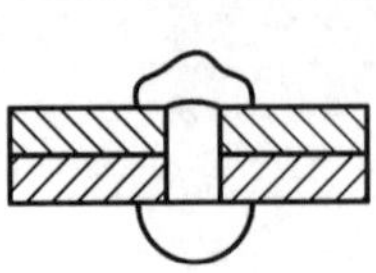	1. 罩模头部变形或者铆钉杆端部弯曲 2. 未将铆钉墩粗便使用罩模	1. 选择头部形状合格的罩模 2. 将铆钉墩粗再使用罩模 3. 选择合格的铆钉

钳工工艺及实训

154

二、铆接安全操作规程(按钳工安全文明操作规程执行)

【成绩鉴定和信息反馈】

请参照表 2-1-1-10 和表 2-1-1-11.

✽课外作业

1. 什么叫铆接?铆接如何分类?

2. 简述平头铆钉、半圆头铆钉、沉头铆钉、空心铆钉的应用范围.

3. 用沉头铆钉搭接连接 3 mm 和 5 mm 的两块钢板,如何选择铆钉直径、通孔直径、铆合头长度、铆钉长度?

4. 用半圆头铆钉搭接连接 3 mm 和 5 mm 的两块钢板,如何选择铆钉直径、通孔直径、铆合头长度、铆钉长度?

5. 比较沉头铆钉和半圆头铆钉在选择铆钉直径、通孔直径、铆合头长度、铆钉长度上有什么不同?

项目八 刮削与研磨

项目简述

刮削与研磨都是提高工件加工质量的操作技能。在机械制造中有许多要求较高的地方,如:机床工作台面、机床导轨面、机床的重要固定结合面、精密工具接触面、有密封要求的接触面、轴瓦及其他有较高尺寸精度、位置精度、表面质量要求的工件等,都需要用刮削和研磨方法进行加工才能最终达到要求.所以,刮削与研磨是钳工操作技能的重要训练内容.

项目内容

1. 掌握和了解刮削与研磨的常用的刀具、工具、量具、辅料.
2. 掌握平面和曲面刮削的操作方法.
3. 掌握刮刀的刃磨操作方法.
4. 掌握研磨的操作方法.
5. 掌握刮削与研磨的相关工艺知识.

能力目标

通过本项目练习掌握手刮和挺刮的操作姿势和方法;掌握曲面刮削的操作方法;掌握平面研磨的操作方法和操作技能;掌握研料的选择方法;掌握平面刮刀的刃磨方法;能完成一般工件的刮削与研磨加工操作.

任务:直角尺研磨

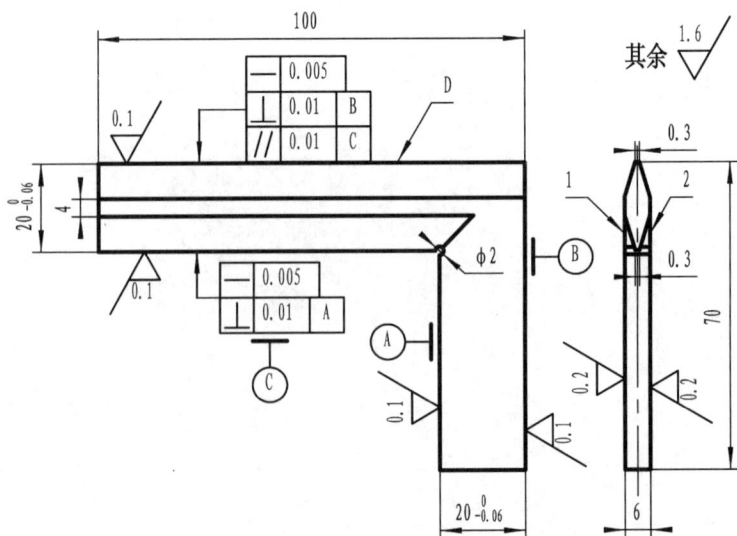

图 2-8-1 直角尺

表2-8-1 直角工件研磨加工工艺卡片

		产品型号		零件图号		共 1 页
厂名		产品名称		零件名称	直角尺	第 1 页
材料牌号	（45 钢）	毛坯种类		毛坯外形尺寸	100mm×70mm×6mm	毛坯件数	90° 角尺备件	同时加工件数 1	技术等级 1	2-8-1

工序	工序名称	工步	工序内容	同时加工件数	切削用量 余量 mm	速度	设备	夹具	刀具	量具	准备终结时间 min	单件 min	备注
1	准备	1	备料、检查备件质量	1				台虎钳			10	20	
2	研磨	1	研磨角尺的两个上下平面 1 和 2	1	0.03	30（次/min）	研磨平板		粗油石	千分尺+粗糙度样板+00级精度刀口角尺	10	80	
		2	研磨角尺的尺座内侧面 A	1	0.03	30（次/min）	研磨平板	导靠块	中粗油石		10	80	
		3	研磨角尺的尺苗内侧面 C	1	0.03	30（次/min）	研磨平板	导靠块	细油石		10	110	
		4	研磨角尺的尺座外侧面 B	1	0.03	30（次/min）	研磨平板	导靠块	粗研磨剂		10	170	
		5	研磨角尺的尺苗外侧面 D	1	0.03	30（次/min）	研磨平板	导靠块	细研磨剂		10	200	
3	检验	1	清洗、验收	1									
							编制（日期）	审核（日期）		会签（日期）			

标记	处记	更改文件号	签字	日期	标记	处记	更改文件号	签字	日期

157

表 2-8-2　直角工件研磨评分表

班次		工件号		姓名			总分	
序号	项目与技术要求		配分	评分标准			检测记录	得分
1	表面粗糙度 Ra0.2 μm(2面)		5×2	现场检测,每超差一处扣 5 分				
2	表面粗糙度 Ra0.1 μm(4面)		5×4	现场检测,每超差一处扣 5 分				
3	直线度 0.005 mm(4面)		5×4	现场检测,每超差一处扣 5 分				
4	尺寸 20 mm(2处)		5×2	现场检测,每超差 0.01 扣 3 分				
5	平行度 0.01 mm(2处)		10×2	现场检测,每超差一处扣 10 分				
6	垂直度 0.01 mm(4处)		15	现场检测,每超差一处扣 8 分				
7	安全文明生产与职业素养		5	现场检测,违反者不得分				
8	工时定额		扣分	12 小时完成,超过 30 分钟扣 5 分				

表 2-8-3　工量具准备清单

序号	名称	规格	数量
1	百分表	0.01 mm	1 把/组
2	百分表座		1 套/组
3	宽座角尺	100×63 mm	1 把/组
4	刀口角尺	100×63 mm	1 把/组
5	研磨平台	300×400 mm	1 台/组
6	研磨剂	粗、细	1 支/组
7	油石	粗、中、细	1 套/组
8	机油		
9	脱脂棉花		
10	导靠		1 件/组

[任务情景]

　　刮削的作用是提高互动配合零件之间的配合精度和改善存油条件,刮刀对工件表面有推挤和压光作用,对工件表面的硬度也有一定的提高,刮削后留在工件表面的小坑可存油使配合工件在往复运动时有足够的润滑而不致过热引起拉毛现象.

　　研磨是用研磨工具和研磨剂,从工件上研去一层极薄表面层的精加工方法,以获得较高表面质量的工件,如量具、模具型芯的制造等.研磨可用于加工各种金属和非金属材料,可加工平面,内、外圆柱面和圆锥面,凸、凹球面,螺纹,齿面及其他型面.精度可达 IT5～01,表面粗糙度可达 Ra1.6～0.012μm.

[任务目标]

　　掌握刮削的各工艺过程和操作技能;掌握刮削面精度的检查方法.掌握研具和研磨剂的基本知识和使用方法,掌握常用的研磨操作方法和操作技能.

[技能练习]

　　直角尺研磨加工工艺

表 2-7-4　直角尺研磨加工工艺

步骤	工艺方法及工艺步骤	备注
1. 研磨角尺平面 1、2	用研磨粉对 90°角尺 1、2 两平面做研磨,要求全部研磨到位,表面粗糙度 ≤0.2 μm.	
2. 研磨 A 面	A 面是基准面,研磨时将工件紧靠在导靠块上,两手平稳推动工件和导靠作纵向和横向直线运动,遍及研磨平板整个板面,使 A 面的直线度、表面粗糙度达到图纸要求.	
3. 研磨 C 面	工件侧面紧靠导靠在研磨平板外缘作直线运动,使 C 面的直线度、表面粗糙度、C 面与 A 面的垂直度符合图纸要求.	
4. 研磨 B 面	研磨要领与 A 面相似,依靠导靠块研磨使 B 面粗糙度、直线度与 A 面的平行度符合图纸要求.	
5. 研磨 D 面（100 mm 长面）	研磨要领与 C 面相似.依靠导靠块研磨使 D 面的直线度、表面粗糙度与 B 面垂直度、尺寸精度、与 C 面的平行度符合要求.研磨 D 面时,注意不要损伤 C 面,可以用夹套保护 C 面.	
1. 备注:研磨步骤:先研磨直角件两侧面,再按 A—C—B—D 次序研磨四个面.(可用报废的直角刀口尺练习)可用高精度的直尺或 00 级精度的刀口角尺结合粗糙度样板做检验工具.		

【刮削与研磨基本工艺知识】

刮削

一、刮削定义

刮削是用刮刀在加工过的工件表面上刮去微量金属,以提高表面精度、改善配合表面间接触状况的钳工作业.刮削是机械制造和修理中最终精加工各种型面(如机床导轨面、连接面、轴瓦、配合球面等)的重要精加工方法.刮刀工作前角为负值,刮刀对工件有切削作用和压光作用,使工件表面光洁,组织紧密.刮削一般分为平面刮削和曲面刮削.

二、平面刮削

1.平面刮削的基本操作方法

(1)手刮　手刮的姿势如图 2-8-2 所示,右手握刀柄,左手四指向下蜷曲握住刮刀距离刀端约 50 mm 处,刮刀与工件表面成 20°～30°角,刮削时刀刃抵住刮削面,左脚跨前一步,右手随着上身前倾前推刮刀,同时左手下压刮刀,完成一个刀迹长度时,左手立即提刀,完成一次刮削.手刮动作灵活、适应性强,但易疲劳,不宜刮削余量较大的工件.

(2)挺刮　挺刮姿势如图 2-8-3,刀柄抵在小腹右下侧肌肉处,双手拼拢握住刮刀前部,左手距刀端 80～100 mm.刮削时刀刃抵在工件表面上,双手下压刮刀,利用腿和腰产生的爆发力前推刮刀,完成一个刀迹长度时立即提刀,完成一次刮削.挺刮的切削量较大,适合大余量刮削,效率高,但腰部易疲劳,因操作姿势的制约,刮削大面积工件较困难.对于大面积工件,用手刮和挺刮相结合的方法可以提高工效.

(3)手刮和挺刮的工艺方法

1)粗刮　用粗刮刀在刮削平面上均匀地铲去一层金属,以很快除去刀痕、锈斑或过多的余量.当工件表面研点为 4～6 点/25×25,并且有一定细刮余量时为止.

2)细刮　用细刮刀在经粗刮后的表面上刮去稀疏的大块高研点,进一步改善不平现象.细刮时要朝一个方向刮,第二遍刮削时要用 45°或 65°的交叉刮网纹.当平均研点为 10～14

点/25×25 时停止.

　　3)精刮　用小刮刀或带圆弧的精刮刀进行刮削,使研点达:20～25 点/25×25.精刮时常用点刮法(刀痕长为 5 mm),且落刀要轻,起刀要快.

　　4)刮花　刮花的目的主要是美观和积存润滑油.常见的花纹有:斜纹花纹、鱼鳞花纹和燕形花纹等.

　　尽量使刀迹长度和深度一致,同时要求刮点准确,动作富有力感和节奏感.

图 2-8-2　手刮削方法　　　　**图 2-8-3　挺刮方法**　　　　a)普通刮刀　b)活头刮刀
图 2-8-4　平面刮刀

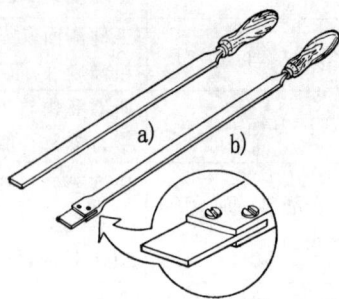

2.平面刮刀

　　平面刮刀是刮削平面的主要工具,一般用碳素工具钢或轴承钢锻造,其切削部分刃磨成一定的几何形状,刃口锋利,有足够硬度.平面刮刀的规格见表 2-8-5.平面刮刀分为普通刮刀和活头刮刀两种.

表 2-8-5　平面刮刀的规格　(单位:mm)

种类　　尺寸	全长 L	宽度 B	厚度 t
粗刮刀	400～600	25～30	3～4
细刮刀	400～500	15～20	2～3
精刮刀	400～500	10～12	1.5～2

　　(1)平面刮刀刃磨与热处理方法

　　平面刮刀的头部几何形状和角度如图 2-8-5 所示,除韧性材料刮刀(一般用于粗刮)外,均为负前角,粗刮刀顶端角度为 90°～92.5°,刀刃平直;细刮刀为 95°左右,刃部稍带圆弧;精刮刀为 97.5 度左右,刀刃为圆弧形.平面刮刀的刃磨和热处理过程为:粗磨－热处理(淬火)－细磨－精磨.

　　1)粗磨　刮刀的粗磨方法如下:

　　①在砂轮棱边上磨去刮刀两平面上的氧化皮后在砂轮侧平面上磨平两平面,刀端磨出切削部分厚度(注意厚度要求一致).刃磨时由轮缘逐步平贴在砂轮侧面上,不断前后移动进行刃磨.

　　②在砂轮轮缘上修磨刮刀顶端面.为了防止弹抖和出事故,刃磨时先以一定的倾斜角度缓慢与砂轮接触,再逐步转动致水平.磨刮刀时,施加的力应通过砂轮轴线,力的大小要适当,避免弹抖过大.人体应站在砂轮的侧面,严禁正面朝向砂轮.粗磨后的刮刀两平面应平整,切削部分有一定厚度,刮刀两侧面与刀身中心线对称,刀端面与刀身中心线应垂直.如图 2-8-6a、b、c 所示.

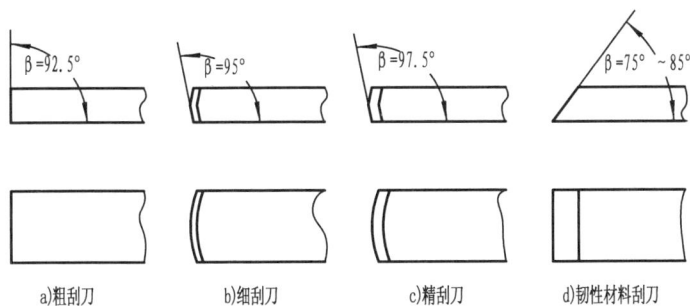

a)粗刮刀　　　b)细刮刀　　　c)精刮刀　　　d)韧性材料刮刀

图 2-8-5　刮刀头部几何形状和角度

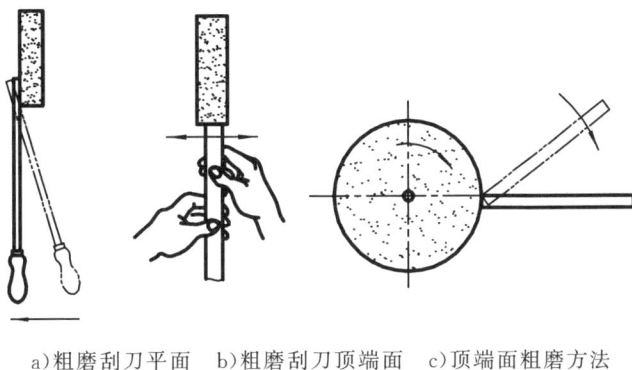

a)粗磨刮刀平面　b)粗磨刮刀顶端面　c)顶端面粗磨方法

图 2-8-6　平面刮刀的刃磨

2)平面刮刀的热处理方法

将粗磨好的刮刀头部(长为 25～30 mm),放在炉中加热到 780℃～800℃(呈樱桃色),取出后迅速放入冷水(或者加盐 10% 的水)中冷却,刀头浸入水中深度为 8～10 mm,刮刀做缓慢平移和少许上下移动以免使淬硬部分产生明显界限,当刮刀露出水面部分呈黑色时,从水中取出刮刀,刀刃部分变为白色时,迅速将刮刀浸入水中冷却,直到刮刀全部冷却取出.热处理后的硬度要求达到 HRC60 以上.精刮刀及刮花刮刀可用油冷却,可以避免裂纹产生,使金相组织细密,便于刃磨.

3)细磨与精磨　热处理后的刮刀可在细砂轮上细磨,当其基本达到刮刀的几何形状和要求后,用油石加机油进行精磨.

①精磨刮刀切削部分两平面.如图 2-8-7-a 所示,右手握刀身上部手柄,右手肘抬平刮刀,左手掌压平刮刀使刀面平贴油石横向来回直线移动,依次磨平两平面.

②精磨刮刀切削部分端面.如图 2-8-7-b 所示(初学者可按图 2-8-7-c 的方法刃磨),左手扶住刀身,右手握住刀身下部,刀端贴油石面上,刀身略前倾,加压前推刮刀,回程略上提.精磨后的刮刀其切削部分的形状应达到两平面平整光洁,刃口锋利,角度正确的要求.

(2)油石的使用和保养

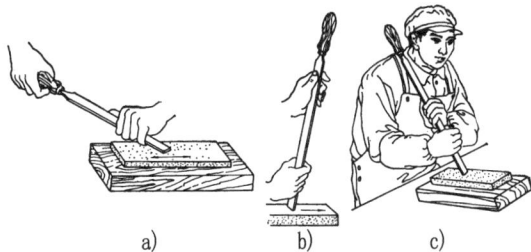

图 2-8-7　平面刮刀在油石上的刃磨

新油石要放入机油中浸透才能使用.刃磨时油石表面加足机油并保持表面清洁,刮刀在

161

油石上要经常改变位置,避免油石表面磨出沟槽.

3.原始平板的刮削

原始平板的刮削是采用三块原始平板依次相互循环互研互刮,在没有标准平板的情况下获得符合平面度要求的刮削方法.要注意三块平板的对研顺序,不能错误,通过反复对研粗刮、细刮、精刮,并用 25 mm×25 mm 方框检测点数,用百分表测量平面的扭曲度程度,以加工出合格的平板.如图 2-8-8 所示.

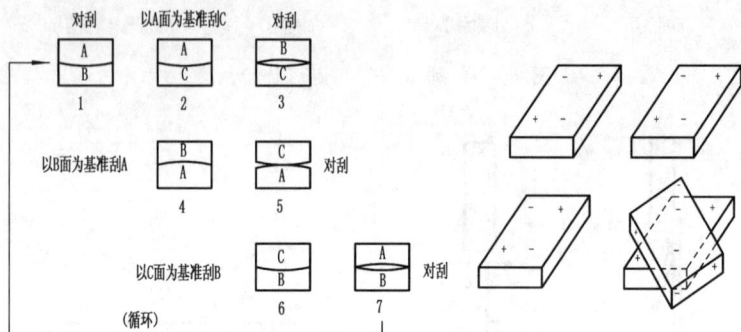

图 2-8-8　原始平板的刮削工艺

刮削原始平板一般采用渐进法(三板互研法).三板互研法就是以三块粗刮后的平板为一组,经过正研循环和对角研两个刮研过程,逐步使三块平板达到标准平板精度要求的操作方法.方法如下:

(1)正研循环　三块平板的正研循环如图 2-8-8 所示.三块平板分别编号"A、B、C",按一定次序两两组合,涂显示剂进行正研显点,然后作为基准面的平板不刮,只修刮不是基准面的平板,经过多次反复循环刮研后,三块平板逐步消除纵、横方向误差,各块板面显点基本一致,达到12~15 点/25 mm×25 mm,正研是相互对研的两块平板,在纵向或横向方向上作直线对研的操作过程.

(2)对角研　正研循环后,板面可能扭曲,将互研的两块平板互错一定角度进行对角研刮,可以消除板面的扭曲.

(3)经过对角刮研后,三块平板无论正研、对角研或调头研其研点都一致,点子符合要求时,原始平板的刮研即可结束.点数达 25 点以上/25 mm×25 mm 为 0 级精度,点数达 25 点/25 mm×25 mm 为 1 级精度,点数达到 20 以上点/25 mm×25 mm 为 2 级精度,点数达到 16 点以上/25×25 mm 为 3 级精度.

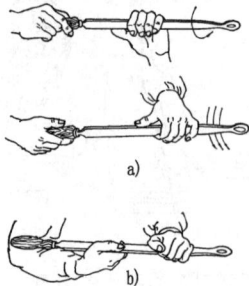

图 2-8-9　内曲面刮削姿势　　　图 2-8-10　外曲面刮削姿势　　　图 2-8-11　铜轴承

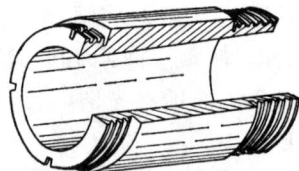

三、曲面刮研

为了使曲面配合面的工件有良好的配合精度,往往需要对曲面进行刮研加工,如轴承的轴瓦(图 2-8-11)、模具零件的一些曲面配合处等.

1. 曲面刮削操作方法

(1)短柄三角刮刀的操作 刮削内曲面时,右手握刀柄,左手横握刀身,拇指抵住刀身.刮削时左右手同时作圆弧运动,顺着曲面使刮刀作后拉或前推的螺旋运动,刀具运动轨迹与曲面轴线成约 45°角,且交叉进行.如图 2-8-9a.

(2)长柄三角刮刀的操作 刮削内曲面时,刀柄放在右手肘上,双手握住刀身.刮削动作和运动轨迹与短柄三角刮刀相同.如图 2-8-9b.

(3)外曲面刮削姿势如图 2-8-10 所示,两手捏住刮刀的刀身,右手掌握方向,左手加压或者提起,刮刀柄搁置在右手小臂上.刮削时刮刀面与轴承端面倾斜成 30°角,应交叉刮削.

2. 曲面刮削质量的检测

(1)涂色检验研点数 检验一般以相配合的轴作为校准工具,涂上显示剂与曲面互研显点,用 25 mm×25 mm 方框在曲面的任意位置检查,以方框内最少研点数来表示曲面的刮研质量,见下表.

表 2-8-6 曲面刮削的检验点数

轴承直径（mm）	机床或精密机械主轴轴承			锻压设备、通用机械的轴承		动力机械、冶金设备的轴承	
	高精度	精密	普通	重要	普通	重要	普通
	每 25 mm×25 mm 内的研点数						
≤120	25	20	16	12	8	8	5
>120		16	10	8	6	6	2

(2)涂色检验接触率 检验时一般过程与检验研点数的互研过程相同,只是在表示刮研质量时,用研点区域的面积与整个曲面的面积的百分比(接触质量)来表示.

3. 铜轴承曲面刮削操作工艺

(1)将轴承座轴瓦装夹到台虎钳上,采用正前角粗刮三角刮刀粗刮轴瓦,并用相配合的轴为校准工具进行互研检验,达到 25 mm×25 mm 内的研点数 16 点.

(2)采用较小前角细刮三角刮刀细刮轴瓦,并用相配合的轴为校准工具进行互研检验,达到 25 mm×25 mm 内的研点数 20 点.

(3)采用负前角精刮三角刮刀精刮轴瓦,并用相配合的轴为校准工具进行互研检验,达到 25 mm×25 mm 内的研点数 25 点.

4. 曲面刮刀

常用的曲面刮刀有三角刮刀、舌头刮刀和柳叶刮刀等几种.三角刮刀一般用工具钢锻制或用三角锉刀刃磨改制,市面上也有成品出售,用于内曲面的刮削.三角刮刀根据刮削性质的不同,其前角角度有不同的要求,一般用于粗刮的三角刮刀采用正前角,其切屑较厚;用于细刮的三角刮刀采用较小的正前角,其切屑较薄;用于精

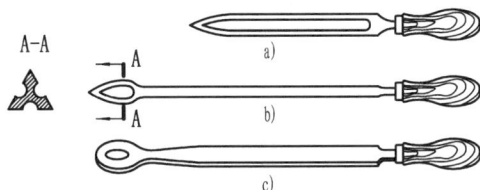

图 2-8-12 曲面刮刀

刮的三角刮刀采用负前角,其只对刮研面进行修光.如图 2-8-12a、b 所示.舌头刮刀由工具钢锻制成形,它利用两圆弧面刮削内曲面,它的特点是有四个刀口,为了使平面易于磨平,在刮刀头部两个平面上各磨出一个凹槽,如图 2-8-12c 所示.

研磨

一、研磨及其工艺特点

用研磨工具和研磨剂从工件上研去一层极薄表面层的精加工方法称为研磨.研磨是一种精加工,能使工件获得精确的尺寸和极细的表面粗糙度.经研磨的工件,其耐磨性、抗腐蚀性和疲劳强度也都相应提高,延长了工件的使用寿命.在汽车制造和修理行业中均有应用,如研磨发动机气门、气门座、高压油泵柱塞阀、喷油嘴等.研磨加工包括物理和化学两方面的作用.

1. 物理作用

研磨时,涂在研具表面的磨料受压嵌入研具表面成为无数切削刃,当研具和被研工件作相对运动时,磨料对工件产生挤压和切削作用.

2. 化学作用

有些研磨剂易使金属工件表面氧化,而氧化膜又容易被磨掉,因此研磨时,一方面氧化膜不断产生,另一方面又迅速被磨掉,从而提高了研磨效率.

研磨是一种切削量很小的精密加工,研磨余量不能过大,通常余量在 0.005～0.03 mm.如研磨面积较大或形状精度要求较高时则研磨余量可取较大值,可根据工件的公差来确定.研磨具有以下特点:

(1)使工件表面获得很小的表面粗糙度.工件经研磨后表面粗糙度一般可达到 Ra1.6～0.1μm,最小 Ra 值可达到 0.012μm.

(2)使工件获得极高的尺寸精度和形状位置精度.工件经研磨后尺寸精度可达到 0.025μm,平面度可达到 0.03μm,同轴度可达到 0.3μm.

(3)能明显提高工件的耐磨性和耐腐性,延长工件的使用寿命.

(4)研磨具有设备简单、操作方便、加工余量小等工艺特点.

研磨方法一般可分为湿研、干研和半干研 3 类.①湿研:又称敷砂研磨,把液态研磨剂连续加注或涂敷在研磨表面,磨料在工件与研具间不断滑动和滚动,形成切削运动.湿研一般用于粗研磨,所用微粉磨料粒度粗于 W7.②干研:又称嵌砂研磨,把磨料均匀地压嵌在研具表面层中,研磨时只须在研具表面涂以少量的硬脂酸混合脂等辅助材料.干研常用于精研磨,所用微粉磨料粒度细于 W7.③半干研:类似湿研,所用研磨剂是糊状研磨膏.研磨既可用手工操作,也可在研磨机上进行.

二、研具

研具是研磨时决定工件表面形状的标准工具,同时又是研磨剂的载体.研具的材料应有较高的几何精度和较小的表面粗糙度,组织细致、均匀,有较好的刚性和耐磨性,易嵌存磨料,研具工作面的硬度应稍低于工件的硬度,常用的材料有灰铸铁、球墨铸铁、软钢、铜等.湿研研具的金相组织以铁素体为主;干研研具则以均匀细小的珠光体为基体.研磨 M5 以下的螺纹和形状复杂的小型工件时,常用软钢研具.研磨小孔和软金属材料时,大多采用黄铜、紫铜研具.研具在研磨过程中也受到切削和磨损,如操作得当,它的精度也可得到提高,使工件的加工精度能高于研具的原始精度.

研具有不同的类型,常用的有研磨平板、研磨环、研磨棒等,如图 2-8-13 所示.

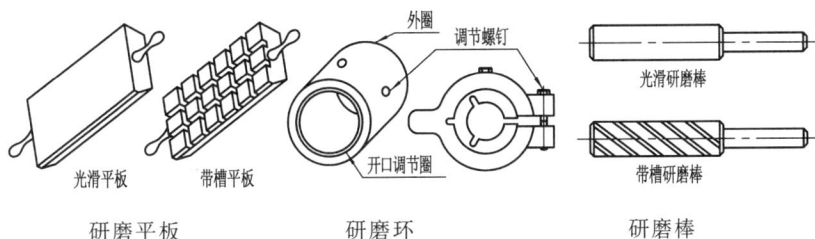

光滑平板　　带槽平板　　　　开口调节圈　调节螺钉　外圈　　　光滑研磨棒　　带槽研磨棒

研磨平板　　　　　　　研磨环　　　　　　　研磨棒

图 2-8-13　研磨工具

三、磨料、研磨剂与研磨液

1. 磨料

磨料在研磨中起切削作用,常用的磨料有以下三类:

（1）氧化物磨料　氧化物磨料有粉状和块状两种,主要用于碳素工具钢、合金工具钢、高速工具钢和铸铁工件的研磨.

（2）碳化物磨料　碳化物磨料呈粉状,它的硬度高于氧化物磨料,除了用于一般钢材制件的研磨外,主要用来研磨硬质合金、陶瓷之类的高硬度工件.

（3）金刚石磨料　金刚石磨料分为人造与天然两种,其切削能力、硬度比氧化物磨料都高,实用效果也好.一般用于硬质合金、宝石、玛瑙、陶瓷等高硬度材料的精研加工.

表 2-8-7　磨料的种类与用途

系列	磨料名称	代号	特性	使用范围
氧化铝系	棕刚玉	GZ(A)	棕褐色,硬度高,韧性大,价格便宜	粗精研磨钢、铸铁、黄铜
	白刚玉	GB(WA)	白色,硬度比棕刚玉高、韧性比棕刚玉差	精研磨淬火钢、高速钢、高碳钢及薄壁零件
	铬刚玉	GG(PA)	玫瑰红或紫色,韧性比白刚玉高,磨削粒粗糙度值低	研磨量具、仪表零件等
	单晶刚玉	GD(SA)	淡黄色或白色,硬度和韧性比白刚玉高	研磨不锈、高钒高速钢等高强度、韧性大的材料
碳化物系	黑碳化硅	TH(C)	黑色有光泽,硬度比白刚玉高,脆而锋利,导热性和导电性良好	研磨铸铁、黄铜、铝、耐火材料及非金属
	绿碳化硅	TL(GG)	绿色,硬度和脆性比黑碳化硅高,导热性和导电性良好	研磨硬质合金、宝石、陶瓷、玻璃等材料
	碳化硼	TP(BC)	灰黑色,硬度仅次于金刚石,耐磨性好	精研和抛光硬质合金,人造宝石等硬质材料
金刚石系	人造金刚石		无色透明或淡黄色、黄绿色、黑色,硬度高,比天然金刚石脆,表面粗糙	粗精研磨质合金,人造宝石、半导体等高硬度脆性材料
	天然金刚石		硬度最高,价格昂贵	
其他	氧化铁		红色至暗红色,比氧化铬软	精研磨或抛光钢、玻璃等材料
	氧化铬		深绿色	

磨料的粗细用粒度来表示,磨料标准 GB2477－83 规定粒度用 41 个粒度代号来表示,颗粒尺寸大于 $50\ \mu m$ 的磨砺粒用筛网法测定,有 4 号、5 号……240 号共 27 种,号数愈大,磨料愈细;颗粒尺寸很小的磨料用显微镜测定,W 表示微粉,数字表示实际宽度,有 W63、W50

……W05 共 15 种,这一组号数愈大,磨粒愈粗.各类磨料的应用情况见表 2-8-8.

表 2-8-8　磨料粒度选用

号数	研磨加工类别	表面粗糙度质量
100～W50	用于最初的研磨加工	
W40～W20	用于粗研磨加工	Ra0.4～0.2 μm
W40～W20	用于半精研磨加工	Ra0.2～0.1 μm
W5 以下	用于精研磨加工	Ra0.1 μm 以下

2. 研磨液

研磨液在研磨中起调和磨料、冷却和润滑的作用.常用的研磨液有煤油、汽油、10 号机油、工业用甘油、熟猪油等.研磨液大体上分成油剂及水剂两类.油剂研磨液有航空汽油、煤油、变压器油及各种植物油、动物油及烃类,配以若干添加剂组成.水剂研磨液由水及各种皂剂配制而成.油剂主要是黏度、润滑及防锈性能好,清洗必须配以有机溶剂,有环境污染及费用较高等缺点.水剂则防锈能力差.工作中要求研磨液应具备以下条件:

(1)有一定的稠度和稀释能力.磨料通过研磨液的调和与研具表面有一定的粘附性,才能使磨料对工件产生切削作用.

(2)有良好的润滑冷却作用.

(3)对操作者健康无害,对工件无腐蚀作用,且易于洗净.

3. 研磨剂

用磨料、研磨液和辅助材料(石蜡、蜂蜡等填料和黏性较大而氧化作用较强的油酸、脂肪酸、硬脂酸等)制成的混合剂,习惯上也列为磨具的一类.研磨剂用于研磨和抛光,使用时磨粒呈自由状态.由于分散剂和辅助材料的成分和配合比例不同,研磨剂有液态、膏状和固体 3 种.研磨剂一般工厂均使用成品的研磨膏,使用时加适量的机油调和稀释即可.

液态研磨剂不需要稀释即可直接使用.

膏状的研磨剂常称作研磨膏,可直接使用或加研磨液稀释后使用,用油稀释的称为油溶性研磨膏;用水稀释的称为水溶性研磨膏.

固体研磨剂(研磨皂)常温时呈块状,可直接使用或加研磨液稀释后使用.

四、研磨的方法

1. 一般平面研磨方法

平面研磨时,首先要用压嵌法和涂敷法加上磨料,压嵌法是用工具(淬硬压棒或者三板互研)将研磨剂均匀嵌入平板,研磨质量较高;涂敷法是将研磨剂涂敷在工件和研具上,磨料难以分布均匀,质量不及压嵌法高.正确处理好研磨的运动轨迹是提高研磨质量的重要条件.在平面研磨中,一般要求:

①工件相对研具的运动,要尽量保证工件上各点的研磨行程长度相近;

②工件运动轨迹均匀地遍及整个研具表面,以利于研具均匀磨损;

③运动轨迹的曲率变化要小,以保证工件运动平稳;

④工件上任一点的运动轨迹尽量避免过早出现周期性重复.工件可沿平板全部表面,按直线、8 字形、仿 8 字形、螺旋形运动等轨迹进行研磨.图 2-8-14 为常用的平面研磨运动轨迹.

⑤研磨时工件受压均匀,压力大小适中.压力大,切削量大,表面粗糙度值大,反之切削

量小,表面粗糙度值小.为了减少切削热,研磨一般在低压低速条件下进行.粗研的压力不超过 0.3 兆帕,精研压力一般采用 0.03~0.05 兆帕.

⑥手工研磨时速度不应太快:手工粗研磨时,每分钟往复 20~60 次;手工精研磨时,每分钟 20~40 次(粗研速度一般为 20~120m/min,精研速度一般取 10~30m/min).

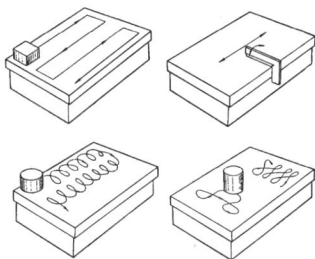

图 2-8-14　平面研磨方法　　　　　图 2-8-15　导靠块

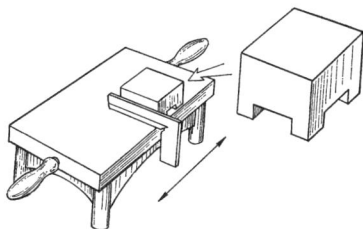

2. 狭窄平面研磨方法

狭窄平面研磨时为防止研磨平面产生倾斜和圆角,研磨时应用金属块做成"导靠块",采用直线研磨轨迹.如图 2-8-15 所示.若工件要研磨成半径为 R 的圆角,则采用摆动式直线研磨运动轨迹.

3. 圆柱面的研磨方法

圆柱面研磨一般是手工与机器配合进行研磨.工件由车床或钻床带动旋转,其上均匀涂布研磨剂,用手推动研磨环在旋转的工件上沿轴线方向作反复运动研磨.一般机床转速:直径小于 80 mm 时为 100r/min;直径大于 100 mm 时为 50r/min;当出现 45°交叉网纹时,说明研磨环移动速度适宜.

圆柱孔研磨时,可将研磨棒用车床卡盘夹紧并转动,把工件套在研磨棒上进行研磨.机体上大尺寸孔,应尽量置于垂直地面方向,进行手工研磨.

【技能质量分析和安全操作规程】

一、刮削技能质量分析

缺陷形式	特征	产生原因
1. 深凹痕	刀迹太深,局部显点稀少	1. 粗刮时用力不均匀,局部落刀太重;2. 多次刀痕重叠;3. 刀刃圆弧过小
2. 梗痕	刀迹单面产生刻痕	1. 刮削时用力不均匀,使刃口单面切削
3. 撕痕	刮削面上呈粗糙刮痕	1. 刀刃不光洁、不锋利;刀刃有缺口或裂纹
4. 起落刀痕	在刀迹的起始或终了处产生深痕	1. 落刀时左手压力和动作速度过大,起刀不及时
5. 振痕	刮削面上产生有规则的波纹	1. 多次同向切削,刀迹没有交叉
6. 划道	刮削面上有深浅不一的直线	1. 显示剂不清洁,或研点时有砂粒、铁屑等脏物
7. 刮削面精度不高	显点变化情况无规律	1. 研点时压力不均匀,工件外露太多出现假点;2. 研具选择不正确;3. 研点时放置不平稳.

167

二、研磨注意事项

(1)粗精研磨要分开进行,如粗精研磨必须在一块平板上完成,粗研后必须全面清洗平板.

(2)研磨剂要分布均匀,每次不能上料过量,避免工件边沿损坏.要注意清洁,避免杂质混入研磨剂.

(3)工件需经常调头进行研磨,并经常改变工件在研具上的位置,防止研具磨损.

三、刮削与研磨安全操作规程

(1)刮刀毛坯锻打后应该先磨去棱角及边口毛刺.刮刀必须装夹牢固,并保持刀柄完好.刮刀用后需妥善保管,刮刀不能露出工作台边沿,禁止用刮刀做撬棍.

(2)刃磨刮刀端面时,力的作用方向应通过砂轮轴线,应站在砂轮的侧面或斜面.刃磨时施加的压力不能太大,刮刀应缓慢接近砂轮,避免刮刀弹抖过大过猛造成事故.

(3)热处理工作场地应该保持清洁整齐,淬火时应谨慎,防止烧灼烫伤.

(4)百分表和标准平板直尺是精密量具,要注意清洁保养,轻拿轻放,不能和工具、刃具重叠磕碰.

(5)刮削前需修整工件毛刺、锐边、刮削工件边沿,防止用力过猛身体失控,发生事故.

(4)显点刮研,工件不能超出标准平板太多,以免掉下损坏和伤人.

(7)研磨时用力要均匀,防止用力过猛将工件推出平板边沿损坏工件或者造成人员受伤.

(8)保持研具和磨料、研磨剂、研磨液的清洁,防止磨料被污染和杂质混入.

【成绩鉴定和信息反馈】

参照表2-1-1-10和表2-1-1-11.

【课外作业】

1.什么是刮削?简述原始平板的刮削方法.

2.什么是粗、细、精刮削?刮花的作用是什么?

3.刮削质量如何检验?

4.什么叫研磨?研磨加工有何作用和特点?研具材料有何要求?常用的研具材料有哪些?

5.什么是研磨剂、磨料、研磨液?它们各有何作用?

模块三　锉配

项目一　四方体锉配

项目简述

在生产中,钳工除了需要用锉削的方法加工一些单个工件外,有时还需要加工一些配合件,特别是在装配和修理过程中,锉配是保证装配要求的一种基本加工方法.掌握锉配的技能并能达到一定的技术要求,也是钳工的基本技能要求之一.锉配在日常生活中具有广泛的应用,比如配钥匙就是最普及的应用之一.

项目内容

1. 进一步训练正确的锉削姿势和工件的合理装夹方法;
2. 进一步训练平面的锉削方法和检查方法;
3. 进一步训练正确使用千分尺、角尺、塞尺等量具,准确测量工件尺寸精度和形位公差;
4. 学习锉配的加工步骤、误差的检查和修整方法.

能力目标

通过该零件的训练,掌握四方体的锉配方法.了解影响锉配精度的因素,并掌握锉配误差的检查和修整方法.进一步掌握平面锉削技能,了解内表面加工过程及形位精度在加工中的控制方法.培养学生相互协作的能力和团队精神.

任务:锉配工件图样

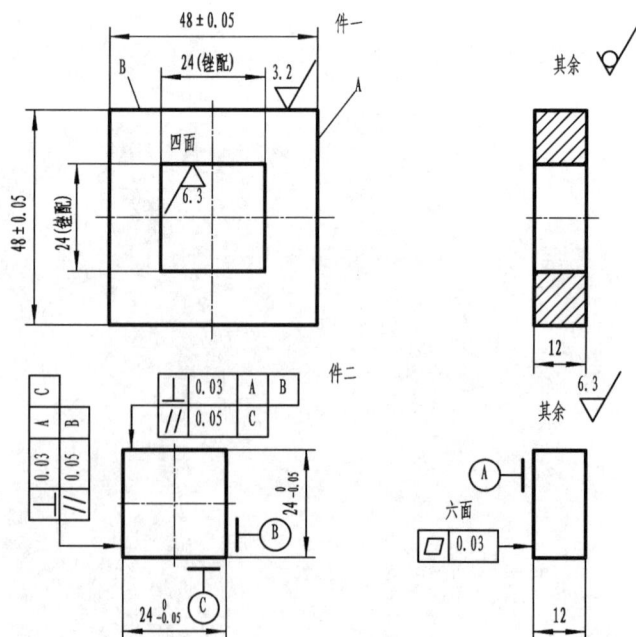

图 3-1-1　锉配图

表 3-1-1　四方体锉配任务评分标准

姓名			工件号			总成绩	
序号	考核要求		配分	评分标准		实测结果	得分
1	尺寸 $24_{-0.05}^{0}$ mm		16	每超差 0.02 扣 2 分			
2	垂直度 0.03 mm		10	每超差 0.02 扣 2 分			
3	平行度 0.05 mm		10	超差一处扣 2 分			
4	平面度 0.03 mm 四处		10	超差一处扣 2.5 分			
5	换位配合间隙 0.1 mm		20	超差一处扣 2.5 分			
6	配合喇叭口小于 0.05 mm		6	超差一处扣 2 分			
7	表面粗糙度 Ra≤6.3 μm		8	一处不合格扣 3 分			
8	表面粗糙度 Ra3.2 μm 四处		8	一处不合格扣 2 分			
9	内角清角		8	一处不合格扣 2 分			
10	安全操作		4	安全文明生产,违者不得分			
11	工时定额		扣分	4 时完成,超过 30 分钟扣 5 分			

二、工量具准备

表 3-1-2　工量具准备清单

序号	名称	规格	数量
1	游标高度划线尺	0～300 mm	1 把/组
2	游标卡尺	0～150 mm	1 把/组
3	90°角尺	100 mm×63 mm	1 把/组
4	刀口角尺	100 mm×63 mm	1 把/组
5	塞尺	0.05 mm	2 片/组
6	千分尺	0～25 mm	1 把/组
7	划针		1 支/组
8	划规		1 支/组
9	样冲		1 支/组
10	榔头	0.5kg	1 把/人
11	挡块(V 形铁)		1 支/组
12	钳工锉	300 mm	1 把/人
13	钳工锉	200 mm	1 把/人
14	整形锉	160 mm	1 把/人
15	三角锉		1 把/人
15	划线平台		1 个/组
16	抛光砂布	细	1 张/人
17	划线用长方形厚纸条或薄铜皮		1 张/组

表 3-1-3　锉配四方体加工工艺卡片

厂名				毛坯种类	半成品	毛坯外形尺寸（mm）		产品型号	28×28×16 48×48×12	零件图号		共 1 页 第 1 页
材料牌号 Q235								产品名称 四方体配件		零件名称 四方体		3-1-1 四方体-1 四方体-2

工序	工序名称	工步	工序内容	同时加工工件数	切削用量 余量 mm	切削用量 速度	设备	工艺装备 夹具	工艺装备 刀具	工艺装备 量具	技术等级	工时定额 准备终结时间 min	工时定额 单件 min	备注
1	备料	1	刨 28mm×28mm×16mm 四方体	1	1.5	30（次/min）	刨床	平口钳	刨刀	游标卡尺	IT11	10	30	
2	件2加工	1	锉削四方体2达到公差要求	1	1.5	30~60（次/min）	钳台	台虎钳	300mm粗锉刀 200mm细锉刀	游标卡尺 千分尺	IT9	30	240	
3	件1加工	1	锉削四方体1，加工A、B两基准面	1	0.1	30~40（次/min）	钳台	台虎钳	300mm粗锉刀 200mm细锉刀	90°角尺 刀口角尺	IT11	10	30	
		2	划线	1			平台			高度游标卡尺		3	3	
		3	中心钻孔	1	20	15（m/min）	立钻	平口钳	Φ20mm麻花钻	游标卡尺	IT11	5	3	
		4	粗锉四方体1内孔留0.1~0.2mm余量	1		30~40（次/min）	钳桌	台虎钳	300mm粗锉刀 200mm细锉刀	游标卡尺	IT11	5	15	
4	锉配	1	用四方体2锉配锉削四方体1内孔，换位后最大间隙≤0.1mm，最大喇叭口≤0.05mm，塞尺深度≤3mm。	1	0.1~0.2mm	30~40（次/min）	钳台	台虎钳	200mm细锉刀 160mm整形锉	塞尺	IT9	5	120	

								编制（日期）	审核（日期）		会签（日期）

标记	处记	更改文件号	签字	日期	标记	处记	更改文件号	签字	日期

任务情景

锉配又称为镶嵌,是钳工综合运用基本操作技能和测量技术,使工件达到规定的形状、尺寸和配合要求的一项重要操作技能.锉配技能较客观地反映了操作者掌握基本操作技能和测量技术的能力和熟练程度,并有利于提高操作者分析、判断、综合处理问题的能力.因而锉配技能是钳工技能的核心技能之一,要求重点掌握.

任务目标

通过该项目的训练,要求掌握四方体锉配的基本技能,进一步提高我们的操作技能和观察能力,同时,培养我们的全局质量意识.

技能练习

四方体锉配加工工艺

表 3-1-4 四方体锉配加工工艺

步骤	工艺方法及工艺步骤图示	
一、锉四方体 2	将刨来的半成品 28 mm×28 mm×16 mm,要求用 300 mm 的粗板锉刀配和 200 mm 的细板锉加工,先粗精加工出一组直角面,再加工平行面达 24 mm×24 mm×12 mm 的尺寸要求和形位公差(平面度、垂直度,0.03 mm,平行度 0.05 mm)要求(六面靠角尺),保证表面粗糙度达到 Ra6.3 μm.	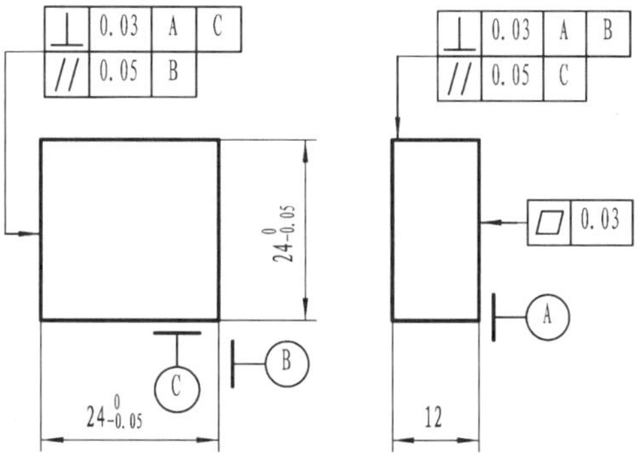
二、锉四方体 1	1. 加工基准面:用粗、细锉 A、B 面,使其和大平面的垂直度及 A、B 两面的垂直度均控制在 0.03 mm范围内.	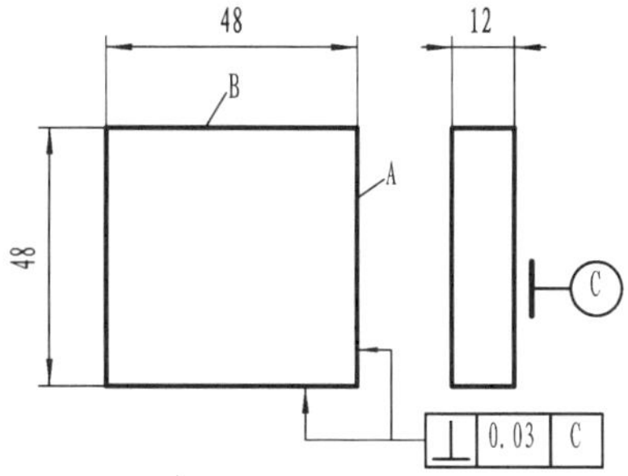
	2. 粗加工四方体 1 内孔. 以 A、B 面为基准,划内四方体 24 mm×24 mm 尺寸线,并用已加工四方体 2 校核所划线条的正确性.钻孔、粗锉至接通线条留 0.1 mm~0.2 mm 的加工余量.	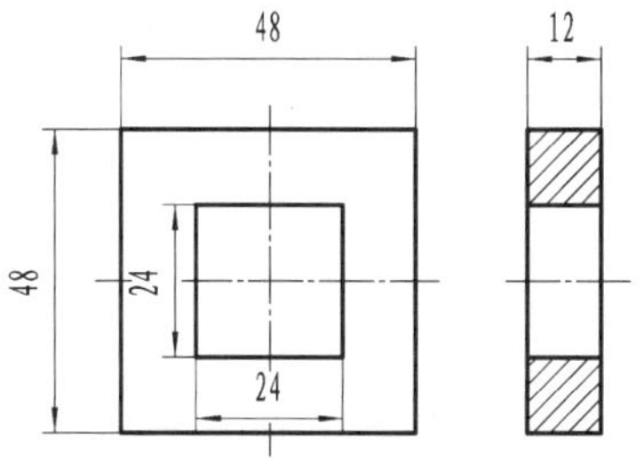

步骤	工艺方法及工艺步骤图示
三、锉配四方体	1. 配加工四方体1内孔: (1)细锉靠近A基准的一侧面,达到与A面平行,与大平面垂直. (2)细锉第一面的对应面,达到与第一面平行.用件2斜插入试配,使其较紧地嵌入. (3)细锉靠近B面的一侧面,达到与B面平行,与大平面及已加工有两侧面垂直. (4)细锉第四面,使之达到与第三面平行,与两侧面及大平面垂直,达到件2能较紧地塞入. 2.用件2进行转位修正,达到全部精度符合图样要求.最后达到件2在内四方体内能自由地推进推出毫无阻碍.
四、检验	去毛刺,清角.用塞尺检查配合精度,达到换位后最大间隙不得超过0.1 mm,最大喇叭口不得超出0.05 mm,塞入深度不得超过3 mm.

【本项目基本工艺知识】

一、锉配定义和类型

锉配是钳工综合运用基本操作技能和测量技术,使工件达到规定的形状、尺寸和配合要求的一项重要操作技能.

锉配按其配合形式可分为平面锉配、角度锉配、圆弧锉配和上述三种锉配形式组合在一起的混合式锉配.按其种类不同可分为以下几种:

开口锉配 锉配件可以在一个平面内平移,要求翻转配合、正反配合均达到配合要求.其典型题例如图3-1-2所示.

半封闭锉配 轮廓为半封闭形状,腔大口小,锉配件只能垂直方向插进去,一般要求翻转配合、正反配合均达到配合要求.

内镶配 轮廓为封闭形状,一般要求多方位、多次翻转配合均达到配合要求.

多件配 为多个配合件组合在一起的锉配,要求互相翻转、变换配合件中任一件的位置均能达到配合要求.

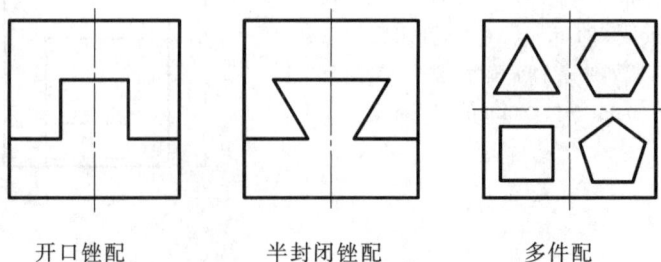

开口锉配   半封闭锉配   多件配

图3-1-2 锉配类型

二、锉配的基本原则

为了保证锉配的质量,提高锉配的效率和速度,锉配时应遵从以下一般性原则:

(1)凸件先加工、凹件配加工的原则.

(2)按测量从易到难的原则加工.

(3)按中间公差加工的原则.

(4)按从外到内,从大面到小面加工的原则.

(5)按从平面到角度,从角度到圆弧加工的原则.

(6)对称性零件先加工一侧,以利于间接测量的原则.

(7)最小误差原则——为保证获得较高的锉配精度,应选择有关的外表面作划线和测量的基准,因此,基准面应达到最小形位误差要求.

(8)在运用标准量具不便或不能测量的情况下,优先制作辅助检具和采用间接测量方法的原则.

(9)综合兼顾、勤测慎修、逐渐达到配合要求的原则

注意在作精确修整前,应将各锐边倒钝,去毛刺、清洁测量面.否则,会影响测量精度,造成错误的判断.配合修锉时,一般可通过透光法和涂色显示法来确定加工部位和余量,逐步达到规定的配合要求.

三、锉配注意事项

1. 锉配件的划线必须准确,线条要细而清晰,两面要同时一次划线,以便加工时检查.

2. 为达到转位互换的配合精度,开始试配时,其尺寸误差都要控制在最小范围内,即配合要达到很紧的程度,以便于对平行度、垂直度和转位精度作微量修整.

3. 从整体考虑,锉配时的修锉部分要在透光与涂色检查之后进行,这样就可避免仅根据局部试配情况就急于进行修配而造成最后配合面的过大间隙.

4. 在锉配与试配过程中,四方体的对称中心面必须与锉配件的大平面垂直,否则会出现扭曲状态,不能正确地反映出修正部位,达不到正确的锉配目的.

5. 正确选用小于 90°的光边锉刀,防止锉成圆角或锉坏相邻面.

6. 在锉配过程中,只能用手推入四方体,禁止使用锤头或硬金属敲击,以避免将两锉配面咬毛.

7. 锉配时应采用顺向锉,不得推锉.

8. 加工内四方体时,允许自做内角样板.

【成绩鉴定和信息反馈】

请参照表 2-1-1-10 和表 2-1-1-11.

❋课外作业

1. 锉配的类型有哪些?

2. 锉配有哪些基本方法和原则?

3. 锉配应当注意哪些具体问题?

4. 怎样检查锉配的间隙?

5. 如何防止配合处产生喇叭口?

项目二　六角形体锉配

项目简述

项目简述

　　六角形体锉配是角度件锉配的基础练习，通过六角形体的锉配掌握角度工件的加工工艺及配合工艺加工方法，学会万能游标量角器和活络样板尺及样板的使用方法，从而掌握角度工件的加工与检测的工艺方法和操作技能。

项目内容

1. 六角形体的制作。
2. 六角形体的锉配操作工艺方法。
3. 万能游标量角器、活络样板尺及样板的使用和角度工件的测量方法。

项目目标

1. 掌握六角形体的锉配操作工艺方法。
2. 掌握万能游标量角器、活络样板尺及样板的使用和角度工件的测量方法。

任务　六角形体锉配

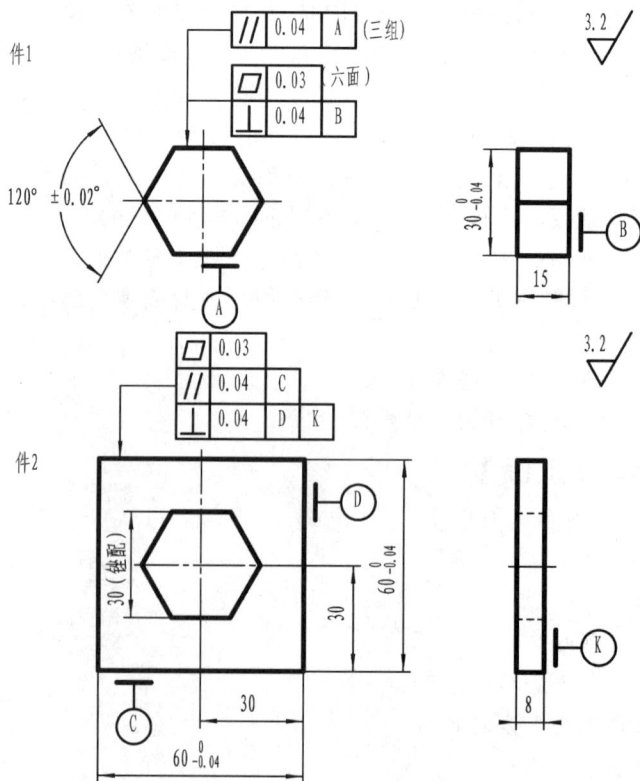

图 3-2-1　六角形体锉配

表 3-2-1 六角形体锉配评分表

班次	工件号		姓名			总分	
序号	项目与技术要求	配分	评分标准			检测记录	得分
1	$60^0_{-0.04}$ mm（两组）	8	每超差 0.01 mm 扣 1 分，超差 0.03 mm 不得分				
2	$30^0_{-0.04}$ mm（3 组），	15	每超差 0.01 mm 扣 2 分，超差 0.03 mm 不得分				
3	120°±0.02°（6 处）	5	每超差 0.01 mm 扣 1 分，超差 0.03 mm 不得分				
4	垂直度＜0.04 mm	6	每超差 0.01 mm 扣 2 分，超差 0.02 mm 不得分				
5	平面度＜0.03 mm	6	每超差 0.01 mm 扣 2 分，超差 0.02 mm 不得分				
6	平行度＜0.04 mm	10	每超差 0.01 mm 扣 2 分，超差 0.02 mm 不得分				
7	配合间隙＜0.06 mm（6 面）	5×6	每超差 0.01 mm 扣 2 分，超差 0.03 mm 不得分				
8	配合面粗糙度＜Ra3.2 μm	1×12	一处不合格扣 1 分				
9	量具使用与保养	3	现场评定				
10	安全文明生产	5	现场评定，违反者不得分				
11	工时定额 24h	扣分	24 小时完成，超过 30 分钟扣 5 分				

表 3-2-2 工量具准备清单

序号	名称	规格	数量
1	游标高度划线尺	0～300 mm	1 把/组
2	游标卡尺	0～120 mm	1 把/组
3	万能角度量角器	0°～320°	1 把/组
4	刀口角尺	90 mm×63 mm	1 把/组
5	百分尺	25～50 mm	1 把/组
6	划线平台		1 个/组
7	划针		1 支/组
8	划规		1 支/组
9	样冲		1 支/组
10	榔头	0.5kg	1 把/人
11	挡块（V 形铁）		1 支/组
12	平锉刀	粗齿 300 mm	1 把/人
13	平锉刀	中齿 150 mm	1 把/人
14	三角锉刀	中齿 200 mm	1 把/人
15	小铜棒	φ10×150	2 支/组
16	直钻头	φ5 mm	1 支/组
17	直钻头	φ3 mm	1 支/组
18	抛光砂布	150 #	1 张/人
19	红丹粉显示剂		

钳工工艺及实训

表 3-2-3　六角形体锉配工艺卡片

厂名			产品型号	φ35×18 60×60×10				零件图号	2	3-2-1	共 1 页
			产品名称	小榔头				零件名称	小榔头		第 1 页

材料牌号		Q235	毛坯种类	圆钢/板材	毛坯外形尺寸			毛坯件数		技术等级	2	备注	

工序	工步	工序内容	同时加工件数	切削用量 余量 mm	切削用量 速度	设备	夹具	刀具	量具	准备终结时间 min	单件 min
1 备料	1	毛坯准备、下料	1	2	40（次/min）	钳台	台虎钳	锯条	钢直尺	10	20
2 凸凹件加工	1	锉削凸件六方体	1	2	30~60（次/min）	钳台	台虎钳	300mm 粗平锉刀 150mm 中平锉刀	游标卡尺+百分尺	10	350
	2	锉削凹件外形	1	1	40（次/min）	钳台	台虎钳	300mm 粗平锉刀/150mm 中平锉刀	游标卡尺	10	110
	3	按图凹件划线	1			钳台	台虎钳		划线高度尺	10	20
	4	凹件排孔取废	1		20（m/min）	台钻	平口钳	φ5mm 直钻	游标卡尺	10	230
3 锉配	1	配锉六方体	1	1	40（次/min）	钳台	台虎钳	中三角锉刀/中平锉刀	塞尺	10	650

				编制（日期）	审核（日期）	会签（日期）
标记	处记	更改文件号	签字	日期		
标记	处记	更改文件号	签字	日期		

任务情景

通过六角形体凸件制作和六角形体锉配练习,掌握角度工件的锉配技能,加工中要正确加工凸件,严格把握尺寸精度和形位公差精度;选择好加工基准;注意分析判断锉配间隙情况和方向,培养严肃认真的工作态度和一丝不苟的意志品质.

任务目标

1. 熟练掌握六角形体加工制作,掌握角度工件的测量方法和角度量具的使用方法.

2. 掌握六角形体锉配的操作工艺和技能,完成锉配加工.

技能练习

六角形体锉配加工工艺

表 3-2-4　加工工艺过程

步骤	工艺方法及工艺步骤图示		
1	锉毛坯两端面符合图样要求,用分度头(或者 V 型铁配合高度游标划线尺)在工件上划线.	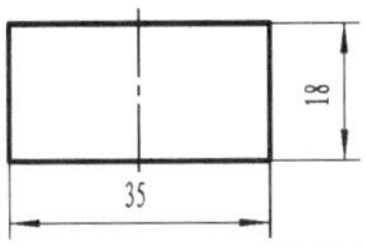	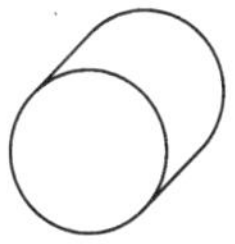
2	锉①面基准面,保证尺寸 32.5±0.05 mm;平面度≤0.03 mm;垂直度≤0.04 mm;表面粗糙度 Ra3.2 μm.	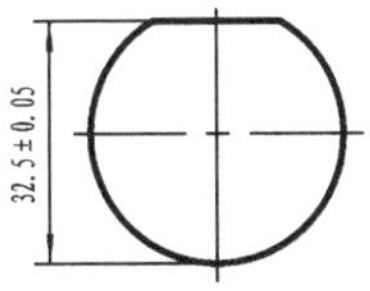	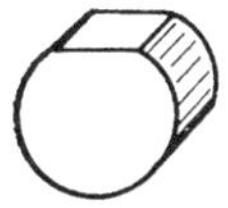
3	锉②面,保证尺寸 $30_{-0.04}^{0}$ mm;平面度≤0.03 mm;垂直度≤0.04 mm;平行度≤0.04 mm;表面粗糙度 Ra3.2 μm.	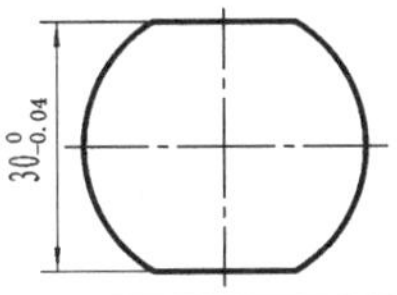	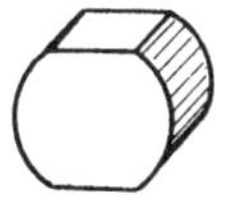
4	锉③面,保证角度尺寸 120°±0.02°;保证尺寸 32.5±0.05 mm;平面度≤0.03 mm;垂直度≤0.04 mm;表面粗糙度 Ra3.2 μm.	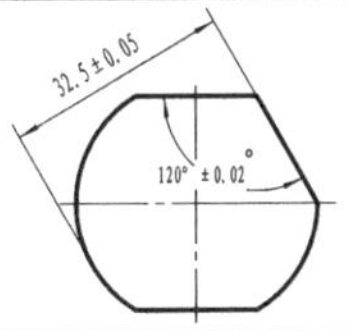	
5	锉④面,保证角度尺寸 120°±0.02°;保证尺寸 32.5±0.05 mm;平面度≤0.03 mm;垂直度≤0.04 mm;平行度≤0.04 mm;表面粗糙度 Ra3.2 μm.	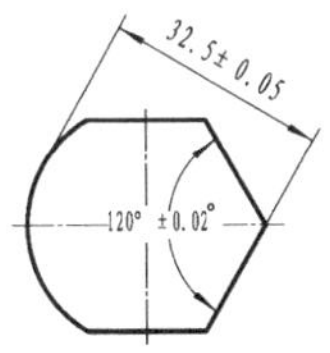	
6	锉⑤面,保证角度尺寸 120°±0.02°;保证尺寸 $30_{-0.04}^{0}$ mm;平面度≤0.03 mm;垂直度≤0.04 mm;平行度≤0.04 mm;表面粗糙度 Ra3.2 μm.	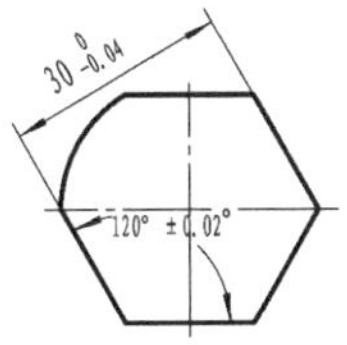	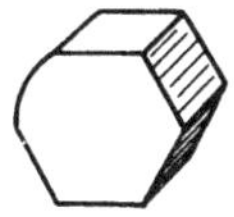
7	锉⑥面,保证角度尺寸 120°±0.02°;保证尺寸 $30_{-0.04}^{0}$ mm;平面度≤0.03 mm;垂直度≤0.04 mm;平行度≤0.04 mm;表面粗糙度 Ra3.2 μm.	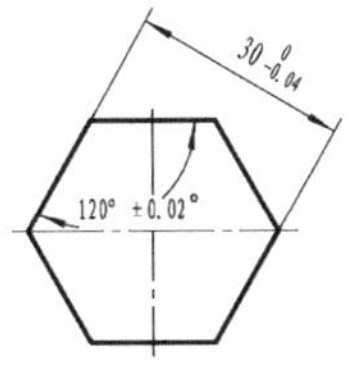	

步骤	工艺方法及工艺步骤图示
8	锉件2(凹件板)垂直两基准外形尺寸和其余两面的外形尺寸,保证尺寸 $60_{-0.04}^{0}$ mm;平面度≤0.03 mm;垂直度≤0.04 mm;平行度≤0.04 mm;表面粗糙度 Ra3.2 μm. 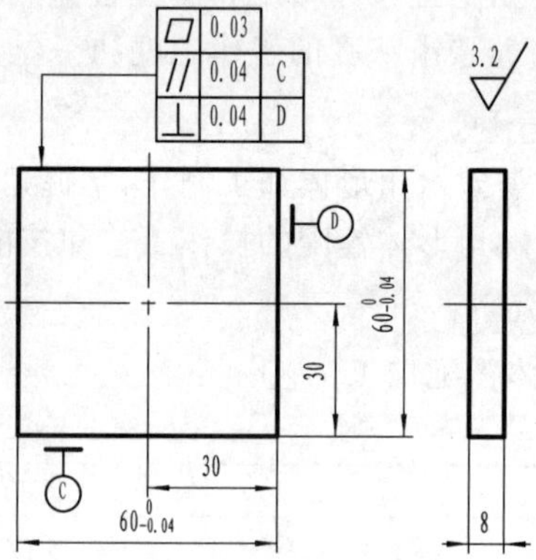
9	按图样要求在件2双面上划线,在六个交点上打上样冲眼,中心处可划一直径为 25 mm 的圆以便观察,并用加工好的件1检查划线的正确性. 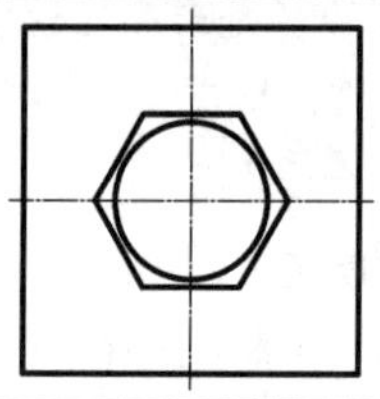
10	选用 φ3 直钻头沿件2六方形划线的内侧钻排孔取废,各面应留 1 mm 的锉加工余量(为便于去废,中间可钻 φ25 mm 圆孔). 按划线先粗锉内六方,各面均留 0.2~0.3 mm 细锉锉配余量,保证平面度≤0.03 mm;垂直度≤0.04 mm;平行度≤0.04 mm;表面粗糙度 Ra3.2 μm. 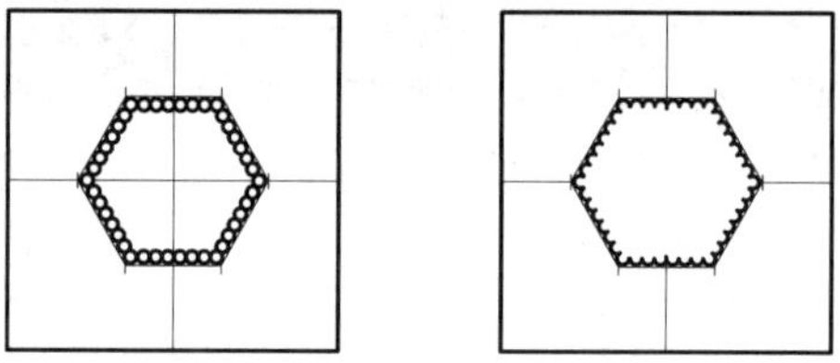
11	细锉①面基准面,保证平行于 C 面,垂直于 K 面;允差 0.04 mm,表面粗糙度 Ra3.2 μm. 细锉②面,保证和①面的平行度 0.05 mm,用已加工好的外六方件1从件2前后两个方向试配时,能够较紧地塞入,件1与件2镶配方向做好记号定向. 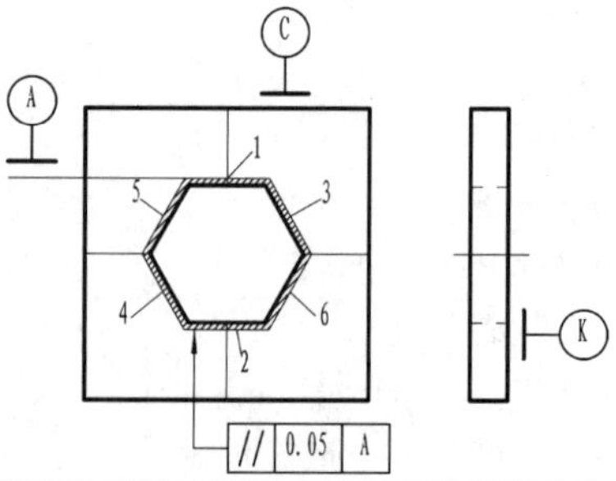

步骤	工艺方法及工艺步骤图示	
12	细锉③面,用 120°样板检测内角角度,并用件 1 以①面为基准,试配角度. 细锉④面,用 120°样板检测内角角度,并用件 1 以②面为基准,试配角度及使件 1 能够较紧地塞入.	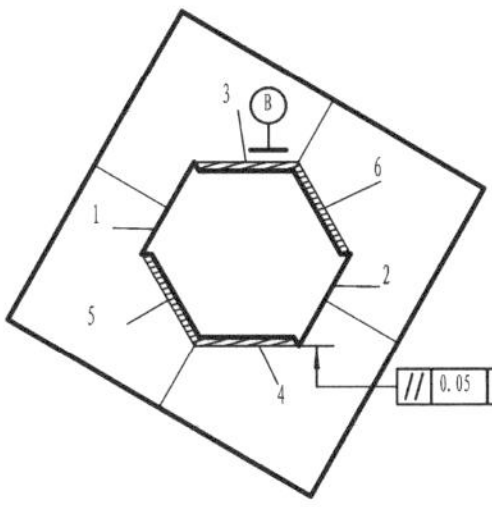 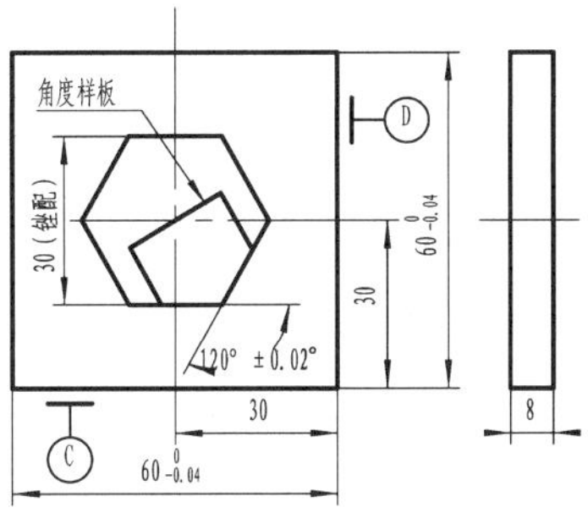
13	细锉⑤面,用 120°样板检测内角角度,并用件 1 以①面为基准,试配角度. 细锉⑥面,用 120°样板检测内角角度,并用件 1 以②面为基准,试配角度及使件 1 能够较紧地塞入.	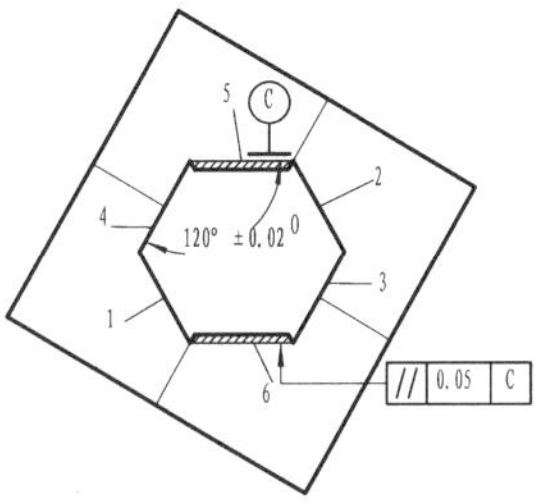
14	将件 1 和件 2 定向精锉,将件 1 镶入件 2 用透光法观察其镶配间隙大小,然后精锉件 2 上的配合后留下的痕迹,经过反复多次的试配加工,直到配合间隙达到要求为止,件 1 能平顺从件 2 中取出.保证各边配合间隙小于 0.06 mm. 最后作转位配合可用涂色法修整,达到互换配合要求	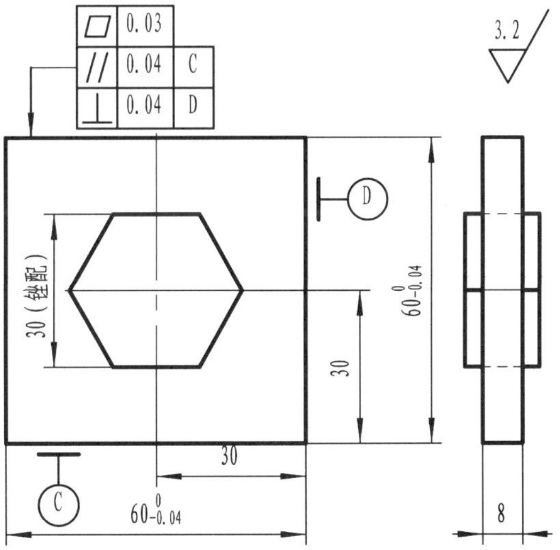

【六角形体锉配基本工艺知识】

一、万能游标角度尺的结构与使用方法

万能游标量角尺是用来测量工件内外角度的量具.按游标的测量精度为 2′.测量范围是 0°~320°.

1. 万能游标量角器的结构

如图所示,万能游标量角尺由主尺、基尺、扇形板、游标、制动器、直尺、直角尺、卡块等组成.扇形板可以在尺身上回转移动,形成与游标卡尺相似的结构.

2. 万能游标角度尺的刻线及读数方法

(1)刻度表示 尺身主尺刻度线每格表示 1°,副尺游标刻度线每一格表示 2′.

(2)识读方法 万能游标量角尺的读数方法和游标卡尺读数方法相似,其读数方法:

　　①先从尺身上读出游标零线左端主尺上刻度的整度数.

　　②再读出主尺上某一刻度与游标副尺上某刻度线对齐处的分度数.

　　③将主尺上的整度数与副尺上的分度数相加即为被测角度数值.

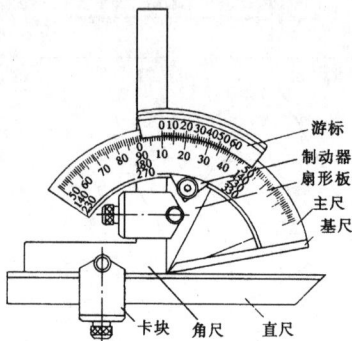

图 3-2-2　万能游标量角器

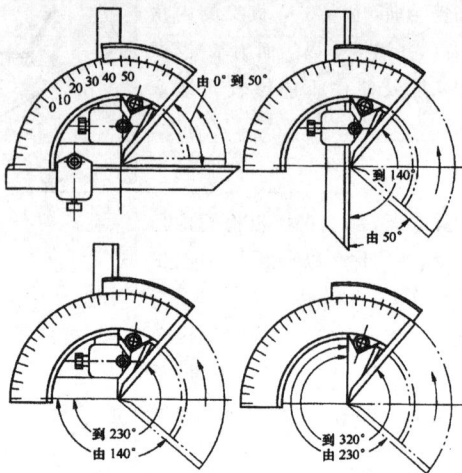

图 3-2-3　万能游标量角器的测量范围

3. 万能游标量角尺的测量范围

通过拆换和移动直尺和直角尺,可使万能游标量角尺测量 0°～320°的任意范围,如图所示.

二、角度样板的使用方法

角度样板是由钳工根据角度工件自行设计并制作的角度量具.其使用方法与直角尺使用方法相同.使用时要注意将样板与被测工件基准面靠紧,通过透光法来判断被测角度的准确性.

【成绩鉴定和信息反馈】

请参照表 2-1-1-10 和表 2-1-1-11.

✲课外作业

1. 试述万能游标量角尺的读数方法.

2. 用万能游标量角尺测量 40°、100°、150°、300°时的尺身、直尺、直角尺该如何组合.

项目三 T 形体锉配

项目简述

　　T 形体的锉配属于封闭对称形体的锉配,除了对称度的要求之外,还要求能进行互换,并达到规定配合间隙.所以,对称形体的锉配也是钳工锉配的练习重点和难点,要从对称度测量,加工工艺和锉削技能等几方面入手,把本项目掌握好.

项目内容

1. 凸 T 形体的锉削和测量方法;
2. T 形体的锉配的技术方法和操作要领;
3. 相关工量具的使用方法和安全文明操作规程.

能力目标

1. 掌握具有对称度要求的形体划线方法;
2. 掌握具有对称度要求的形体加工和测量方法;
3. 进一步提高锉配精度,使互配零件能正反互换镶嵌;
4. 树立基准意识,强化工艺能力,进一步提高基本操作技能.

任务:T 形体锉配工件图样

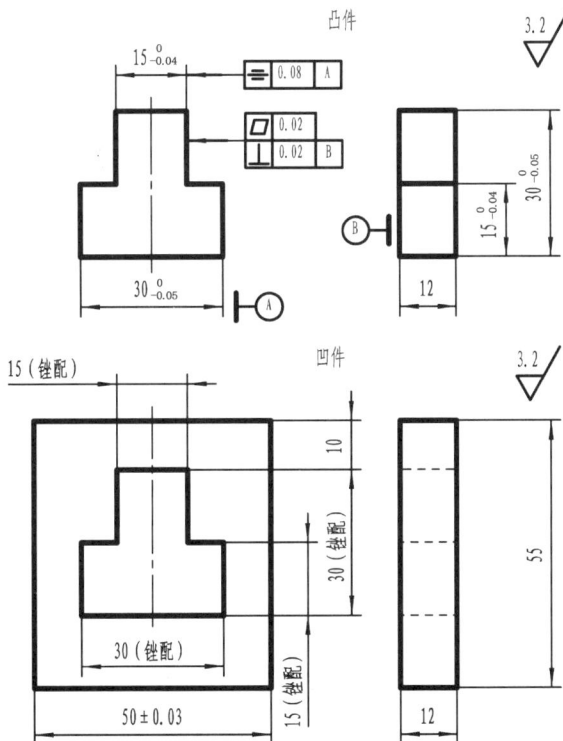

图 3-3-1 T 形体锉配图

表 3-3-1 T 形体锉配评分标准

姓名		工件号			总成绩	
序号	考核要求	配分	评分标准		实测结果	得分
1	$30_{-0.05}^{0}$ mm 两处	10	每超差 0.01 mm 扣 2 分			
2	$15_{-0.04}^{0}$ mm 两处	15	每超差 0.01 mm 扣 3 分			
3	50 ± 0.03 mm	5	每超差 0.01 mm 扣 2 分			
4	平面度 0.02 mm 两处	5	每超差 0.01 mm 扣 2 分			
5	垂直度 0.02 mm 两处	5	每超差 0.01 mm 扣 2 分			
6	对称度 0.08 mm	15	每超差 0.01 mm 扣 3 分			
7	表面粗糙度 R_a3.2 μm	10	超差一处扣 2 分			
8	锉配间隙 0.05 mm	30	每超差 0.01 mm 扣 5 分			
9	安全操作	5	安全文明生产,违者不得分			
10	工时定额	扣分	12 小时完成,超过 30 分钟扣 5 分			

表 3-3-2 工量具准备清单

序号	名称	规格	数量
1	游标高度划线尺	0～300 mm	1 把/组
2	游标卡尺	0～150 mm	1 把/组
3	千分尺	0～25 mm	2 把/组
4	千分尺	25～50 mm	2 把/组
5	千分尺	50～75 mm	2 把/组
7	刀口角尺	100 mm×63 mm	1 把/组
6	划线平台		1 个/组
7	划针		1 支/组
8	划规		1 支/组
9	样冲		1 支/组
10	榔头	0.5kg	1 把/人
11	挡块(V 形铁)		1 支/组
12	大锉刀	300 mm	1 把/人
13	中锉刀	200 mm	1 把/人
14	方锉刀		1 把/人
15	三角锉		1 把/人
16	抛光砂布	细	1 张/人
17	塞尺		1 把/组

表 3-3-3 T形体锉配加工工艺卡片

厂名			产品型号		零件图号			共 1 页
			产品名称	T形体锉配	零件名称	T形体锉配	3-3-1	第 1 页
材料牌号	45钢	毛坯种类	钢板	毛坯外形尺寸	90mm×52mm	毛坯件数	1	备注

工序	工序名称	工步	工序内容	同时加工件数	余量 mm	速度	设备	夹具	刀具	量具	技术等级	准备终结时间 min	单件 min
1	备料	1	毛坯准备、锯割下料	2		40 (次/min)	钳台	台虎钳	锯条	钢直尺		10	20
2	制作凸凹件	1	锉削凸件长方体达到公差要求	1		30~60 (次/min)	钳台	台虎钳	锉刀	游标卡尺+千分尺		5	55
		2	划线、锯割、锉削 T 字外形达到对称度要求	1		40 (次/min)	钳台	台虎钳	锉刀	游标卡尺+千分尺		10	110
		3	锉削凹件长方体达到公差要求	1		40 (次/min)	台钻	平口钳	锉刀	游标卡尺+千分尺		10	50
3	钻削	1	划线、打样冲	1			台钻	平台		游标划线尺		10	10
		2	钻孔去废	1	Φ4.8	15 (m/min)	台钻	平口钳	Φ4.8 麻花钻	錾子		10	110
4	锉配	1	粗锉凹 T 形体	1		40 (次/min)							
		2	锉配	2		40 (次/min)			锉刀	游标卡尺		10	290
5	修整	1	各锐边倒棱、抛光	2					锉刀	游标卡尺+千分尺+塞尺		5	5

					编制（日期）	审核（日期）	会签（日期）
标记	处记	更改文件号	签字	日期			
标记	处记	更改文件号	签字	日期			

T 形体锉配是典型的带对称度的零件配合加工,由于对转位互换精度要求较高,在技能鉴定中经常作为重点考核项目.要掌握好 T 形体的锉配加工技能,首先应该全面理解对称度公差的含义,掌握对称度的计算方法和测量方法,然后不断提高锉削加工技能,经过苦练达到图纸的精度要求.

任务目标

通过该项目的训练,要求掌握 T 形体锉配的基本技能,掌握对称度的加工、测量、分析方法,提高我们翻面锉配的操作技能和观察能力.

技能练习

T 形体锉配加工工艺

表 3-3-4　T 形体锉配加工工艺步骤

步骤	工艺方法及工艺步骤图示	
1. 下料	将 12 mm 厚的 45♯ 钢板锯割下料后粗锉成 90 mm×52 mm×12 mm 的长方体,然后锯割成 57 mm×52 mm×12 mm 和 32 mm×52 mm×12 mm 两段长方体.	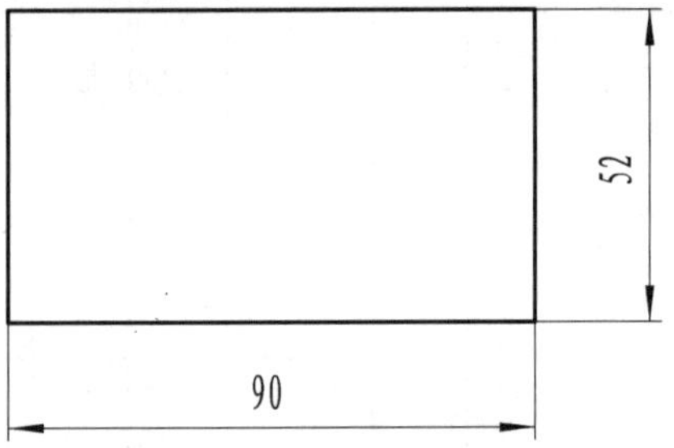
2. T 形体加工	综合运用划线、锯割、锉削完成 T 形体加工.加工时,先精锉削长方体达到 30 mm×30 mm 的长方体,要求六面角尺,尺寸精度为 0.05 mm.然后以一组角尺面为基准,锯割一角,锉削达到尺寸和形位公差要求;再锯割另一面,锉削达尺寸、形位公差(重点为对称度)要求.	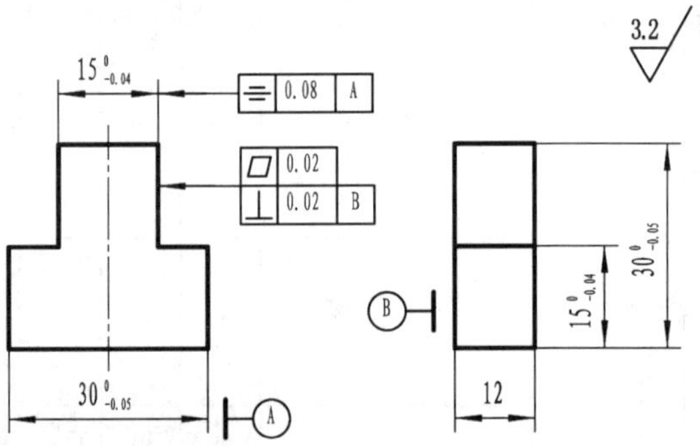
3. 钻孔、去废料	先精锉削长方体达到尺寸 55 mm×50 mm×12 mm,然后划线(留 0.5 mm 的余量)、打样冲眼,用 φ4.8 mm 的麻花钻钻排孔,如果去废困难,可用稍大的麻花钻在中间钻削一个孔,最后用錾子去废料.或者先做一个长方形孔,再做 T 形体孔. 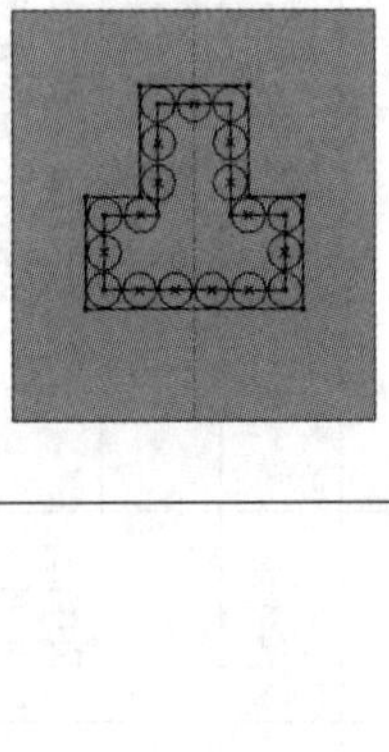 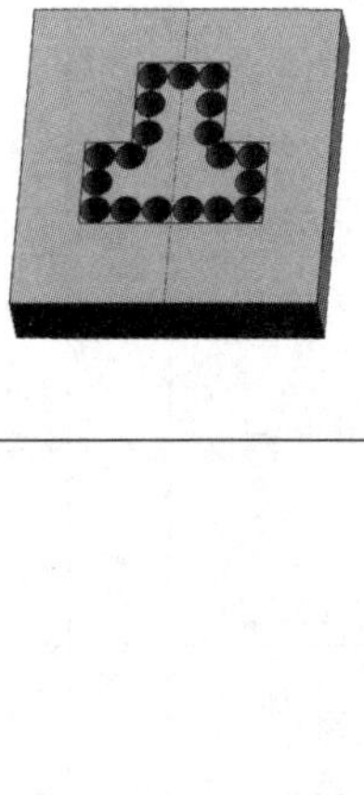	

186

步骤	工艺方法及工艺步骤图示		
4. 锉配	将内 T 形槽锉削修至尺寸要求(留 0.10 mm余量),然后精修水平方向尺寸 30 mm 配入,注意先要紧配合,水平方向配入后便锉配垂直方向;用透光和涂色法检查,逐步进行整体修锉,使外 T 形体推进推出松紧适当,达到配合要求.待整体配入后再翻面锉配.锉配前,为防止各个锐边抵触,可先用锯条消隙.		
5. 修整	各锐边倒棱,复查技术要求.		

【T 形体锉配基本工艺知识】

一、对称度

在 T 形体锉配、凸凹件锉配、铣床铣扁、铣槽,钻床钻孔时会要求对称度.对称度指的是所加工尺寸的轴线(或者中心要素)对基准中心要素的位置误差.该误差必须位于距离为对称度要求的公差值范围内,且相对通过基准轴线的辅助平面对称的两平行平面之间.

对称度分面对面、面对线、线对线等多种情况,公差带形状有两平行直线和两平行平面.

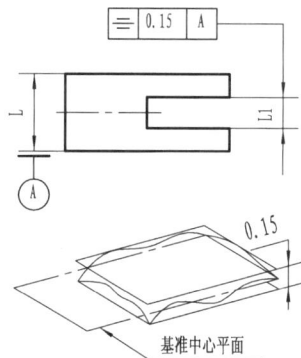

图 3-3-2 对称度原理

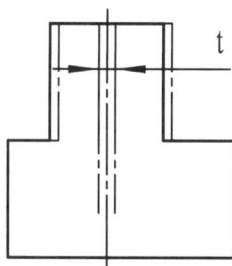

图 3-3-3 T 形体的对称度公差

二、对称度的测量方法

对称度误差值 Δ 等于测量表面与基准表面的尺寸 A 和 B 的差值的一半.检查图 3-3-4 所示的凸体件对称度时,可用刀口角尺的侧平面靠在凸台肩上,再以刀口角尺的侧平面为测量基准测量 A 和 B 的尺寸.

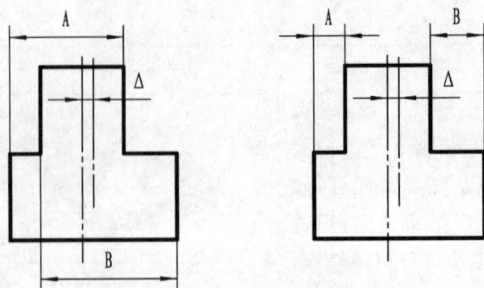

图 3-3-4 对称度的测量方法

三、对称度对锉配的影响

钳工凹凸体锉配是钳工基本操作中典型的课题. 主要使操作者掌握具有对称度要求的工件划线、加工和测量. 是锉配的基础技能. 其中对称度测量控制是难点. 如果在加工中对称度存在误差必将对工件的配合带来影响. 特别是对转位互换精度造成严重影响, 使其两侧出现位错. 这就需要在配合后进行修整, 消除误差提高转位互换精度. 许多操作者因为对称度误差认识不清, 盲目修配使误差越来越大. 下面是对称度误差的几种情况和修配方法.

1. 凸件有对称度误差

如图 3-3-5a, 配合前假如凸件有 0.05 mm 的对称度误差, 凹件没有. 图 b 为配合后的情形, 两侧出现 0.05 mm 的位错. 图 C 为凸件翻转后的配合情形, 两侧出现 0.05 mm 的位错, 并且凸件位错凸出一侧随凸件翻转而翻转, 说明凸件存在对称度误差. 应修整凹、凸件两侧的基准面加以消除. 修整时凸件多的一侧要修去 0.01 mm, 凹件每侧要修去 0.05 mm.

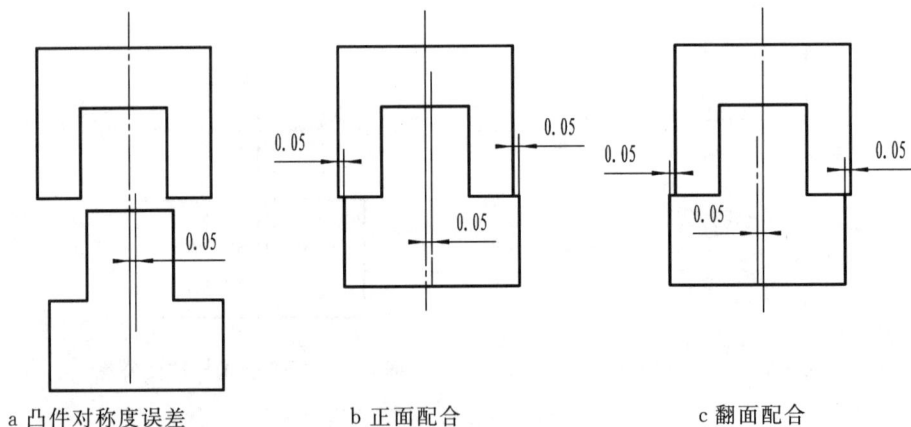

a 凸件对称度误差   b 正面配合   c 翻面配合

图 3-3-5 凸件有对称度误差

2. 凹件有对称度误差

如图 3-3-6 所示: a 图为配合前情形, 凹件有 0.05 mm 的对称度误差, 凸件没有. 图 b 为配合后的情形, 两侧出现 0.05 mm 的位错, 并且凹件位错凸出一侧随凹件翻转而翻转, 说明凹件存在对称度误差. 应修整凹、凸件两侧的基准面加以消除. 修整时凹件多的一侧要修去0.10 mm, 凸件每侧要修去 0.05 mm.

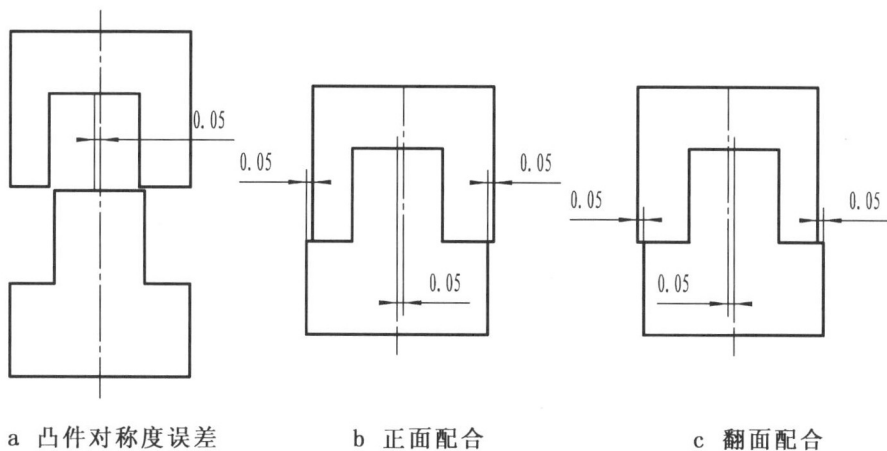

a 凸件对称度误差　　　　b 正面配合　　　　c 翻面配合

图 3-3-6　凹件有对称度误差

3. 凹、凸件都有对称度误差且相等

如图 3-3-7 所示:a 图为配合前情形,b 图为配合后情形,且对称度误差在同一个方向位置,故配合后两侧没有出现位错;但翻转 180°后两侧出现 0.10 mm 的位错,如图 3-3-6c 所示.修整时凹、凸件多出去的一侧都必须修去 0.10 mm 方可消除对称度误差,获得较高的转位互换精度.

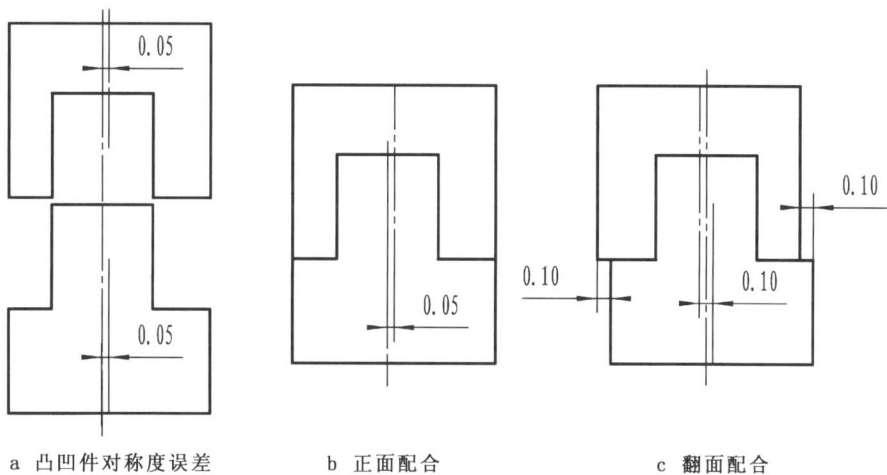

a 凸凹件对称度误差　　　　b 正面配合　　　　c 翻面配合

图 3-3-7　凸凹件均有相等对称度误差

4. 凹、凸件都有对称度误差且不相等

凹、凸件都有对称度误差且不相等如图 3-3-8 所示:(假如凸件为△2,凹件为△1),a 图为配合前情形.b 图为配合后情形,且对称度误差在同一个方向位置,配合后两侧出现|△1－△2|的位错,此时要平齐配合面,凹、凸件多出去的一侧都要修去|△1－△2|.然后翻转 180°,配合如图 3-3-8c 所示,则两侧会出现△1＋△2 的位错,修整时,凹、凸件多出去的一侧都修去△1＋△2,以获得转位互换精度.

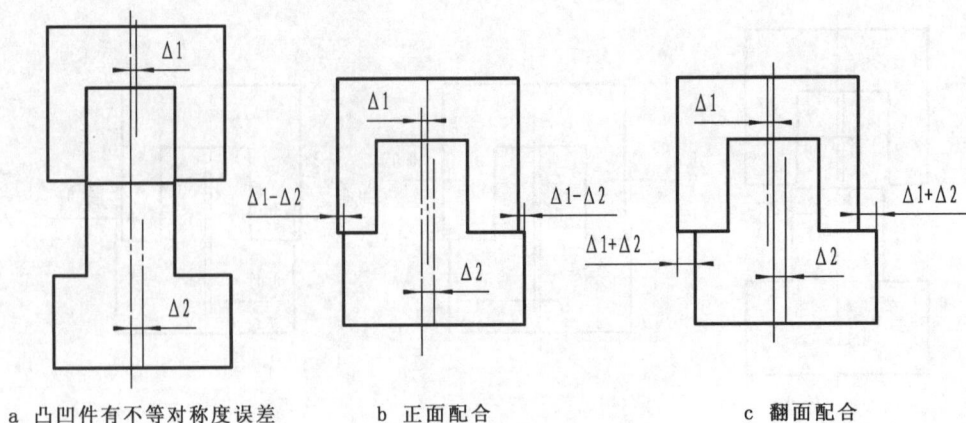

| a 凸凹件有不等对称度误差 | b 正面配合 | c 翻面配合 |

图 3-3-8　凸凹件有不等对称度误差

只有正确分析和判断,才能使修配工作准确无误,避免盲目修配使误差越来越大.特别提醒的是:由于修配要对外形基准面进行锉削,故开始加工外形基准尺寸时,要留一定的修配量.一般按所给尺寸公差的上限加工,这样即使因对称度超差修去一些,外形尺寸仍在公差之内,否则将使修配工作难以进行,而影响转位互换精度.

四、T 形体锉配的注意事项

(1)划线要准确,线条要清晰,必须一次划出.

(2)外形基准面 A、B 的相互垂直度及与大平面的垂直度,应控制在较小公差值内(<0.02 mm),以保证在划线和锉配时有较好的基准.

(3)为达到配合精度,各尺寸误差值尽可能控制在最小范围内(必须控制在配合间隙的1/2 范围内),其垂直度、平行度误差也尽量控制在最小范围.

(4)锉配时的修锉部位,应在透光与涂色检查后,再从整体情况考虑,合理确定修锉位置,避免根据局部试配情况就进行修锉,造成配合面局部出现过大间隙.

(5)当用凸模试配时,必须保证与凹模的大平面垂直,否则不能反映正确的修整部位.

(6)注意清角的修锉,防止修成圆角或锉坏相邻面.

(7)在试配过程中,不能用榔头敲击,退出时也不能直接用榔头和硬金属敲击,防止将配锉面咬毛或将锉配工件敲毛.

【成绩鉴定和信息反馈】

请参照表 2-1-1-10 和表 2-1-1-11.

❀课外作业

1. 简述对称度的定义和测量方法.

2. 简述凸凹件对称度误差的常见形式和修配方法.

3. 简述 T 形体锉配的加工工艺步骤和注意事项.

项目四　角度样板锉配

项目简述

样板是检查确定工件尺寸、形状位置的一种量具. 由于它一般是制成板状的, 使用时用其本身的轮廓形状来与被检查的工件相比较, 因此习惯地称为样板. 样板根据使用性质的不同可分为标准样板和专用样板. 该项目以专用样板中配对样板为主要加工对象, 通过配对样板的练习来进一步综合运用钳工技能.

项目内容

1. 掌握对称工件的划线.
2. 学会正确使用和保养千分尺、游标卡尺、万能角度尺等量具.
3. 熟练运用锯削、锉削、钻孔等基本技能, 并使工件达到一定的加工精度要求.

能力目标

通过本项目的练习, 能熟练地综合运用钳工各种基本技能, 进一步加强对工件的图纸分析能力及加工工艺方法.

任务　角度样板配对样图

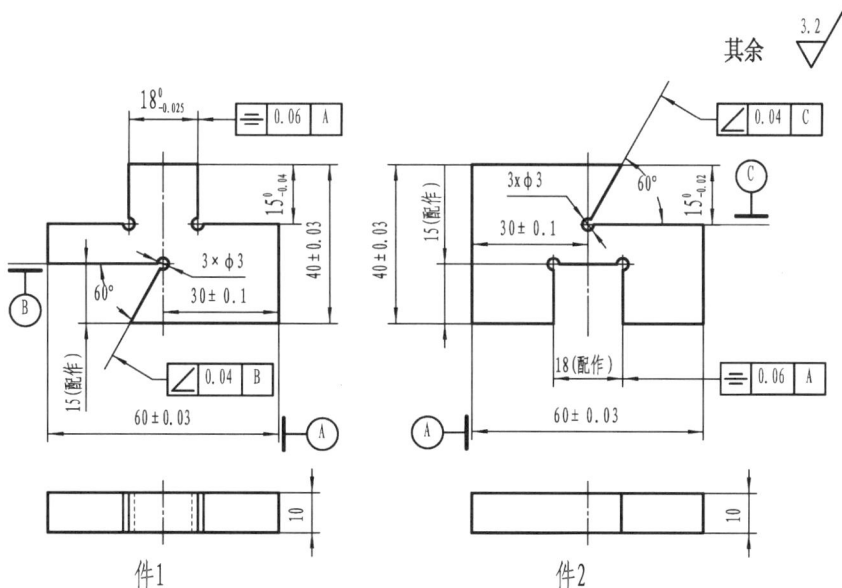

件1　　　　　　　　件2

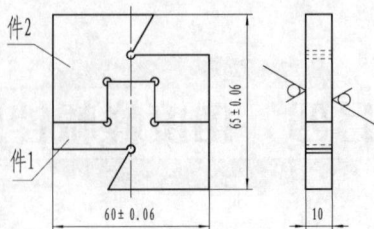

图 3-4-1　角度样板配对零件图

角度样板锉配加工技术要求：

1. 件 1 与件 2,60 度配对后，单边间隙≤0.04 mm(2 处).

2. 件 1 与件 2 凹凸正面、调面配对后，单边间隙≤0.04 mm(10 处).

3. 件 1 与件 2 配合面，平面度≤0.02 mm(7 面).

4. 件 1 与件 2 凹凸配对后，错位量≤0.06 mm.

5. 非配对面锐边倒圆 R＜0.2 mm,配对面倒棱去毛刺.

6. 各外锉削面 Ra1.6;内锉面 Ra3.2.

表 3-4-1　角度样板任务评分标准

姓名			工件号			总成绩	
项目	序号	考核要求	配分	评分标准	实测结果	得分
件 1	1	60 ± 0.03 mm	4	每超差 0.01 mm 扣 2 分		
	2	40 ± 0.03 mm	4	每超差 0.01 mm 扣 2 分		
	3	$18^{+0}_{-0.025}$ mm	4	每超差 0.01 mm 扣 2 分		
	4	$15^{+0}_{-0.02}$ mm	4	每超差 0.01 mm 扣 2 分		
	5	30 ± 0.1 mm	1	超差不得分		
	6	⚊ | 0.06 | A	3	每超差 0.02 mm 扣 1.5 分		
	7	∠ | 0.04 | B	3	每超差 0.02 mm 扣 1.5 分		
	8	Ra1.6 μm(10 面)	4	每超差一处扣 1 分		
	9	配合面,平面度≤0.02 mm(7 面)	3.5	一处不合格扣 1 分		
	10	$3\times\phi3$	1	位置不正确扣除该项全部配分		
件 2	11	60 ± 0.03 mm	4	每超差 0.01 mm 扣 2 分		
	12	40 ± 0.03 mm	4	每超差 0.01 mm 扣 2 分		
	13	$15^{+0}_{-0.02}$ mm	4	每超差 0.01 mm 扣 2 分		
	14	30 ± 0.1 mm	1	超差不得分		
	15	$60°\pm6'$ mm	4	每超差 $2'$ 扣 2 分		
	16	∠ | 0.04 | C	3	每超差 0.02 mm 扣 1.5 分		
	17	⚊ | 0.06 | A	3	每超差 0.02 mm 扣 1.5 分		
	18	Ra1.6 μm(7 面)	3.5	一处不合格扣 0.5 分		
	19	配对面平面度≤0.02 mm(7 面)	3.5	每超差一处扣 1 分		
	20	$3\times\phi3$ mm	1	位置不正确扣除该项全部配分		

续表

姓名			工件号			总成绩	
项目	序号	考核要求	配分		评分标准	实测结果	得分
件3	21	60 度角配合间隙≤0.04 mm(2 面)	8		每超差一处扣 4 分		
	22	凹凸正配合间隙≤0.04 mm(5 面)	10		每超差一处扣 2 分		
	23	凹凸调面配合间隙≤0.04 mm(5 面)	10		每超差一处扣 2 分		
	24	件 1 与件 2 凹凸配对后,错位量≤0.06 mm.	3		每超差 0.02 mm 扣 0.5 分		
	24	非配对面锐边倒圆 R<0.2 mm,配对面边棱去毛刺.	1.5		一处不合格扣 0.5 分		
	25	安全文明生产	5		酌情		
备注		1. 工件有重大缺陷或有设备事故,从总分扣 5～15 分. 2. 工时定额为 300 分钟,每超 10 分钟从总分扣 3 分,60 分钟以上为不合格.					

表 3-4-2　工量具准备清单

序号	名称	规格	数量
1	平锉	300 mm	1 把/人
2	平锉	100 mm、150 mm	1 把/人
3	三角锉	150 mm、200 mm	1 把/人
4	方锉	150 mm、200 mm	1 把/人
5	整形锉	10 支	1 把/人
6	手锯	可调式	1 把/人
7	锯条	300 mm(碳素工具钢)	1 把/人
8	划针		1 根/组
9	划规	弹簧式	1 个/组
10	样冲		1 根/组
11	手锤	0.5 磅	1 个组
12	垫铁		1 个/组
13	划线平板	500 mm×500 mm	1 个/组
14	方箱	200 mm×200 mm	1 个/组
18	钻头	φ3.φ8	1 根/组
19	高度划线尺	0～300 mm	1 个/组
20	游标卡尺	0～150 mm	1 把/组
21	千分尺	0～25 mm、25～50 mm	1 把/组
22	千分尺	50～75 mm	1 把/组
23	万能角度尺	0°～320°	1 把/组
24	刀口角尺	125×800 mm	1 把/人
25	塞尺	0.02 mm	1 把/组
26	塞规	φ8H7	1 把/组
27	软钳口	125 mm	1 把/人
28	锉刀刷		1 把/组
29	油石	100 mm×10 mm	1 把/组

左侧：钳工工艺及实训

表3-4-3 角度样板加工工艺卡片

厂名					产品型号		零件图号		3-4-1
材料牌号 Q235钢					产品名称 64mm×44mm		零件名称 角度样板	技术等级 2	角度样板

工序	工序名称	工步	工序内容	毛坯种类 钢板	同时加工件数	切削用量 余量 mm	切削用量 速度	设备	夹具	刃具	量具	技术等级	准备终结时间 min	单件 min
1	备料	1	毛坯准备、下料		2	2	30~60(次/min)	钳台	台虎钳	锯条	钢直尺	/	10	20
2	加工外形	1	按图样尺寸划出两个工件的外形加工线		2	0.1		划线平台	台虎钳	高度划线尺	高度划线尺	/	3	5
		2	锉削件1和件2，达到尺寸60×40×10尺寸要求和垂直度要求		2	0.03	30~60(次/min)	钳台	台虎钳	粗锉刀+小平锉	游标卡尺+千分尺	IT11	20	60
3	划线	1	划两个工件的全部加工线		2	0.15		划线平台	V形铁+方箱	高度划线尺+划针	高度划线尺+划针	/	5	10
4	孔加工	1	钻3×φ3的工艺孔		1	0.2	20(m/min)	台钻	活动虎钳	φ3麻花钻	游标卡尺	/	5	10
5	锉配	1	加工工件1凸形面		1	0.02	30~60(次/min)	钳台	台虎钳	粗锉刀+小平锉+整形锉	游标卡尺+千分尺	/	15	30
		2	加工工件2凹形面		1	0.02	30~60(次/min)	钳台	台虎钳	粗锉刀	游标卡尺	IT11	15	30
		3	用件1凸形面锉配件2凹形面		2	≤0.04		划线平台	V形铁+方箱	小平锉+整形锉	塞尺	/	30	50
		4	按划线锯件2的60°角余料		1	0.5	30~60(次/min)	钳台	台虎钳	锯条	游标卡尺	/	20	30
		5	用圆柱同接测量控制达到30±0.1mm的尺寸		1	±0.1		钳台	台虎钳	/	千分尺+量柱	/	10	20
		6	加工件1的60°角，按划线锯去60°角余料，按工件2的加工方法进行加工		1	±0.1	30~60(次/min)	钳台	台虎钳	锯条小平锉+整形锉	千分尺	/	10	20
		7	件1件2进行配合，角度配合间隙≤0.04mm，尺寸达30±0.1mm		2	≤0.04		钳台	台虎钳	小平锉+整形锉	塞尺	/	25	50

（续表）

厂名		产品型号		零件图号		3-4-1	共 2 页
		产品名称	角度样板	零件名称	角度样板		第 2 页
材料牌号	Q235 钢	毛坯种类	钢板	毛坯外形尺寸	64mm×44mm	毛坯件数	2	备注

工序	工序名称	工步	工序内容	同时加工件数	切削用量		设备	工艺装备			技术等级	工时定额	
					余量 mm	速度		夹具	刀具	量具		准备终结时间 min	单件 min
6	修整	1	全部锐边倒棱、检查精度	2	R0.1		钳台	台虎钳	小平锉或整形锉	/	/	5	10
		2	工件的粗抛光	2	Ra1.6～3.2		钳台	台虎钳	0#砂布	对比块	/	5	10
		3	工件的精抛光	2	Ra1.6		钳台	台虎钳	旧砂布背面及机油	对比块	IT10	5	10
								编制（日期）	审核（日期）	会签（日期）		
标记	处记	更改文件号	签字	日期	标记	处记	更改文件号	签字	日期			

角度样板锉配是练习锉配的重要内容,角度锉配技能反映了操作者掌握非垂直面锉配的操作技能水平,同时涉及角度测量和计算能力,有利于提高操作者观察、分析、判断、综合处理问题的能力.同时,角度锉配技能是钳工技能的难点,要求重点掌握.

任务目标

通过该项目的训练,要求掌握角度样板锉配的基本技能,进一步提高我们的操作技能和测量、技术及观察能力.

技能练习

表 3-4-4　角度样板加工工艺过程

步骤	工艺方法及工艺步骤	图示
1	1. 图纸分析:根据角度样板的技术要求,用(62±0.5) mm×(42±0.5) mm×10 mm 的 35♯钢板,锉配角度样板,凸面配合间隙≤0.04 mm;60°角配合间隙≤0.04 mm,表面精糙度 Ra1.6 μm 和 3.2 μm. 2. 锯削下料:62 mm×42 mm×10 mm (2件);(如右图 1 所示)	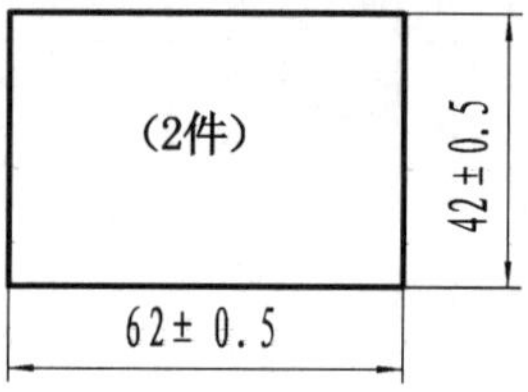 (2件)　42±0.5　62±0.5　(图 1)
2	1. 检查材料尺寸. 2. 按图样尺寸划出两个工件的外形加工线. 3. 锉削件 1 和件 2,达到尺寸(60±0.03) mm×(40±0.03) mm×10 mm 的尺寸要求和垂直度要求.(如右图 2 所示)	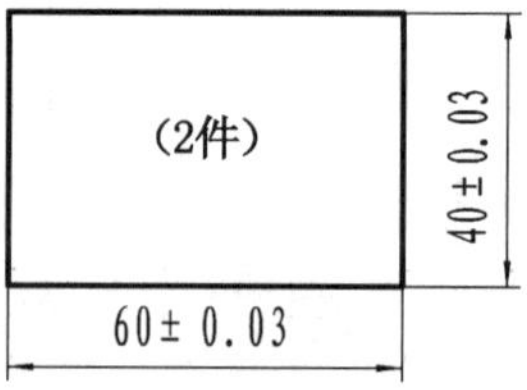 (2件)　40±0.03　60±0.03　(图 2)
3	1. 划两个工件的全部加工线,并钻 3×φ3 mm 的工艺孔.(如右图 3、4 所示)	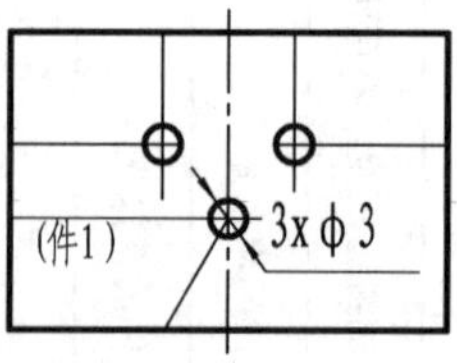 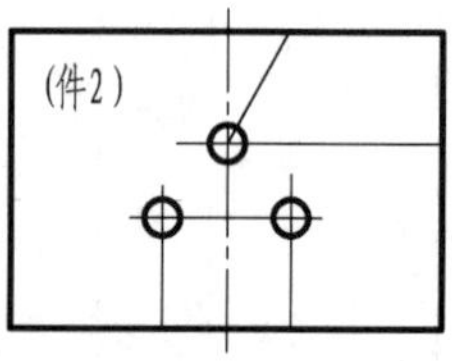 (件1)　3×φ3　(图 3)　(件2)　(图 4)

步骤	工艺方法及工艺步骤	图示
4	1. 加工工件 1 凸形面,按划线垂直锯掉余料,通过粗锉、细锉两垂直面,根据 40 mm 处的实际尺寸,通过控制 25 mm 的尺寸误差值,从而保证 $15^{+0}_{-0.02}$ mm 的尺寸要求. 2. 通过控制 39 mm 的尺寸误差值,从而保证在取得尺寸 $18^{+0}_{-0.025}$ mm 的同时又能保证其对称度误差在 0.06 mm 之间(如右图 5 所示) 3. 按划线锯去另一角垂直余料,用上述方法控制并锉对尺寸 $15^{+0}_{-0.02}$ mm,直接测量尺寸 $18^{+0}_{-0.025}$ mm 的尺寸.(如图 6)	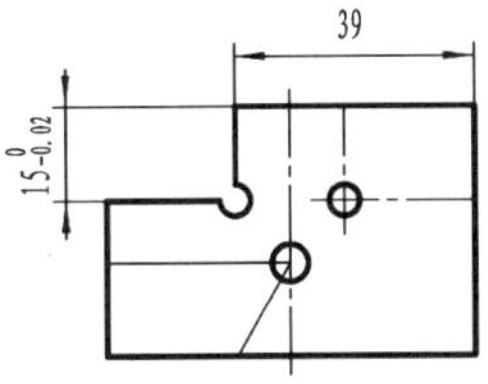 (图 5) 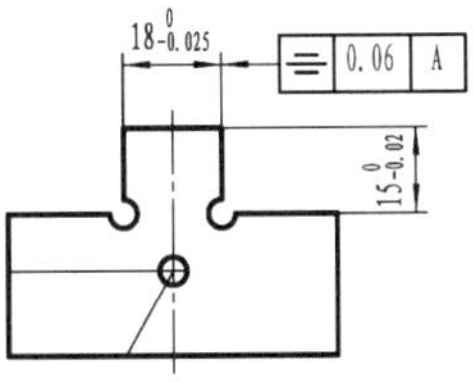　　　　(图 6)
5	1. 加工工件 2 凹形面,并用工件 1 凸形面试配,达到配合间隙≤0.04 mm 的位置精度和错位量≤0.06 mm.(如右图 7 所示)	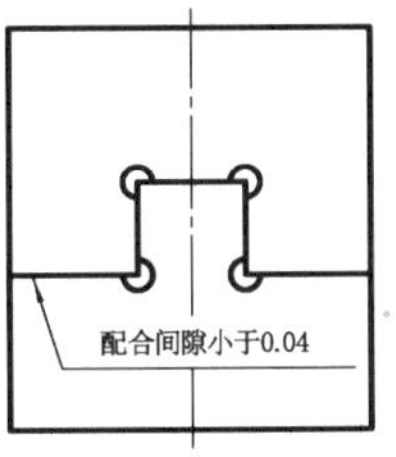 配合间隙小于0.04 (图 7)
6	1. 按划线锯去 60°角余料,粗锉,细锉并控制 25 mm 尺寸误差,达到 $15^{+0}_{-0.02}$ mm 的尺寸要求,再用 60°角度样板检验,测准 60°角并用 0.04 mm 塞尺检查,应不能塞入即达到配合间隙≤0.04 mm 的要求. 2. 再用圆柱间接测量,按公式求出测量的定数值,来控制达到 30 ± 0.1 mm 的尺寸要求.(如右图 8 所示)	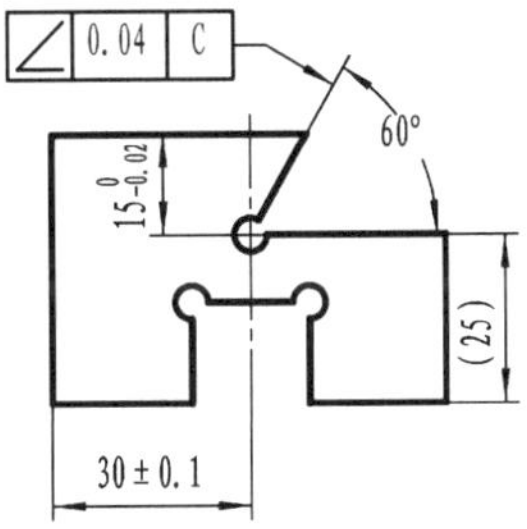 (图 8)
7	1. 加工件 1 的 60°角,按划线锯去 60°角余料,按工件 2 的加工方法进行加工,同时进行锉配,达到角度配合间隙≤0.04 mm,尺寸达 30 ± 0.1 mm 的要求.(如右图 9 所示)	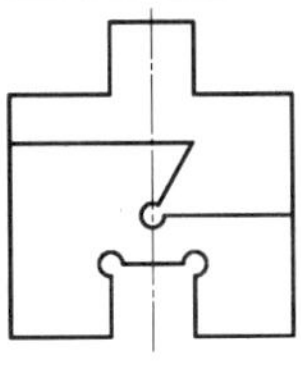 (图 9)
8	1. 抛光. 2. 全部锐边倒棱,检查精度. 3. 送检.(如右图 10 所示)	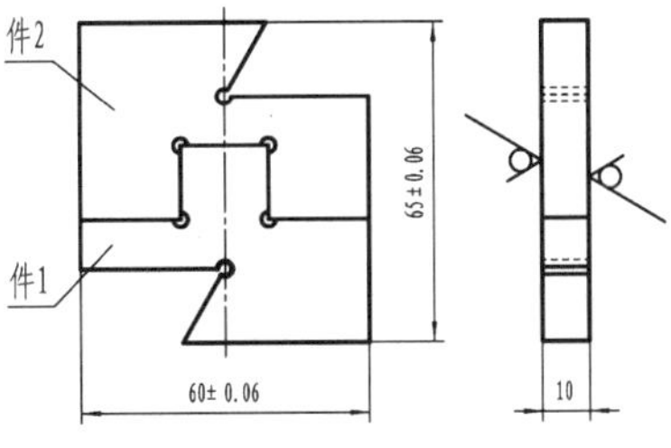 件2　件1　(图 10)

【角度样板锉配基本工艺知识】

一、角度样板锉配工艺方法

1. 在锉配角度样板时,由于外表面比内表面容易加工和正确测量,还容易达到较高的精度,所以一般先加工凸件后锉配凹件.

2. 加工内表面时,为了便于控制尺寸和 Ra 值,一般应选择有关外表面作测量基准,因此对外形基准面加工必须达到较高的精度,这样才能保证规定的配作精度.

3. 锉配角度样板件时,可选锉制一副内外角度检查样板,以备加工时测量角度使用.(如图 3-4-2 所示)

图 3-4-2　60°样板

4. 在配合修锉时,可通过透光法和涂色显示法,确定其修锉位置和余量,逐步达到正确的配合要求.

5. 锉削时,测量角度样板斜角面尺寸,一般采用间接测量法,其测量尺寸 M 与样板的尺寸 B 和圆柱(量柱)直径 d 有如下关系(如图 3-4-3 所示):$M = B + \dfrac{d}{2} \cdot \cot \dfrac{a}{2} + \dfrac{d}{2}$

M——测量读数值;

B——样板余面与槽底的交点至侧面的距离;

D——圆柱量棒的直径.

当要求尺寸为 A 时:$B = A - C \times \mathrm{tg}\, a$

公式中:A——斜面与槽口平面的交点至侧面的距离,

C——角度的深度尺寸.

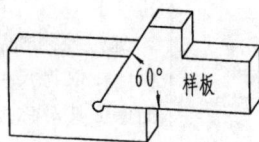

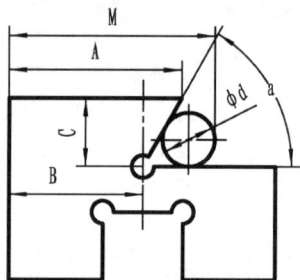

图 3-4-3　间接测量

二、角度样板的相关知识

1. 测量的基本概念

为确保产品的质量,各种零件的形状和尺寸都要严格按图纸要求进行制造.同时在装配时,同样也要按一定的装配要求进行调整.因此在零件的生产和装配过程中,不仅要经常对零件的尺寸、形状以及相互间位置进行测量和检验,而且,为了提高产品的生产效率和质量,对所需要的各种量具、刀具和工模夹具的测量和检验尤为重要.

所谓测量,就是将测量对象被测的量与标准的量进行比较,以确定两者比值的过程.

2. 测量方法的分类

按测量结果是否直接获得,可分为直接测量和间接测量;可根据测量结果读数不同,又可分为绝对测量和相对测量.

(1)直接测量:被测量可以从量具的读数装置上直接获得或获得相对于标准量的偏差值的测量方法,如使用游标卡尺、千分尺、百分表等直接测量工件.

(2)间接测量:实际测量的量与需要测量的量之间存在某些特定的函数关系的测量方法.

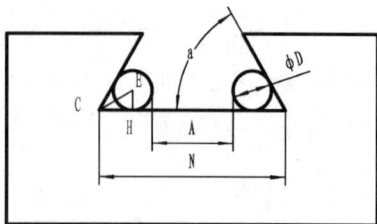

图 3-4-4　间接测量

如图 3-4-4 所示,被测量的燕尾槽底宽(W)为:$W = A + D(1 + \cot\dfrac{a}{2})$

(3)绝对测量:被测量直接从量具或量仪上显示出全值的测量方法,如用千分尺、测量工件.

(4)相对测量:测量时,量具或量仪上指示的数值表示被测量相对于标准量的偏差值,如用百分表测量工件的偏差值.

(5)单项测量:在零件形状比较复杂,包含的参数较多时,用各种万能量具对各个参数进行单独的测量.如正弦规和千分尺分别测量圆锥面体的锥度和直径等.

(6)综合测量:将零件的实际外形及其极限外形比较,以检验出零件的实际外形是否在规定的极限外形范围内的方法.如用锥度量规检验锥体零件等.

在进行零件的测量过程中,既可以单独使用上述测量方法,也可根据情况将以上测量方法结合使用.

三、制作角度样板的注意事项

1. 由于采用间接测量法;因此必须经过正确换算和测量,才能得到实际要求的精度.

2. 在整个加工过程中,加工面都比较窄,因此一定要锉平,保证与大平面垂直,才能达到配合精度.

3. 加工凹形面时,为了保证对称度精度,只能先去掉一端角料,达到规定要求后,才能去掉另一端角料.只有在凸形面加工结束后,才能去掉 60°角余料,再进行角度锉削,以保证加工时便于测量控制.

4. 在锉凹形面时,必须先锉一个凹形面侧面,根据 60 mm 处的实际尺寸,通过控制21 mm 的尺寸误差,来实现配合后的对称度要求.

5. 凸凹锉配时,应按已加工好的凸形面,先锉配凹形两个侧面,后锉配凹形端面.加工时必须注意锉配时一般不在加工凸形面,否则会使其失去精度而无基准,使锉配难以进行.

四、安全文明生产

1. 锯削操作时应注意:锯条安装松紧应适当;工件伸出钳口不应过长,工件要夹紧;锯削时用力要均匀;起锯角度不要超过 15°;锯割将完时注意扶稳将断端.

2. 锉削操作时应注意:不用无柄、松柄或裂柄的锉刀;锉刀放置时不能露出工作台外;锉削时不能将有油污的手去摸已锉过的面;清除铁屑只准用毛刷扫.

3. 钻削操作时应注意:工件及钻头要夹紧装牢,防止钻头脱落或飞出;运动中严禁变速,变速时必须等停车后待惯性消失再扳动换挡手柄;孔将穿时要减少进给;使用手电钻时应戴胶手套和穿胶鞋.

4. 任何人在使用设备后,都应把工具、量具、材料等物品整理好,并作好设备清洁和日常设备维护工作.

5. 测量尺寸前,工件上的毛刺要及时清除,以免影响测量的准确性.

6. 钻排孔和去余料时,应注意防止工件的变形.

7. 工量具摆放整齐.

8. 要遵守钻床砂轮机的安全操作规程.

【成绩鉴定和信息反馈】

请参照表 2-1-1-10 和表 2-1-1-11.

模块四　钳工技能综合运用

项目一　小角尺制作

通过本项目小直角尺制作的练习,全面训练学生综合运用钳工基本操作技能和工艺路线选择的能力,完成简单工件的制作加工,为今后独立完成钳工工作任务奠定基础和丰富操作经验,练习中要认真动脑分析图纸技术要求和制定加工工艺路线,加工中要正确运用所学的钳工操作和测量技能,培养良好的产品质量意识和成本意识.

项目内容

1. 小直角尺制作.

项目目标

1. 能识读工件图纸的技术要求.

2. 能在教师指导下编制工件加工工艺.

3. 综合运用钳工操作技能完成小直角尺的制作.

任务　小角尺制作

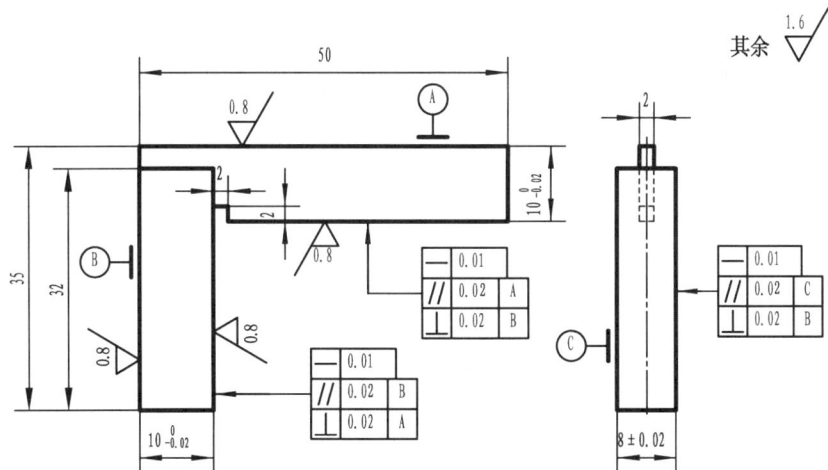

图 4-1-1　小角尺

表 4-1-1　小角尺制作评分表

班次		工件号		姓 名			总分	
序号	项目与技术要求			配分	评分标准		检测记录	得分
1	50 mm			3	超差 3 mm 不得分			
2	35 mm			3	超差 3 mm 不得分			
3	32 mm			3	超差 3 mm 不得分			

续表

班次		工件号		姓 名			总分	
序号	项目与技术要求		配分	评分标准			检测记录	得分
4	$10^0_{-0.02}$ mm（2 处）		6×2	每超差 0.01 mm 扣 1 分				
5	（尺苗）2 mm		5	超差 0.20 mm 不得分				
6	消气槽 2 mm×2 mm		3	超差 0.20 mm 不得分				
7	（尺苗）直线度≤0.01 mm（2 处）		6×2	超差不得分				
8	平行度≤0.02 mm		6	超差不得分				
9	垂直度≤0.02 mm		6	超差不得分				
10	（尺座）直线度≤0.01 mm		6	超差不得分				
11	平行度≤0.02 mm		6	超差不得分				
12	垂直度≤0.02 mm		6	超差不得分				
13	表面粗糙度 Ra0.8 μm（4 处）		5×4	超差不得分				
14	表面粗糙度 Ra1.6 μm（4 处）		1×4	超差不得分				
15	安全及职业素养		5	违反者不得分				
16	工时定额		扣分	24 小时完成,超过 60 分钟扣 5 分				

表 4-1-2　工量具准备清单

序号	名称	规格	数量
1	游标高度划线尺	0～300 mm	1 把/组
2	游标卡尺	0～150 mm	1 把/组
3	宽座角尺	100 mm×63 mm	1 把/组
4	刀口角尺	100 mm×63 mm	1 把/人
5	划线平台		1 个/组
6	划针		1 支/组
7	划规		1 支/组
8	样冲		1 支/组
9	榔头	0.5kg	1 把/人
10	挡块（V 形铁）		1 支/组
11	平锉刀	粗齿 300 mm	1 把/人
12	平锉刀	中齿 100 mm	1 把/人
13	平锉刀	中齿 150 mm	1 把/人
14	千分尺	0～25 mm	1 把/组
15	抛光砂布	细	1 张/人
16	研磨膏		

表4-1-3　小小角尺加工工艺卡片

厂名				产品型号		产品名称	小角尺	零件图号	2-4-1		共1页
								零件名称	小角尺		第1页
材料牌号	Q235			毛坯种类	圆钢 板材	毛坯外形尺寸	52×37×8		毛坯件数	1	

工序	工序名称	工步	工序内容	同时加工件数	切削用量		设备	工艺装备			技术等级	工时定额		备注
					余量 mm	速度		夹具	刀具	量具		准备终结时间 min	单件 min	
1	备料	1	毛坯准备、下料	1	2	30~60（次/min）	钳台	台虎钳	锯条	钢直尺	10	20		
2	外形加工	1	锉削四方体	1	1.5	30~60（次/min）	钳台	台虎钳	平锉刀	游标卡尺 百分尺	10	110		
		2	划线	1			平台			划线尺	10	20		
		3	锯割去废料	1	1.5	30~60（次/min）	钳台	台虎钳	锯条	游标卡尺	10	20		
		4	锉削尺座（尺身）	1	0.8	30~60（次/min）	钳台	台虎钳	平锉刀	游标卡尺 百分尺	10	200		
		5	锉削尺苗	1	0.8	30~60（次/min）	钳台	台虎钳	平锉刀	游标卡尺 百分尺	20	340		
3	研磨加工	1	粗研尺身、尺苗	1			平板		粗研磨膏	百分尺 刀口直角尺	10	350		
		2	细研尺身、尺苗	1			平板		细研磨膏		10	290		

					编制（日期）	审核（日期）	会签（日期）
标记	处记	更改文件号	签字	日期	标记	处记	更改文件号	签字	日期

通过分析图纸制定工艺加工路线,综合运用钳工基本操作技能,独立完成小角尺的制作加工,从具体产品的制作中提高钳工技能水平.

任务目标

1. 能根据图纸要求编制工件加工路线并完成小角尺的制作.
2. 全面提高锉削操作技能水平.

技能练习

表 4-1-4 小直角尺加工工艺过程

步骤	工艺方法及工艺步骤图示	
1	粗精锉毛坯四方体,符合尺寸 50 mm×35 mm×8 mm;两垂直基准面平面度≤0.02 mm;垂直度≤0.02 mm;Ra1.6 μm	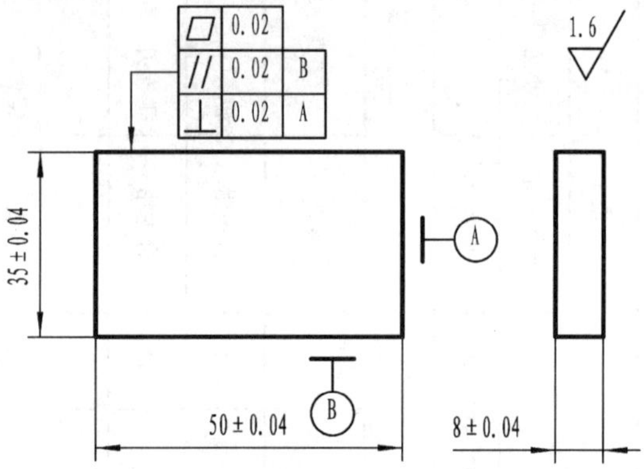
2	以 A、B 两垂直基准面为基准,按图样要求划线.	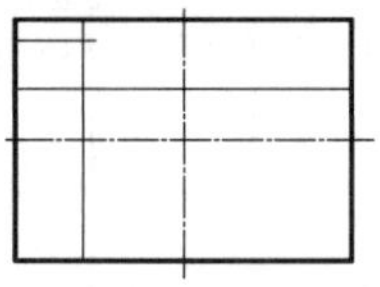
3	锯90°直角取废,各面留 1 mm 加工余量.	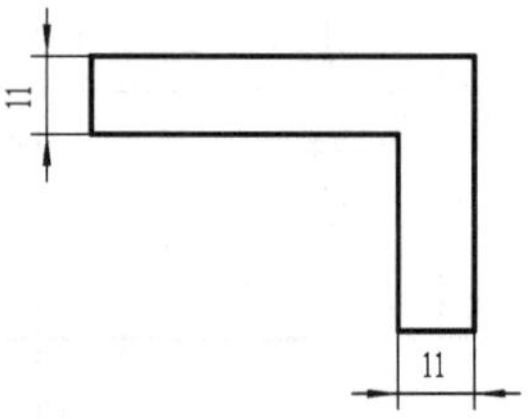
4	以 B 面为基准,粗、精粗尺座内面,符合图样尺寸和形位公差要求.	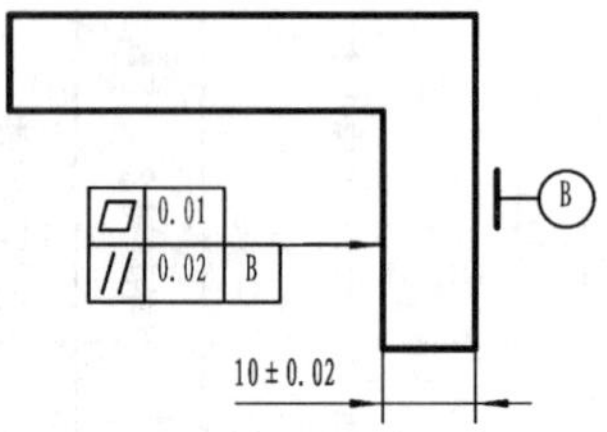
5	以 A 面、尺座内面为基准,粗、精锉尺苗,符合图样尺寸和形位公差要求.	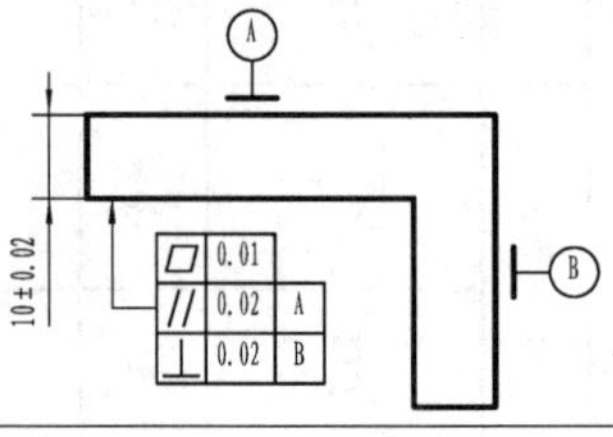

步骤	工艺方法及工艺步骤图示	
6	锯尺苗右侧取废,留 1 mm 加工余量;粗、精锉尺苗右侧平面;保证尺寸 5±0.02;平面度≤0.02 mm;平行度≤0.02 mm;垂直度≤0.02 mm;Ra1.6 μm	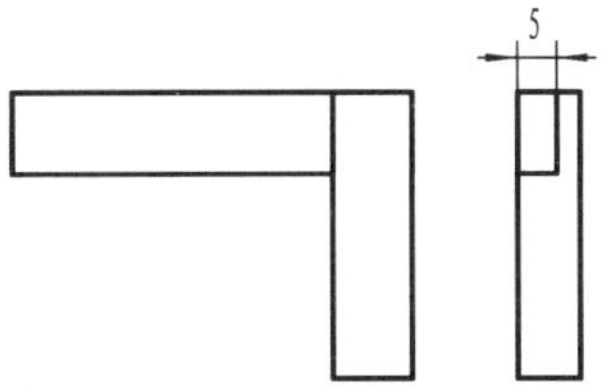
7	锯尺苗左侧取废,留 1 mm 加工余量;粗、精锉尺苗左侧平面;保证尺寸 2±0.02 mm;平面度≤0.02 mm;平行度≤0.02 mm;垂直度≤0.02 mm;对称度≤0.10 mm;Ra1.6 μm	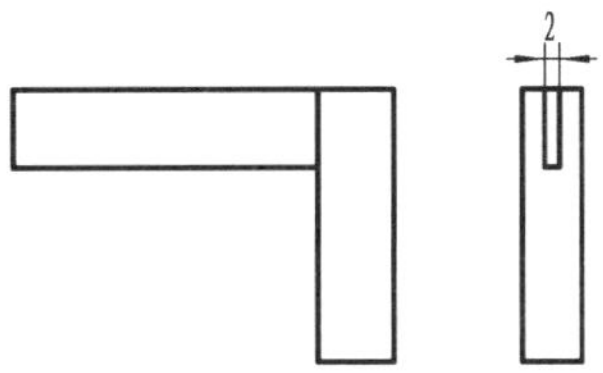
8	精锉加工尺座上部两侧 3 mm 阶台处修饰加工,要求美观,高矮一致	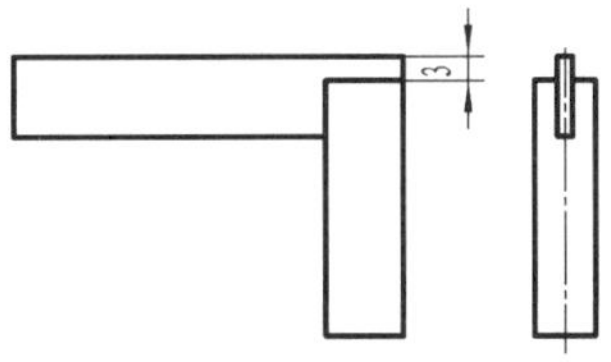
9	锯、精锉 90°内角处消气槽,保证尺寸 2×2 mm	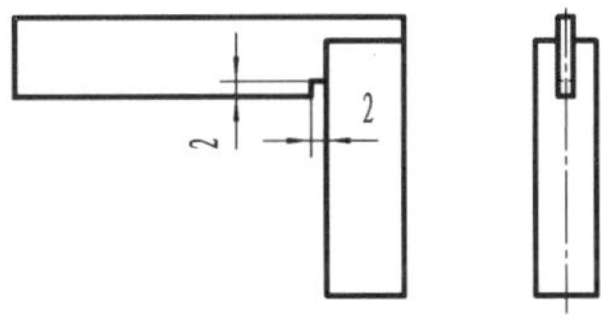
10	抛光,研磨尺身、尺苗至图纸要求	

【成绩鉴定和信息反馈】

请参照表 2-1-1-10 和表 2-1-1-11.

项目二　绞手制作

项目简述

绞手是钳工必不可少的工具,本项目运用了钳工的各项基本技能,其中包括:划线、锯削、锉削、锉配、钻孔、扩孔、铰孔、套丝、攻丝等基本技能.通过绞手的制作巩固前面所学的钳工基本技能,并能合理制定加工工艺和加工方法,不断提高操作技能.

项目内容

1. 掌握零件图的分析和加工工艺步骤.
2. 掌握使用各种量具和刃具使用方法,提高测量技能.
3. 熟练运用划线、锯削、锉削、钻孔、攻丝、套丝、锪孔、锉配等基本技能,并达到精度要求.

能力目标

通过本项目的练习,提高加工综合产品的能力,在提高基本操作技能的同时,提高产品整体加工的工艺水平,培养创新能力.

任务:绞手制作

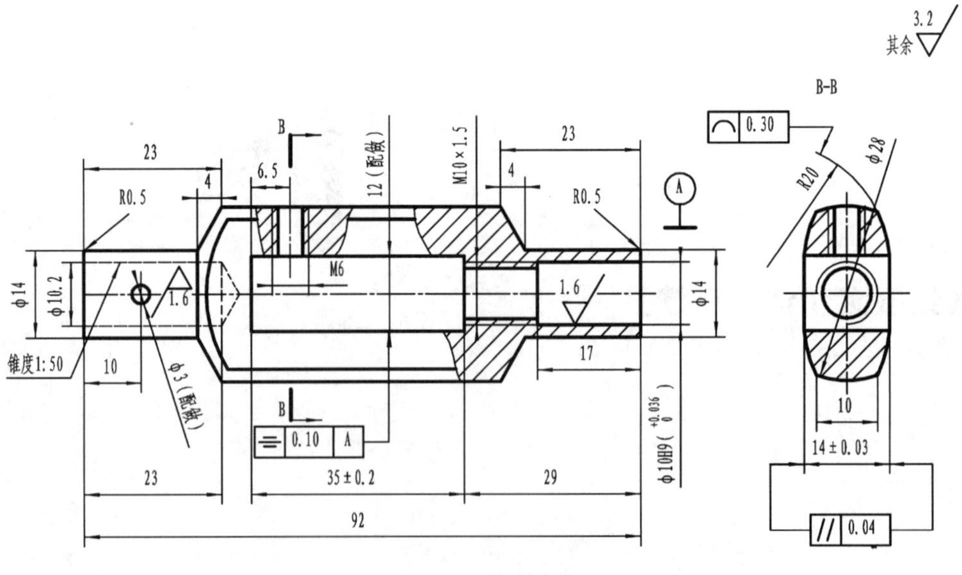

图 4-2-1　绞手壳体

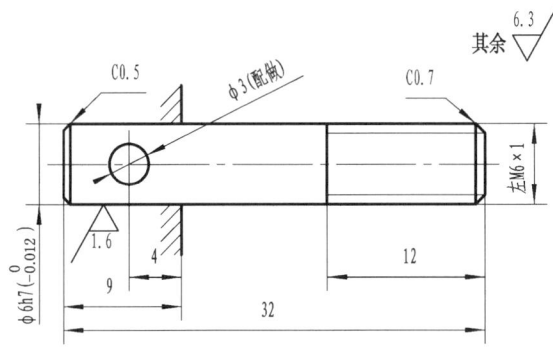

图 4-2-2 倒牙螺杆

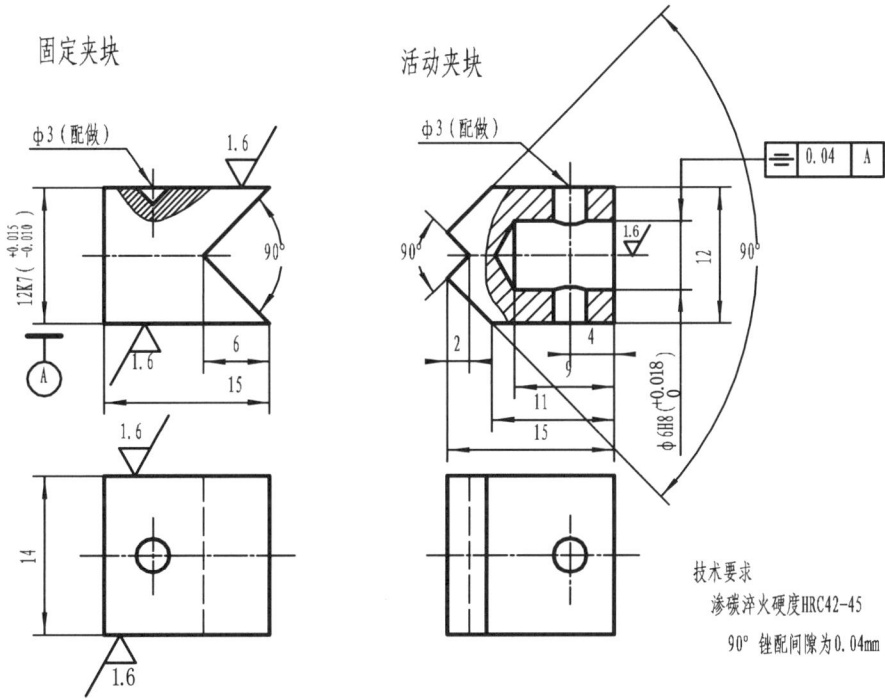

固定夹块

活动夹块

技术要求

渗碳淬火硬度HRC42-45

90° 锉配间隙为0.04mm

图 4-2-3 夹块

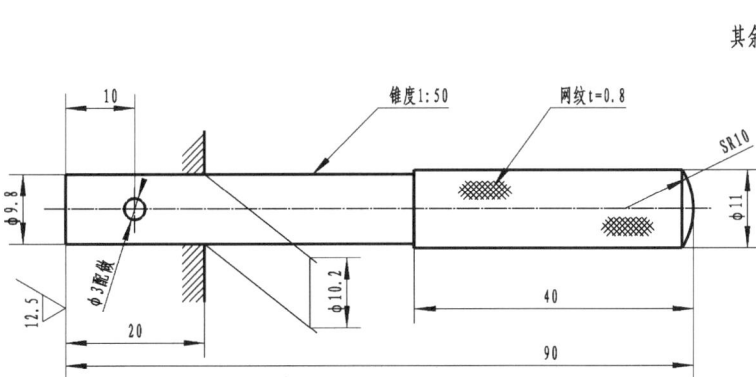

图 4-2-4 固定手柄

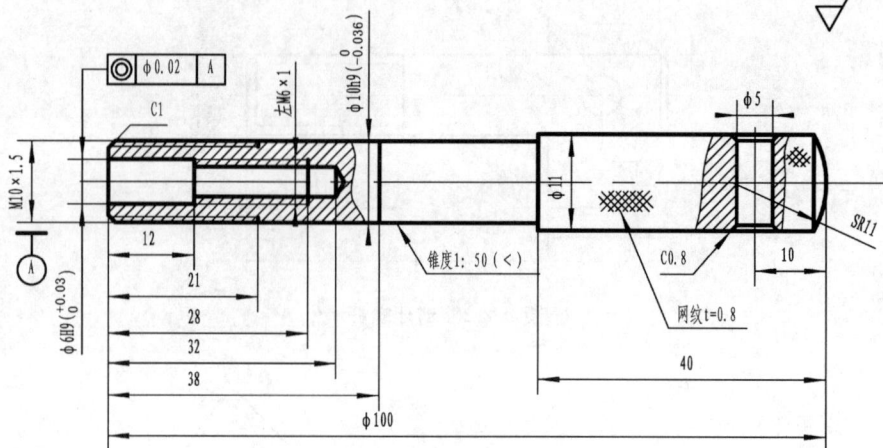

图 4-2-5　活动手柄

表 4-2-1　绞手制作评分标准

姓名		工件号		总成绩	
序号	考核要求	配分	评分标准	实测结果	得分
1	壳体尺寸 14±0.03 mm	5	每超差 0.01 mm 扣 2 分		
2	壳体与夹块平行度 0.04 mm	5	每超差 0.01 mm 扣 2 分		
3	壳体 R20 圆弧正确(4 面)	5	每超差 0.01 mm 扣 2 分		
5	壳体与夹块粗糙度 Ra1.6 μm(6 处)	5	每超差一处扣 2 分		
5	夹块 90°锉配间隙 0.04 mm	10	每超差 0.01 mm 扣 2 分		
6	壳体与夹块锉配间隙 0.04 mm	10	每超差 0.01 mm 扣 2 分		
7	锉配表面粗糙度 Ra3.2 μm	5	每超差一处扣 2 分		
8	夹块尺寸 12K7	5	每超差 0.01 mm 扣 2 分		
9	活动手柄转动灵活松紧适当	5	不合格不得分		
10	活动手柄 ϕ6 同轴度 0.20 mm	5	每超差 0.02 mm 扣 2 分		
11	夹块配合及尺寸 26±0.1 mm	5	不合格不得分		
12	倒牙螺杆与活动夹块的止动孔配合	5	不合格不得分		
13	ϕ10H9 和 ϕ10H9	5	每超差 0.01 mm 扣 2 分		
14	ϕ6H9	5	每超差 0.01 mm 扣 2 分		
15	ϕ6H8 和 ϕ6H7	5	每超差 0.01 mm 扣 2 分	·	
16	铆接	5	不合格不得分		
17	壳体 12 mm 槽对称度 0.10 mm	5	每超差 0.02 mm 扣 2 分		
18	外观	5	一处不合格扣 2 分		
19	操作安全	扣分	安全文明生产,违者扣 10～20 分		
20	工时定额 42h	扣分	42 小时完成,超过 60 分钟扣 5 分		

表 4-2-2　工量具准备清单

序号	名称	规格	数量
1	游标高度划线尺	0～300 mm	1 把/组
2	游标卡尺	0～150 mm	2 把/组
3	千分尺	0～25 mm	2 把/组
4	千分尺	25～50 mm	2 把/组
5	宽座角尺	100 mm×63 mm	2 把/组
6	刀口角尺	100 mm×63 mm	2 把/组
7	划线平台		1 把/组
8	划针		1 只/人
9	划规		1 只/组
10	样冲		1 只/人
11	榔头		1 把/人
12	挡块（V 形铁）		1 只/组
13	大锉刀	300 mm 粗齿	1 把/人
14	中锉刀	250 mm 细齿	1 把/人
15	中锉刀	150 mm 细齿	1 把/人
16	什锦锉刀		1 套/人
17	方锉刀		1 把/人
18	三角锉刀		1 把/人
19	麻花钻	$\phi 3$	1 只/组
20	麻花钻	$\phi 8.5$	1 只/组
21	麻花钻	$\phi 10$	1 只/组
22	麻花钻	$\phi 5$	1 只/组
23	麻花钻	$\phi 5.8$	1 只/组
24	平底锪孔钻	$\phi 10$	
25	丝锥	左 M6×1	1 套/组
26	丝锥	M10×1.5	1 套/组
27	圆板牙	左 M6×1	2 只/组
28	圆板牙	M10×1.5	2 只/组
29	板牙绞杠		2 只/组
30	丝锥绞手		2 只/组
31	抛光砂布		1 张/人
32	铰刀	$\phi 10.2$ 锥度铰刀 50∶1	1 只/组
33	铰刀	$\phi 10$ 铰刀	1 只/组
34	铰刀	$\phi 6$ 铰刀	1 只/组

表 4-2-3　铰手加工工艺卡片

厂名		产品型号		产品名称		零件图号		零件名称		共 1 页
材料牌号	45 钢	毛坯种类	圆钢/板料	毛坯外形尺寸		毛坯件数		铰手		第 1 页

工序号	工序名称	工步	工序内容	同时加工件数	切削用量 余量 mm	切削用量 速度	设备	工艺装备 夹具	工艺装备 刀具	工艺装备 量具	技术等级	工时定额 准备终结时间 min	工时定额 单件 min	备注
1	备料	1	来件检查（手柄及壳体毛坯由车加工），锯割下料	2	2	40 (次/min)	钳台	台虎钳	锯条	游标卡尺		10	350	
2	制作铰手	1	锉削夹块长方体达到尺寸要求 34×18×12	1	1	30~60 (次/min)	钳台	台虎钳	锉刀	游标卡尺+千分尺		10	710	
		2	将 φ28 圆钢加工成铰手壳体，与夹块长方体锉配	2		30~60 (次/min)	钳台	台虎钳	锉刀、手锯	游标卡尺+千分尺+塞尺			710	
		3	锉配活动夹块与固定夹块上的 90°直角	2		30~60 (次/min)	钳台	台虎钳	锉刀、手锯	游标量角器+千分尺+塞尺		10	800	
		4	用钻套将壳体及夹块钻孔、锪孔、攻丝、铰孔	3		20 (m/min)	台钻	平口钳	麻花钻+丝锥+铰刀	塞规	H9/H8	10	50	
		5	铰 φ6 孔，用倒牙螺杆配做活动手柄 M6 的左旋螺纹并装配	3			台钻	平口钳	麻花钻+丝锥	塞规	H9	10	20	
		6	在铰手壳体上与固定夹块做 M6 螺纹和 φ5 的底孔钻锪止动坑并装止动螺钉	3		15 (m/min)	台钻	平口钳	麻花钻+丝锥	游标卡尺+千分尺		10	170	
		7	钻 φ3 底孔，铆接固定手柄	2		15 (m/min)	台钻	平口钳	麻花钻	游标卡尺+千分尺				
		8	活动手柄端部 φ5 孔加工	1		15 (m/min)	台钻	平口钳	麻花钻	游标卡尺				
		9	铰手壳体外形加工	1					锉刀、砂布					
3	整形	1	抛光、清洗、装配、检查	6				夹钳						
4	热处理	1	夹块淬火、其他零件调质	6										

									编制（日期）	审核（日期）	会签（日期）
标记	处记	更改文件号	签字	日期	标记	处记	更改文件号	签字	日期		

绞手的制作是难度较大的课题,在练习过程中,一定要有全局观念,能够协调每个零件的加工顺序,在练习过程中,要注意孔加工基本技能的提高和钳工基本技能的综合运用.

任务目标

通过该项目的训练,让学生全面练习和巩固:划线、锯割、锉削、锉配、钻孔、锪孔、铰孔、攻螺纹、套螺纹等技能.掌握零件加工工艺的制作和整体产品的加工技能.遵守钳工安全文明生产规程.

技能训练

表 4-2-4　绞手的加工工艺步骤

步骤	工艺方法及工艺步骤图示	
1. 制作夹块毛坯	根据锯割件,锉削加工长方体达 34 mm×18 mm×12 mm 的尺寸要求及形位公差要求:一定要注意平行度和垂直度的加工,$12_{-0.05}^{0}$ mm 尺寸要严格保证,如右图所示.	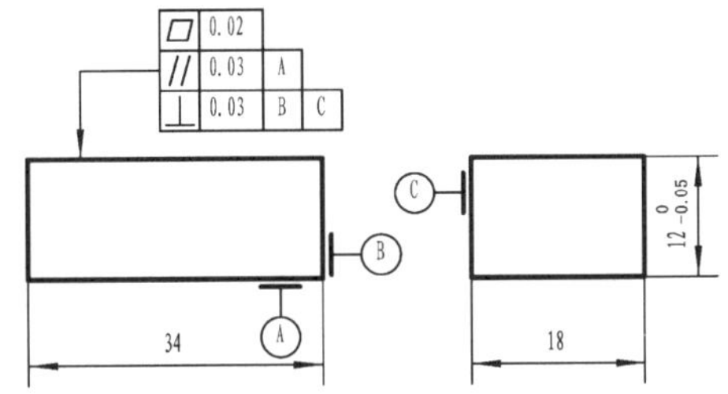
2. 壳体加工	将车工制作的 ϕ28 圆钢毛坯加工成 14 mm 厚的绞手壳体,然后钻削 ϕ11 的三个排孔,锉削成长方形槽孔,再与夹块长方体锉配,达到间隙小于 0.04 mm 的要求.	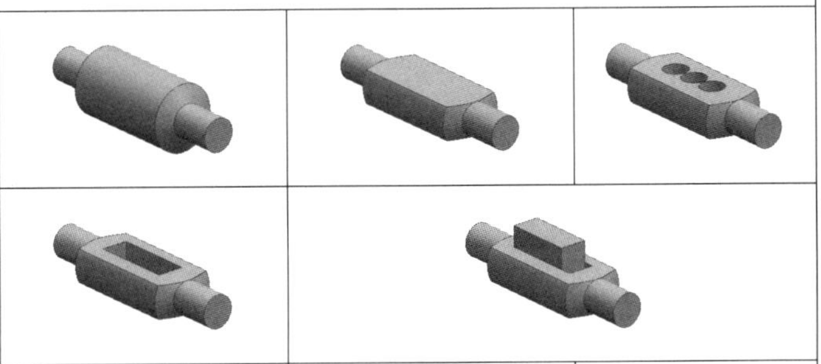
3. 锉配夹块	将 34 mm×18 mm×12 mm 的毛坯锯割成两段,锉削成 15 mm×18 mm×12 mm 两件长方体,锉配活动夹块与固定夹块 90° 直角,要求间隙小于 0.04 mm. 最后与绞手壳体锉配.	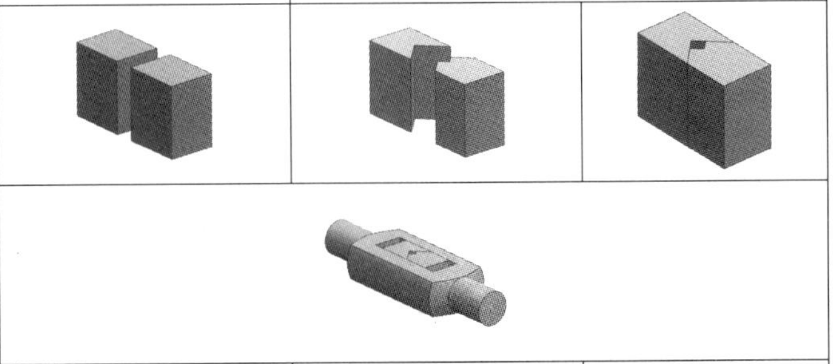
4. 壳体及夹块孔加工	钻孔 ϕ8.5 mm 的右面底孔(通孔),锪 ϕ9.8 mm 的台阶孔(深度为 17 mm),铰孔 ϕ10H9,攻丝 M10×1.5;钻孔 ϕ10 mm,铰锥度孔:ϕ10.2;再将夹块配进绞手壳体,然后套入钻套钻削 ϕ5.8 mm 底孔,进行 ϕ6H8 铰孔加工.	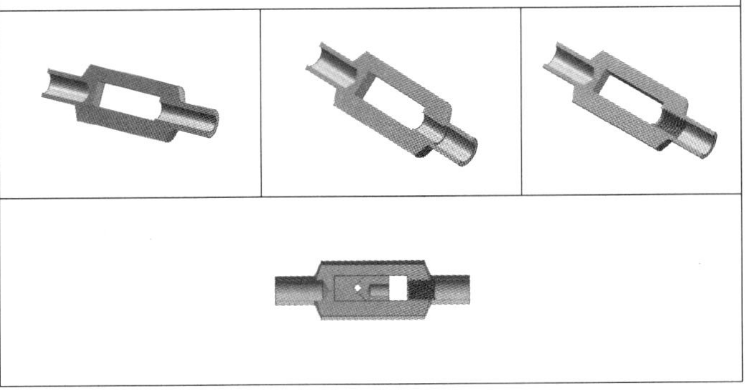

续表

步骤	工艺方法及工艺步骤图示		
5. 活动手柄加工	在活动手柄上钻 $\phi5$ mm 的底孔,用 $\phi5.8$ mm 的锪孔钻锪孔至 12 mm 深度,用 $\phi6$ mm 的铰刀铰孔 $\phi6H9$,然后用倒牙螺杆配做活动手柄的 M6 的左旋螺纹.用 M10×1.5 板牙套丝(如果车加工方便,可以车削加工),最后将活动夹块与倒牙螺杆配钻 $\phi3$ mm 孔,装入 $\phi3$ mm×12 mm 的销钉,整体装入壳体进行试旋转,要求松紧适度.	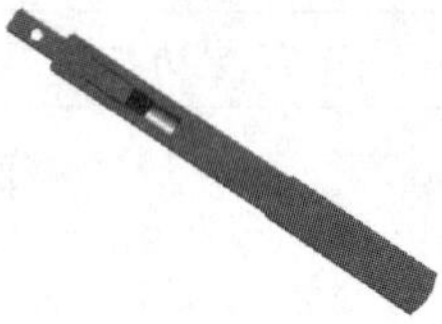	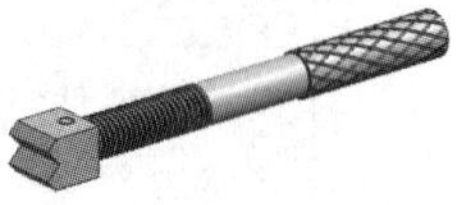
6. 配做止动螺钉	在固定夹块和壳体上用 $\phi5$ mm 钻头加工底孔及止动坑,在绞手壳体与固定夹块上配做 M6 螺纹.		
7. 配做固定手柄	配钻 $\phi3$ mm 底孔,然后用 $\phi3$ mm×15 mm 的铆接进行固定手柄的沉头铆接.		
8. 钻孔	钻削活动手柄端部 $\phi5$ mm 孔		
9. 精修外形、清洗、装配	根据图纸要求锉削外形,然后用砂布抛光,注意保证形位公差和表面粗糙度要求,最后将全部零件清洗后装配成绞手.		

【成绩鉴定和信息反馈】

请参照表 2-1-1-10 和表 2-1-1-11.

❋课外作业

1. 编制绞手壳体的加工工艺卡片.

2. 简述圆柱孔铰孔和锥度铰孔的区别和方法.

3. 简述绞手制作中的左旋螺纹的作用有哪些.

钳工工艺及实训

项目三　划规制作

项目简述

划规是钳工必不可少的划线工具之一,该项目是在划规的制作过程中,运用了钳工的各项基本技能,其中包括:划线、锯削、錾削、平面锉削、曲面锉削、钻孔、扩孔、铰孔、套丝、攻丝、铆接等基本技能,同时还运用车工等专业技能.我们通过划规的制作把前面所学的钳工技能运用于实践和生产过程中,达到活学活用,学以致用的目的.

项目内容

1. 掌握复杂型零件图的分析和加工工艺步骤.
2. 学会正确使用和保养千分尺、游标卡尺、万能角度、90°角尺、120°角度样板等量具.
3. 熟练地运用锯削、锉削、钻孔、铆接等基本技能,并使工件达到一定的加工精度要求.

能力目标

通过本项目的练习,能综合运用钳工基本技能,从而掌握装配的相关知识.通过划规制作让自己感受到生产成品零件的喜悦,进一步测试自己的技能和制造能力.

任务:划规图样

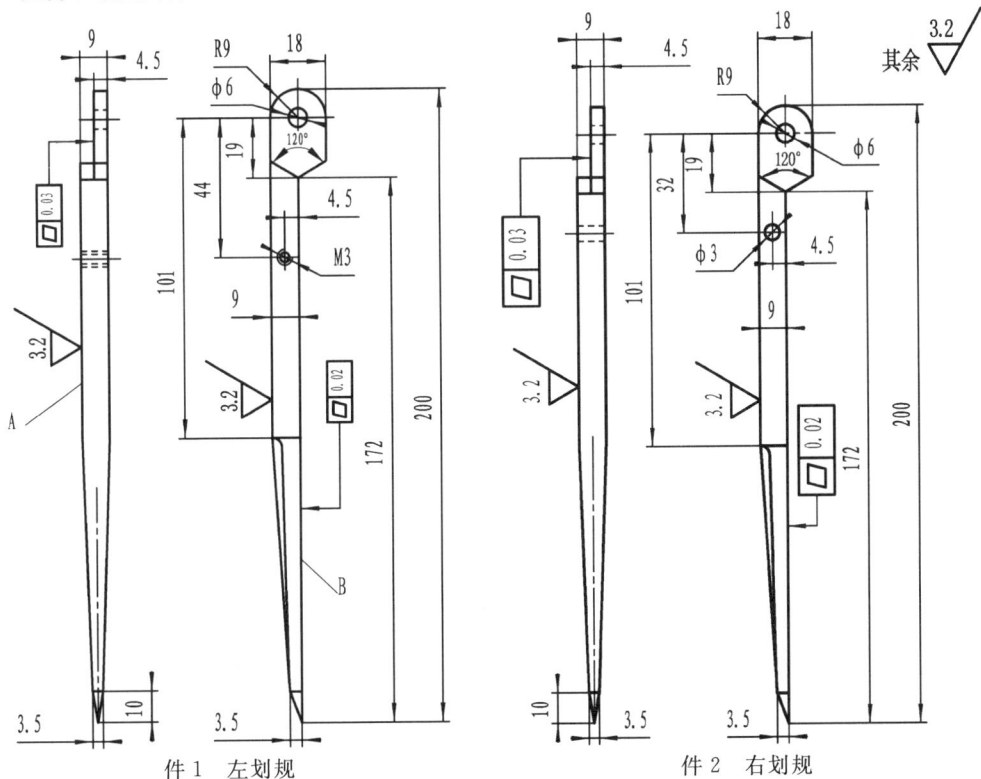

件1　左划规　　　　　　　　　　　件2　右划规

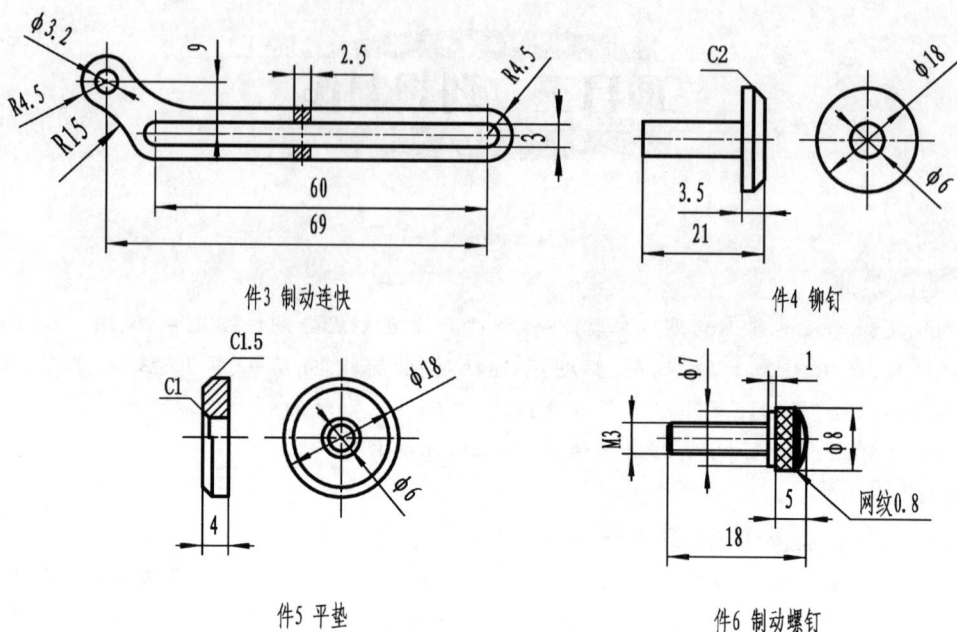

件3 制动连快

件4 铆钉

件5 平垫

件6 制动螺钉

技术要求:

1. 铆接后划规活动自如,松紧适当.

2. 装配后件1与件2两脚各间隙均≤0.06 mm,两脚尖错位≤0.08 mm.

3. A、B面的垂直度≤0.05 mm.

4. 修锉面表面粗糙度达 Ra12.5 μm.

5. 装配后各棱角处倒棱,外形光滑美观.

6. 两脚尖淬火硬度为 HRC62～65.

7. 工时定额:20 小时.

图 4-3-1 划规零件图

表 4-3-1 划规任务评分标准

姓名				工件号			总成绩	
项目	序号	考核要求		配分	评分标准		实测结果	得分
左右划规脚	1	200 mm(2 处)		2	按 IT12 级			
	2	宽度 9 mm(2 处)		4	按 IT12 级			
	3	厚度 9 mm(2 处)		2	按 IT12 级			
	4	划规头部厚度 4.5±0.03 mm(2 处)		6	每超差 0.02 mm 扣 1.5 分			
	5	划规脚尖 10 mm;3.5 mm(2 处)		2	按 IT13 级			
	6	R9 mm 圆头		2	圆弧圆滑			
	7	φ6 mm;φ3 mm		4	位置正确,尺寸合理			
	8	M3		2	位置正确,螺纹正确			
	10	⌑ 0.03 2 处		2	每超差 0.02 mm 扣 1 分			
	11	⌑ 0.02 2 处		2	每超差 0.02 mm 扣 1 分			
	12	Ra3.2		2	每降低一级扣 0.5 分			

姓名				工件号			总成绩	
项目	序号		考核要求	配分	评分标准		实测结果	得分
制动连板	13		60 mm;69 mm	2	按 IT12 级			
	14		R4.5 mm;$3^{+0.2}_{0}$ mm	4	按 IT13 级			
	15		ϕ9 mm	2	圆弧正确;圆弧连接光滑			
	16		ϕ3.2 mm	1	位置、尺寸正确			
	17		R15 mm	2	圆弧正确;圆弧连接光滑			
螺钉	18		M3 套丝	2	正确			
铆钉	19		长度合理,尺寸正确	3	与划规头部铆接合理			
平垫	20		长度合理,尺寸正确	1	与铆钉合理铆接			
综合	21		划规两脚合拢后,间隙均匀,并≤0.06 mm	12	每超差 0.02 mm 扣 1.5 分(均以全长内最大间隙计算)			
	22		划规两贴合面铆接后,间隙≤0.03 mm	10	每超差 0.01 mm 扣 2 分			
	23		两划规脚 120°斜面装后,间隙<0.06 mm	10	每超差 0.02 mm 扣 2 分			
	24		两划规脚尖错位<0.1 mm	5	每超差 0.01 mm 扣 1 分			
	25		件 1、件 2 铆接后松紧适中,并能转动自如	4	过紧扣 2 分			
	26		装配后外形光洁,美观	5	光洁,整体美观			
	27		1. 非配对面锐边倒圆 R<0.2 mm,配对面边棱去毛刺	2	一处不合格扣 0.5 分			
	28		安全文明生产	5	酌情			
备注			1. 工件有重大缺陷或有设备事故,从总分扣 5～15 分.					
			2. 工时定额为 24 小时,每超 1 小时从总分扣 3 分.					

表 4-3-2　工量具准备清单

序号	名称	规格	数量
1	平锉	300 mm	1把/人
2	平锉	100 mm、150 mm	1把/人
3	三角锉	150 mm、200 mm	1把/人
4	方锉	150 mm、200 mm	1把/人
5	整形锉	10 支	1把/人
6	手锯	可调式	1把/人
7	锯条	300 mm(碳素工具钢)	1把/人
8	划针		1根/组
9	划规	弹簧式	1个/组
10	样冲		1根/组
11	手锤	0.5 磅	1个/组
12	垫铁		1个/组
13	划线平板	500 mm×500 mm	1个/组
14	方箱	200 mm×200 mm	1个/组
15	钻头	ϕ2.5 mm、ϕ6 mm、ϕ3.2 mm	1根/组
16	高度划线尺	0～300 mm	1个/组
17	游标卡尺	0～200 mm	1把/组
18	刀口角尺	125 mm×800 mm	1把/人
19	R 规	R1～R6.5 R15～R20 R7～R14.5(mm)	1把/组
20	万能角度尺	0°～320°	1把/组
21	塞规	ϕ8H7	1把/组
22	塞尺	0.02 mm	1把/组
23	铰刀	ϕ8H7	1根/组
24	铰手		1个/组
25	丝锥	M3	1个/组
26	圆板牙	M3	1个/组
27	板牙架	M3	1个/组
28	压紧冲头		1个/组
29	软钳口	125 mm	1把/人
30	锉刀刷		1把/组
31	油石	100 mm×10 mm	1把/组

表4-3-3　划规加工工艺卡片

厂名		产品型号		零件图号		技术等级	备注	4-5-1	共2页
		产品名称		零件名称 划规		5			第1页

材料牌号 45#钢	毛坯种类 钢板	毛坯尺寸 (202mm×19mm×9.5mm)	毛坯件数			工艺装备			工时定额

工序号	工序名称	工步	工序内容	同时加工件数	余量 mm	速度	设备	夹具	刀具	量具	技术等级	准备终结时间 min	单件 min
1	备料	1	左右脚及制动连杆毛坯备料	3	1.0	40次/min	钳台	台虎钳	锯条	钢直尺		5	25
2	配做划规左右脚	1	检查材料，按图样尺寸划出两个工件的外形加工线	2	0.25	/	划线平台	V形铁+方箱	高度划线尺	高度划线尺	/	5	15
		2	锉削两脚18mm，9mm宽的内侧面，保证尺寸及垂直度	2	0.03	40次/min	钳台	台虎钳	300mm粗锉刀+小平锉	游标卡尺+千分尺	IT11	10	100
		3	根据图纸和工艺步骤画出相应的精加工界线	2	0.15	/	划线平台	V形铁+方箱	高度划线尺	高度划线尺	/	5	15
		4	锉削两脚4.5mm平面及120°角	2	±0.04	40次/min	钳台	台虎钳	300mm粗锉刀+小平锉+整形锉	游标卡尺+千分尺+角度尺	/	10	120
		5	两划规脚120°角配合修锉。达到配合间隙要求	2	≤0.06	40次/min	钳台	台虎钳	300mm粗锉	游标卡尺+角度尺	IT11	10	90
		6	两脚并合夹紧，划φ6mm的铆钉孔定位线	2	≤0.04	/	划线平台	V形铁+方箱	高度线尺	高度划线尺	/	5	15
		7	钻、铰φ6mm铆钉孔，作C0.5倒角	2	0.5	15m/min	台钻	活动虎钳	φ5.8mm麻花钻，φ6mm铰刀	游标卡尺	/	10	20
		8	用临时铆轴铆合两工件，划R9外圆加工线，并锉削加工R9圆弧	2	±0.1	40次/min	钳台	台虎钳	平锉	R规	/	10	120
		9	按图样尺寸要求，划出斜角线并粗锉加工使其斜角加工成形	2	/	40次/min	钳台	台虎钳	小平锉+整形锉	游标卡尺+千分尺	/	10	120
		10	按图样确定左右脚，划线钻φ3mm及φ2.5mm的孔	2	/	15m/min	台钻	活动虎钳	φ3mm/φ2.5mm麻花钻	塞规	/	10	30
		11	退出临时轴，铆接φ6mm铆钉，在左右划规上加工M3螺纹孔	2	/	/	钳台	台虎钳	M3丝锥	标准螺钉		10	60

表 4-3-3　划规加工工艺卡片（续）

厂名				产品型号			零件图号			4-5-1		共 2 页
				产品名称			零件名称		划规			第 2 页

材料牌号	45#钢	毛坯种类	钢板	毛坯尺寸	(202mm×19mm×9.5mm)	毛坯件数	5	技术等级	划规	备注

工序	工序名称	工步	工序内容	同时加工件数	切削用量 余量 mm	切削用量 速度	设备	工艺装备 夹具	工艺装备 刃具	工艺装备 量具	技术等级	工时定额 准备终结时间 min	工时定额 单件 min
3	加工制动连块	1	按尺寸 78mm×18mm×2.5mm 锉削长方体	1	/	40 次/min	钳台	台虎钳	锯条+300mm 粗锉刀+小平锉	游标卡尺+千分尺	IT11	10	50
		2	划铆接孔及槽孔加工线	1	/		划线平台	V 形铁+方箱	高度划线尺	高度划线尺		5	15
		3	铆接孔及槽孔钻削加工	1	/	15m/min	台钻	平口钳	Φ3.2/Φ3mm 麻花钻	游标卡尺		5	15
		4	锉削加工内外形状至图样要求	1	/	40 次/min	钳台	台虎钳	小锉刀+整形锉	游标卡尺+千分尺	IT11	10	160
6	加工制动螺钉	1	按图纸要求制作制动螺钉	1	/	/	车床	车床	外圆车刀+圆板牙	/	IT10	10	80
7	装配	1	将划规正左右脚、制动连块、制动螺钉、铆钉（直接选用）按技术要求组合装配	5	/	/	钳台+榔头	台虎钳		/		10	150
8	整形	1	划规整体抛光	1	/	/	钳台	台虎钳	旧砂布背面及机油	对比块		10	80
9	检查	1	检查工件精度、送检（成绩评定）	1	/	/	/						

	编制（日期）	审核（日期）	会签（日期）
标记	处记	更改文件号	签字	日期
标记	处记	更改文件号	签字	日期

任务情景

划规的制作是综合性较强的课题,在练习过程中,一定要有全局观念,能够制定每个零件的加工工艺,在练习过程中,要注意钳工的三大基本技能的提高和机械加工工艺知识的综合运用;同时不断提高钻削和铆接技能.

任务目标

通过该项目的训练,让学生全面练习和巩固:划线、锯割、锉削、锉配、钻孔、攻丝、铆接、配锉等技能.掌握零件加工工艺的制作和整体产品的加工技能.掌握并遵守钳工安全文明生产规程.

技能训练

表 4-3-4　划规的加工工艺过程

步骤	工艺方法及工艺步骤	图示
1	1. 图纸分析:根据图样要求制作一把划规,左右划规脚用 45♯ 钢,两划规脚并合间隙≤0.06 mm,表面粗糙度 Ra≤3.2 μm. 2. 锯削下料:202 mm × 19 mm × 9.5 mm;(2 件) 3. 对两划规脚坯件形体及尺寸检查并矫正毛坯,使之达到放在平板上,基本贴平的要求(如图 1 所示)	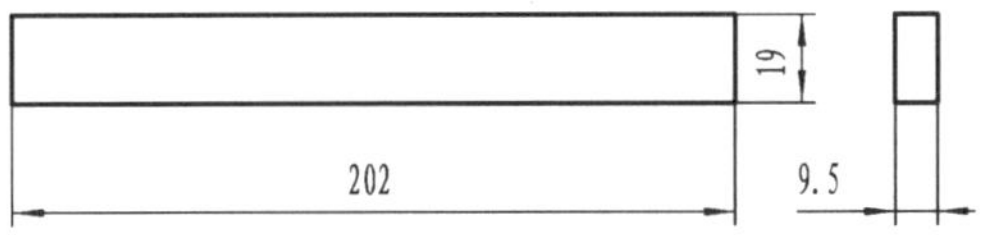 (图 1) 左右划规脚
2	1. 检查材料尺寸. 2. 锉削两脚 9 mm 厚度的外平面(A 面),达到平直.(如图 2 所示) 3. 按图样尺寸划出两个工件的外形加工线. 4. 锉削两脚 18 mm,9 mm 宽的内侧面(B 面),保证与外平面(A 面)垂直(其位置应保证宽度方向各尺寸余量)(如图 3 所示)	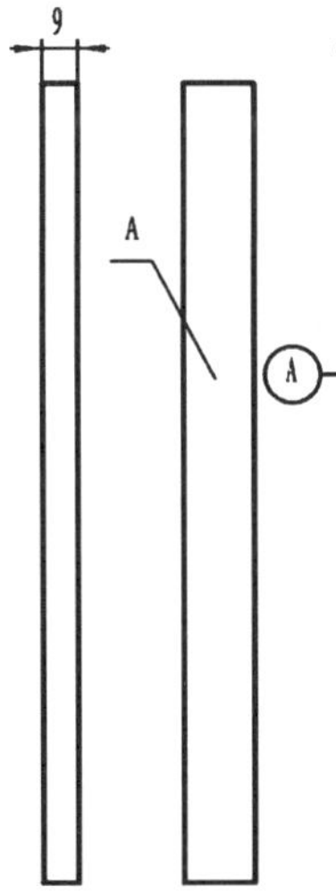 (图 2)左右划规 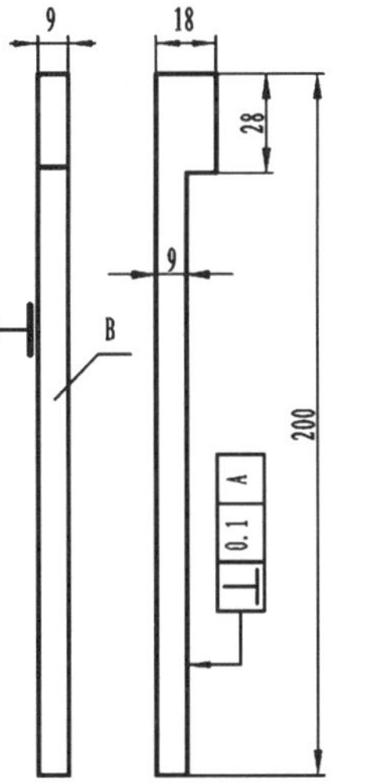　　(图 3) 左右划规

步骤	工艺方法及工艺步骤	图示
3	1. 以外侧面(A 面)和内侧面(B 面)为基准,分别划出上端厚度 4.5 mm和内、外 120°角加工线.(如图 4 所示) 2. 分别锉削加工 4.5±0.03 mm 平面及 120°角,平面平行度≤0.03 mm(允许刮削修整).120°角交线必须在内侧面上,并保留有 0.15 mm～0.25 mm余量,作锉配时的修整余量. 3. 采用上述方法加工另一只划规脚	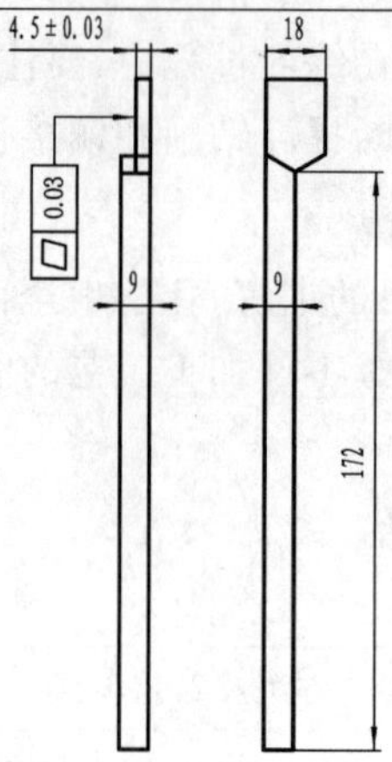 (图 4)
4	1. 两划规脚 120°角配合修锉,配合间隙≤0.06 mm(如右图 4 所示) 2. 以内侧面(B 面)和 120°角的交线处为基准,划 φ6 mm 孔位线,并注意其中心线应在内侧面的延长线上. 3. 两脚并合夹紧,同时钻、铰 φ6 的孔,并作 C0.5 的倒角.(如图 5 所示)	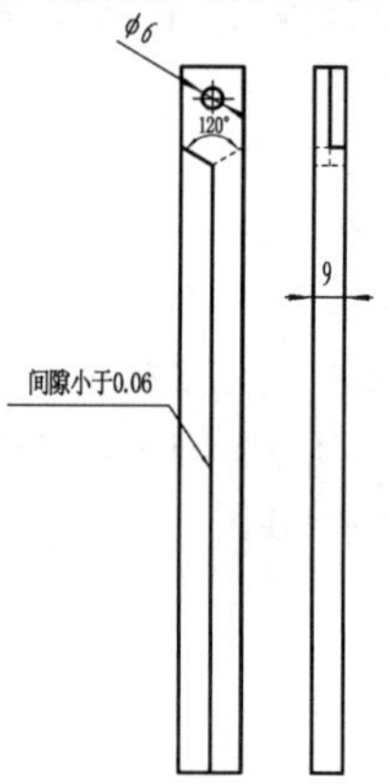 (图 5)
5	1. 用 φ6 孔同径的临时轴,把两只划规脚铆合. 2. 以两个内侧面的合缝为轴线,距 C点 19 mm 划出轴孔线和 R9 的圆周线. 3. 同时按图样尺寸要求,划出斜角线并粗锉加工使其斜角加工成形. 4. 确定一只脚为右脚,按同样尺寸划线,钻 φ3 mm 孔(孔口倒角). 5. 退出临时轴,用 φ6 铆钉铆接,达到圆头光滑,两脚活动松紧均匀. 6. 精加工外形尺寸,达到厚 9±0.03 mm、宽 9 mm 和斜角成形,表面粗糙度 Ra3.2 μm,同时根据垫圈外径锉削加工 R9 mm 圆头. 7. 按尺寸要求在右划规脚上划出 M3螺纹孔和 φ3 mm 的销孔,并进行攻丝.(如图 6 所示)	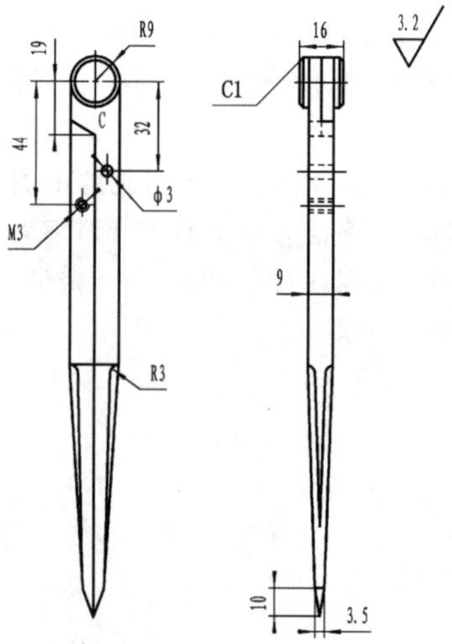 (图 6)

步骤	工艺方法及工艺步骤	图示
6	1. 按尺寸划出制动连块,且锉削、钻孔,锉削加工成形,并达到尺寸和形状要求,钻 $\phi3.2$ mm 的孔,最后用砂布打光. 2. 制作制动螺钉(车削与套丝). 3. 制作制动连块 4. 将活动连板用 M3 紧固螺钉紧固在正确位置,将两划规脚并拢倒角,用 $\phi3.2$ mm 铆钉作活动铆接. 5. 将划规架、制动连块、制动螺钉、活动铆钉按技术要求组合装配. 6. 两脚尖端淬火,用砂布或油石进行表面抛光.	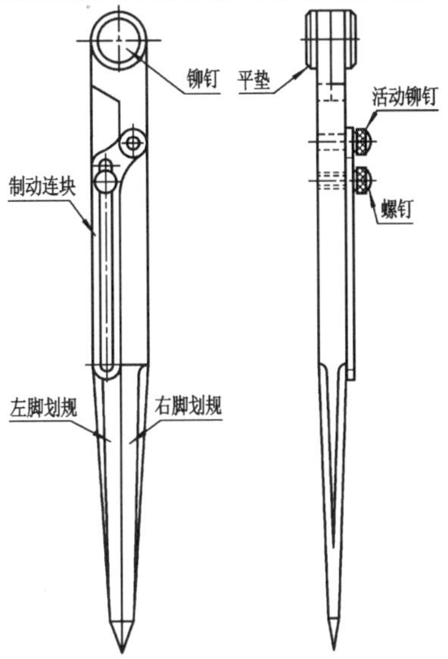 （图7）
7	全部复查修整及送检工件产品图(如图 8 所示).	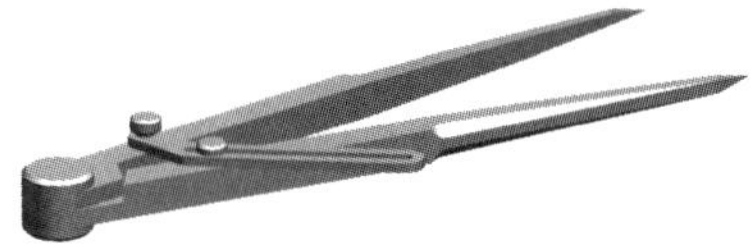 （图8）

【划规制作基本工艺知识】

为了保证机件的工作性能和精度,在装配中必须达到零件相互配合的技术要求.装配时应根据其结构、零件加工精度、生产条件和生产批量等因素,选择合理的装配方法.装配方法一般有完全互换法、选配法(不完全互换法)、修配法、调整法四种.

一、完全互换装配法

完全互换法就是在同类零件中任取一个装配零件,不经修配即可装入部件或机件中,并能达到规定装配要求的装配方法.按完全互换法进行装配,装配精度由零件制造精度保证.用互换法装配,其装配精度主要取决于零件的制造精度.根据零件的互换程度,互换装配法可分为完全互换装配法和不完全互换装配法,现分述如下:

1. 定义

在全部产品中,装配时各组成环不需挑选或不需改变其大小或位置,装配后即能达到装配精度要求的装配方法,称为完全互换法.

2. 特点

优点:装配质量稳定可靠(装配质量是靠零件的加工精度来保证);装配过程简单,装配效率高(零件不需挑选,不需修磨);易于实现自动装配,便于组织流水作业;产品维修方便.

不足之处:当装配精度要求较高,尤其是在组成环数较多时,组成环的制造公差规定得严,零件制造困难,加工成本高.

3. 应用

完全互换装配法适用于在成批生产、大量生产中装配那些组成环数较少或组成环数虽多但装配精度要求不高的机器结构.

4. 完全互换法装配时零件公差的确定

(1)确定封闭环

封闭环是产品装配后的精度,其要满足产品的技术要求.封闭环的公差 T_0 由产品的精度确定.

(2)查明全部组成环,画装配尺寸链图

根据装配尺寸链的建立方法,由封闭环的一端开始查找全部组成环,然后画出装配尺寸链图.

(3)校核各环的基本尺寸

各环的基本尺寸必须满足下式要求:$A_0 = \Sigma A_i - \Sigma A_j$ 即封闭环的基本尺寸等于所有增环的基本尺寸之和减去所有减环的基本尺寸之和.

(4)决定各组成环的公差

各组成环的公差必须满足下式的要求:$T_0 \geqslant \Sigma T_i$ 即各组成环的公差之和不允许大于封闭环的公差.

各组成环的平均公差 T_p 可按下式确定:

$$T_p = T_0 / m \text{ 式中:} m \text{ 为组成环数.}$$

各组成环公差的分配应考虑以下因素:

①孔比轴难加工,孔的公差应比轴的公差选择大一些;例如:孔、轴配合 H7/h6.

②尺寸大的零件比尺寸小的零件难加工,大尺寸零件的公差取大一些;

③组成环是标准件尺寸时,其公差值是确定值,可在相关标准中查询.

(5)决定各组成环的极限偏差

①先选定一组成环作为协调环:协调环一般选择易于加工和测量零件尺寸;

②包容尺寸(如孔)按基孔制确定其极限偏差:即下偏差为 0;

③被包容尺寸(如轴)按基轴制确定其极限偏差:即上偏差为 0.

(6)协调环的极限偏差的确定

根据中间偏差的计算公式:

$$\triangle 0 = \Sigma \triangle i - \Sigma \triangle j$$

式中:$\triangle 0$ 为封闭环的中间偏差,$\triangle 0 = (ES_0 + EI_0)/2$;

$\Sigma \triangle i$、$\Sigma \triangle j$ 分别为所有增环的中间偏差之和、所有减环的中间偏差之和.

求出协调环的中间偏差,再由协调环的公差求出上下偏差为:

$$ES = \triangle + T/2 \quad EI = \triangle - T/2$$

二、选择装配法

1. 选择装配法定义

是将装配尺寸链中组成环的公差放大到经济可行的程度,然后选择合适的零件进行装配,以保证装配精度要求的装配方法,称为选择装配法.适用场合:装配精度要求高,而组成环较少的成批或大批量生产.

钳工工艺及实训

2. 选择装配法种类

（1）直接选配法

1）定义：在装配时，工人从许多待装配的零件中，直接选择合适的零件进行装配，以保证装配精度要求的选择装配法，称为直接选配法.

2）特点：①装配精度较高；②装配时凭经验和判断性测量来选择零件，装配时间不易准确控制；③装配精度在很大程度上取决于工人的技术水平.

（2）分组选配法

1）定义：将各组成环的公差相对完全互换法所求数值放大数倍，使其能按经济精度加工，再按实际测量尺寸将零件分组，按对应的组分别进行装配，以达到装配精度要求的选择装配法，称为分组选配法.

2）应用：在大批量生产中，装配那些精度要求特别高同时又不便于采用调整装置的部件，若用互换装配法装配，组成环的制造公差过小，加工很困难或很不经济，此时可以采用分组选配法装配.

3）分组选配法的一般要求：

①采用分组装配法最好能使两相配件的尺寸分布曲线具有完全相同的对称分布曲线，如果尺寸分布曲线不相同或不对称，则将造成各组相配零件数不等而不能完全配套，造成浪费.

②采用分组法装配时，零件的分组数不宜太多，否则会因零件测量、分类、保管、运输工作量的增大而使生产组织工作变得相当复杂.

4）分组装配法的特点：主要优点是：零件的制造精度不高，但却可获得很高的装配精度；组内零件可以互换，装配效率高. 不足之处是：增加了零件测量、分组、存贮、运输的工作量. 分组装配法适用于在大批量生产中装配那些组成环数少而装配精度又要求特别高的机器结构.

三、修配装配法

1. 定义

是将装配尺寸链中各组成环按经济加工精度制造，装配时，通过改变尺寸链中某一预先确定的组成环尺寸的方法来保证装配精度的装配法，称为修配装配法.

采用修配法装配时，各组成环均按该生产条件下经济可行的精度等级加工，装配时封闭环所积累的误差，势必会超出规定的装配精度要求；为了达到规定的装配精度，装配时须修配装配尺寸链中某一组成环的尺寸（此组成环称为修配环）. 为减少修配工作量，应选择那些便于进行修配的组成环做修配环. 在采用修配法装配时，要求修配环必须留有足够但又不是太大的修配量.

2. 修配装配法的特点

主要优点是：组成环均可以按经济精度制造，但却可获得很高的装配精度. 不足之处是：增加了修配工作量，生产效率低；对装配工人的技术水平要求高.

3. 应用

修配装配法适用于单件小批生产中装配那些组成环数较多而装配精度又要求较高的机器结构.

四、调整装配法

1. 定义

装配时用改变调整件在机器结构中的相对位置或选用合适的调整件来达到装配精度的装配方法,称为调整装配法.

调整装配法与修配装配法的原理基本相同. 在以装配精度要求为封闭环建立的装配尺寸链中,除调整环外各组成环均以加工经济精度制造,由于扩大组成环制造公差累积造成的封闭环过大的误差,通过调节调整件(或称补偿件)相对位置的方法消除,最后达到装配精度要求.

调节调整件相对位置的方法有可动调整法、固定调整法和误差抵消调整法等三种.

2. 调整装配法的特点

主要优点是:组成环均可按经济精度制造,但却可获得较高的装配精度;装配效率比修配装配法高. 不足之处是要另外增加一套调整装置.

3. 应用

可动调整法和误差抵消调整法适用于在小批生产中应用,固定调整法则主要适用于大批量生产.

【技能质量分析和安全操作规程】

一、划规加工的注意事项

1. 加工时应注意:120°面与 4.5 mm 面垂直度误差方向的控制在<90°为宜,且成锐角,以便于达到配合要求.

2. 在锉削 120°角的配合处时,锉内角 120°应以 C 点为圆心慢慢将角度从小至大达到 120°要求,锉外 120°角应以 C 点为圆心慢慢将角度由大至小锉到 120°要求.

3. 锉第二块划规 120°角时一定要进行配锉,经常用已加工好的一块划规 120°角处检测,锉削方法仍按上述方法进行.

4. 为保证铆接后两脚转动松紧适度,铆合面必须平直、光洁,其平行度误差必须控制在最小范围内.

5. 钻削 φ6 mm 铆钉孔时,必须两脚配合正确,且在可靠夹紧情况下同时钻在两脚的内侧面延长线上,否则两脚合并后间隙达不到要求,这时也不能作修整加工.

6. 加工外侧倒角时,必须一起划线,锉两脚时,应经常拼拢检查是否一样大小、长短,否则会影响划规外形质量.

7. 在加工制动连接板时,由于厚度尺寸小,应先加工内形长槽后再加工外形轮廓,钻孔时必须夹牢,避免造成事故.

8. 由于加工时有尺寸、形状的误差,为了使装配后位置正确,将 M3 螺钉或 φ3 铆钉孔的位置用配钻的方法确定.

【成绩鉴定和信息反馈】

请参照表 2-1-1-10 和表 2-1-1-11.

项目四　小虎钳制作

虎钳是钳工必不可少的设备,本项目运用了钳工的各项基本技能,其中包括:划线、锯削、铣削、钻孔、扩孔、铰孔、套丝、攻丝等基本技能。通过小虎钳的制作巩固前面所学的钳工基本技能,并能合理制定加工工艺和加工方法,不断提高操作技能。

项目内容

1. 掌握零件图的分析和加工工艺步骤。
2. 掌握量具和刀具的使用方法,提高测量技能。
3. 熟练运用锯削、铣削、钻孔、攻丝、套丝等基本技能,达到加工精度要求。

能力目标

通过本项目的练习,提高加工综合产品的能力,在提高基本操作技能的同时,提高整体产品加工的工艺水平,培养创新能力。

任务:小虎钳制作
练习一:固定钳身

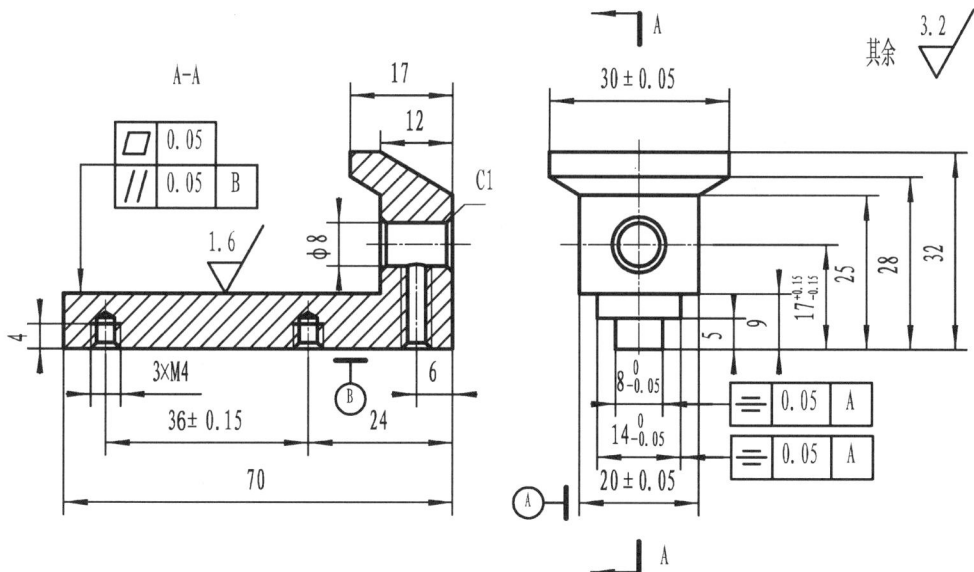

技术要求:
1. 各锐边倒棱

图 4-4-1　固定钳身零件图

表 4-4-1   固定钳身的评分标准

姓名		工件号			总成绩	
序号	考核要求	配分	评分标准		实测结果	得分
1	$8^{+0}_{-0.05}$ mm	10	每超差 0.01 mm 扣 2 分			
2	$14^{+0}_{-0.05}$ mm	10	每超差 0.01 mm 扣 2 分			
3	30 ± 0.05 mm	5	每超差 0.01 mm 扣 2 分			
5	20 ± 0.05 mm	5	每超差 0.01 mm 扣 2 分			
5	36 ± 0.15 mm	5	每超差 0.02 mm 扣 2 分			
6	对称度 0.05 mm 两处	10	每超差 0.02 mm 扣 5 分			
7	表面粗糙度 Ra1.6 μm	5	超差扣 5 分			
8	表面粗糙度 Ra3.2 μm	10	超差一处扣 2 分			
9	M4(3 处)	5	超差一处扣 3 分			
10	ϕ8 mm	5	超差一处扣 5 分			
11	基本尺寸(12 处)	10	每超差一处扣 2 分			
12	外形	10	每超差一处扣 2 分			
13	孔口倒角	3	每超差一处扣 2 分			
14	各锐边倒棱	2	每超差一处扣 2 分			
15	操作安全	扣分	安全文明生产,违者扣 10~20 分			
16	工时定额 36h	扣分	36 小时完成,超 60 分钟扣 5 分,120 分钟内扣 10 分;180 分钟以上不合格			

练习二:活动钳身

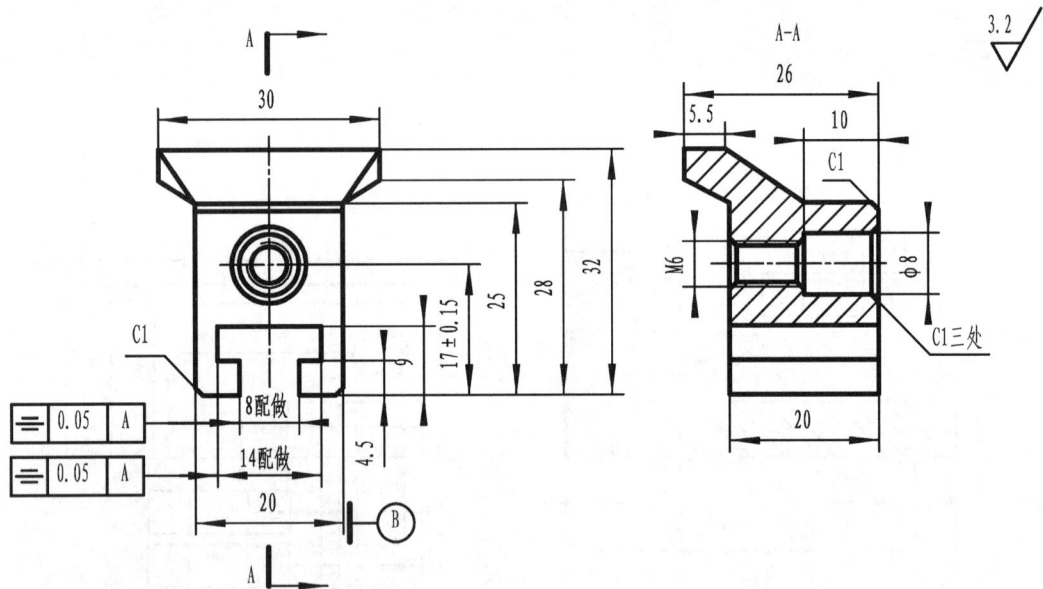

技术要求:

1. 各锐边倒棱;

2. 与固定钳身的配合间隙为 0.05 mm.

图 4-4-2   活动钳身零件图

表 4-4-2　活动钳身的评分标准

姓名			工件号			总成绩	
序号	考核要求		配分	评分标准		实测结果	得分
1	8(配做)间隙 0.05 mm		15	每超差 0.01 mm 扣 2 分			
2	14(配做)间隙 0.05 mm		15	每超差 0.01 mm 扣 2 分			
3	对称度 0.05 mm 两处		15	每超差 0.02 mm 扣 5 分			
4	表面粗糙度 Ra3.2 μm		10	超差一处扣 2 分			
5	螺纹 M6		5	超差不得分			
6	沉孔(锪孔)		5	超差不得分			
7	基本尺寸		10	按自由公差计算,每超差一处扣 2 分			
8	外形制作		15	超差一处扣 2 分			
9	操作安全		10	安全文明生产,违者不得分			
10	工时定额 42h		扣分	42 小时完成,超过 60 分钟内扣 5 分			

练习三:螺杆

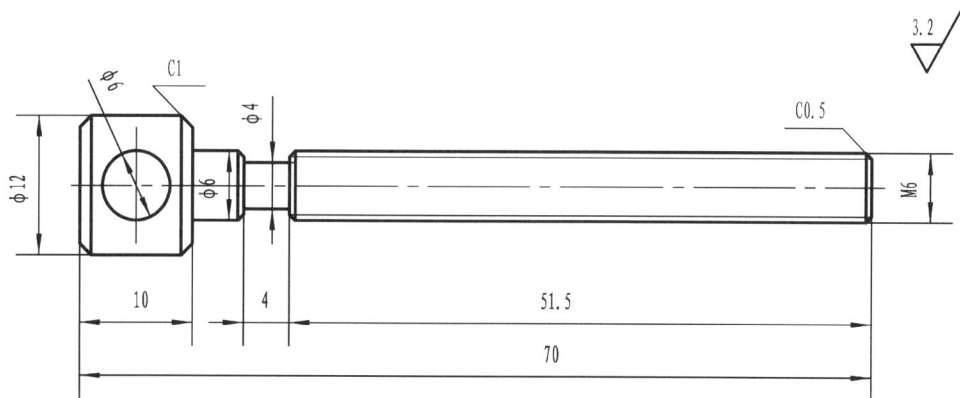

图 4-4-3　螺杆

表 4-4-3　螺杆的评分标准

姓名		工件号			总成绩	
序号	考核要求	配分	评分标准		实测结果	得分
1	φ6 mm	25	超差不得分			
2	M6	50	超差不得分			
3	外形制作	15	超差一处扣 5 分			
4	操作安全	10	安全文明生产,违者扣 10 得分			
5	工时定额 3h	扣分	6 小时完成,超过 30 分钟扣 5 分			

練習四：小虎钳固定板加工

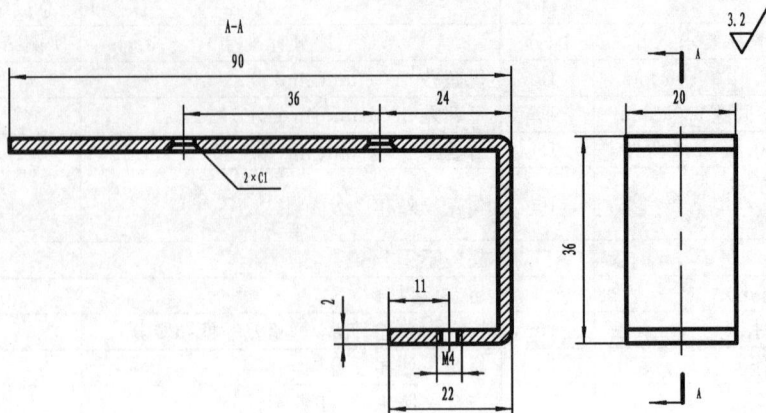

图 4-4-4　小虎钳固定板

表 4-4-4　工量具准备清单

序号	名称	规格	数量
1	游标高度划线尺	0～300 mm	1把/组
2	游标卡尺	0～150 mm	2把/组
3	千分尺	0～25 mm	2把/组
4	千分尺	25～50 mm	2把/组
5	宽座角尺	100 mm×63 mm	2把/组
6	刀口角尺	100 mm×63 mm	2把/组
7	划线平台		1把/组
8	划针		1只/人
9	划规		1只/组
10	样冲		1套
11	榔头		1把/组
12	挡块（V 形铁）		1只/组
13	大锉刀	300 mm	1把/人
14	中锉刀	250 mm 细齿	1把/人
15	中锉刀	150 mm 细齿	1把/人
16	什锦锉刀		1套/人
17	方锉刀		1把/人
18	三角锉刀		1把/人
19	麻花钻	φ8 mm	1只/组
20	麻花钻	φ12 mm	1只/组
21	麻花钻	φ5 mm	1只/组
22	麻花钻	φ3.3 mm	1只/组
23	柱形锪钻	φ8 mm	1只/组
24	丝锥	M6	1套/组
25	丝锥	M4	1套/组
26	丝锥绞手		2只/组
27	圆板牙	M6	2只/组
28	板牙绞杠		2只/组
29	抛光砂布		1张/人
30	长方体铁	32 mm×32 mm×60 mm	1只/组

钳工工艺及实训

表4-4-5　固定钳身加工工艺卡片

厂名								产品型号		零件图号	1	2-5-2-1		共1页
								产品名称	Φ45mm×75mm	零件名称		螺母		第1页

工序	工序名称	工步	工序内容	同时加工件数	余量 mm	速度	设备	夹具	刀具	量具	技术等级	准备终结时间 min	单件 min
材料牌号	45钢			毛坯种类	圆钢		毛坯外形尺寸			毛坯件数	螺母		
1	备料	1	毛坯准备、下料、锯削成长方体	1		40（次/min）	钳台	台虎钳	锯条	游标卡尺		10	350
2	固定钳身外形加工	1	锉削长方体达到尺寸要求	1	1.5	30~60（次/min）	钳台	台虎钳	锉刀	游标卡尺+千分尺		10	710
		2	做对称度结构	1		30~60（次/min）	钳台	台虎钳	锉刀、手锯	游标卡尺+千分尺		10	710
		3	做外形	1	1.0	30~60（次/min）	钳台	台虎钳	锉刀、手锯	游标卡尺+千分尺	IT11	10	800
3	孔加工	1	钻孔	1	Φ5/Φ3.3	20（m/min）	台钻	平口钳	Φ5麻花钻			10	50
		2	孔口倒角	1	Φ8	15（m/min）	台钻	平口钳	Φ8麻花钻			10	20
		3	手动攻丝	1	M6/M4	15（m/min）	台钻	平口钳	M6丝锥	M6/M4螺钉		10	170
4	热处理		调质（选作）	全体同学作业件			夹钳						
							编制（日期）		审核（日期）		会签（日期）		
标记	处记	更改文件号	签字	日期		标记	处记	更改文件号	签字	日期			

表 4-4-4　小虎钳固定板评分标准

姓名		工件号			总成绩	
序号	考核要求	配分	评分标准		实测结果	得分
1	φ4	10	超差不得分			
2	M4	10	超差不得分			
3	36±0.05 mm	15	每超差 0.02 扣 5 分			
3	外形制作	55	超差一处扣 5 分			
4	操作安全	10	安全文明生产,违者扣 10 得分			
5	工时定额 3h	扣分	3 小时完成,超过 20 分钟扣 5 分			

活动钳身、螺杆和小虎钳固定板加工工艺卡(略)

任务情景

小虎钳的制作是难度较大的课题,在练习过程中,一定要有全局观念,能够制定每个零件的加工工艺,在练习过程中,要注意钳工的三大基本技能的提高和机械加工工艺知识的综合运用.

任务目标

通过该项目的训练,让学生全面练习和巩固:划线、锯割、锉削、锉配、钻孔、锪孔、攻螺纹、套螺纹等技能.掌握零件加工工艺的制作和整体产品的加工技能.掌握并遵守钳工安全文明生产规程.

技能训练

表 4-4-7　固定钳身的加工工艺步骤

步骤	工艺方法及工艺步骤图示		
1. 下料	长度划线,注意划线时可以用较厚的长方形纸片包围在外圆表面进行划线,如图所示,然后下料:将圆钢按尺寸锯割成 φ45×75 mm 和 φ45×30 mm 两段材料,尺寸误差控制在 ±1 mm 以内,平面度误差控制在 1 mm 以内.	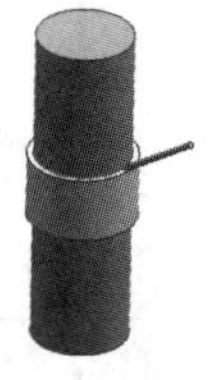 划线方法	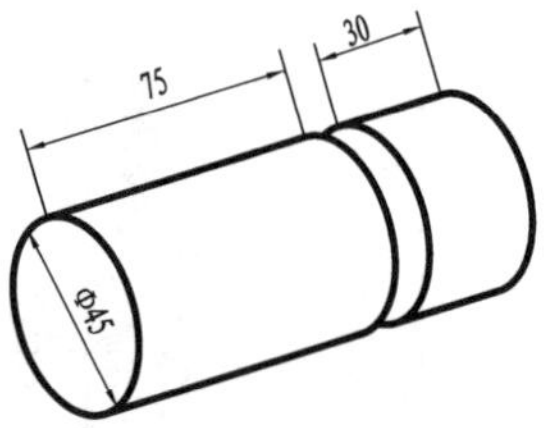 锯割得到两段材料
2. 划线	划线:在 V 形块上划出十字交叉线,再按 35 mm+锯缝宽和 32.5 mm+锯缝宽划平行线,最后连接成外形锯缝线.注意划互相垂直的中心线时一定要用角尺靠正,以保证垂直度,划线时注意划针的运行路线和倾斜方向,防止划针跳动.(锯缝宽度根据锯齿粗细来确定)	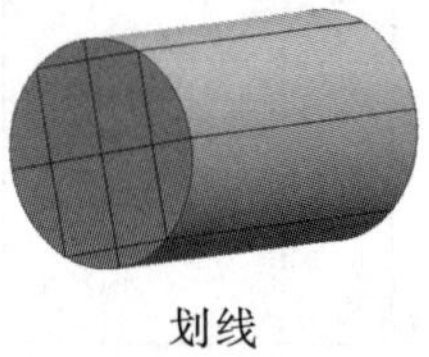 划线	

续表

步骤	工艺方法及工艺步骤图示	
3. 锯割长方体	按锯缝线依次锯割得到长方体1、2.注意起锯要准确,一般采用远起锯,起锯角度要小些,注意锯痕尽量一致,表面平整.做到尺寸误差控制在±1 mm以内,平面度误差控制在1 mm以内.加工过程中,注意基准面的加工要平整,锯割时随时观察,及时借正.	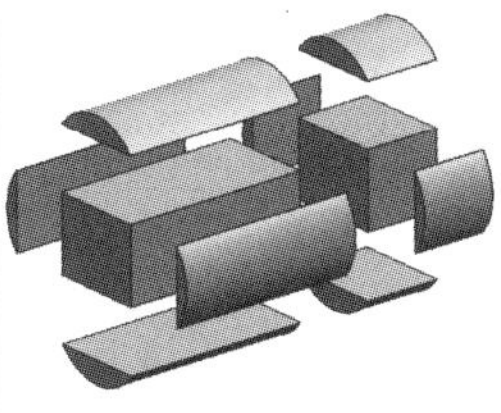 锯割方法
4. 锉削长方体	锉削长方体:要求用300 mm的粗板锉刀配合250 mm的细板锉加工,以练习技能为主,先粗精加工出一组角尺面,再加工平行面达70±0.15 mm,32±0.05 mm和30±0.05 mm的尺寸要求和形位公差要求(平面度0.05 μm、平行度0.05 μm、垂直度0.05 μm)要求(要求六面角尺),保证表面粗糙度3.2 μm.	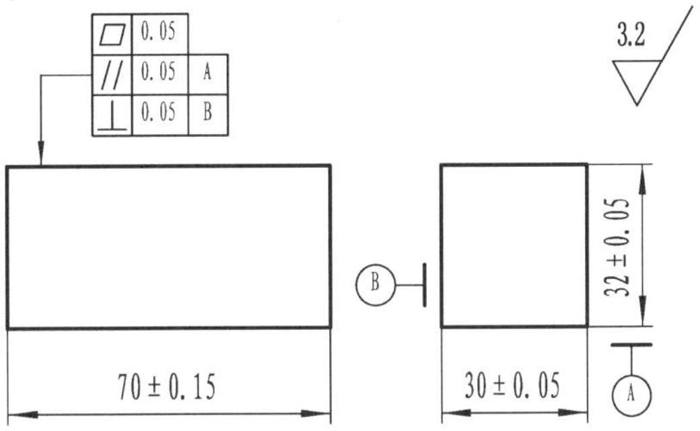
5. 对称度加工	用手锯、大锉刀、中锉刀、三角锉、方锉、什锦锉加工钳身导轨如图:要求对称度达到零件图要求,同时要保证垂直度,加工中要注意对称度的测量和尺寸的保证.加工时,采用基准统一原则,需先加工8 mm凸台,再加工14 mm凸台,最后加工20 mm凸台,这样加工始终以尺寸30 mm的中心线为基准,可减少基准位移误差的积累.测量对称度时,用刀口角尺和千分尺配合测量,注意尺寸精度和对称度同时达到要求.	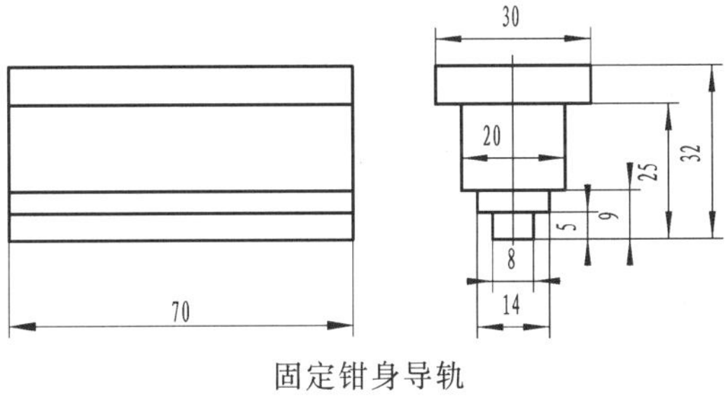 固定钳身导轨
6. 外形加工	加工固定钳身外形如右图:先进行锯割去料,再用方锉和小锉刀加工出钳口.可留小量余量为后续配锉做机动.重点保证固定钳身的导轨高度尺寸9±0.06 mm,并要求达到平面度0.05 mm和平行度0.05 mm的公差要求.钳口部分可留0.5~0.8 mm的余量在配锉时加工到位.	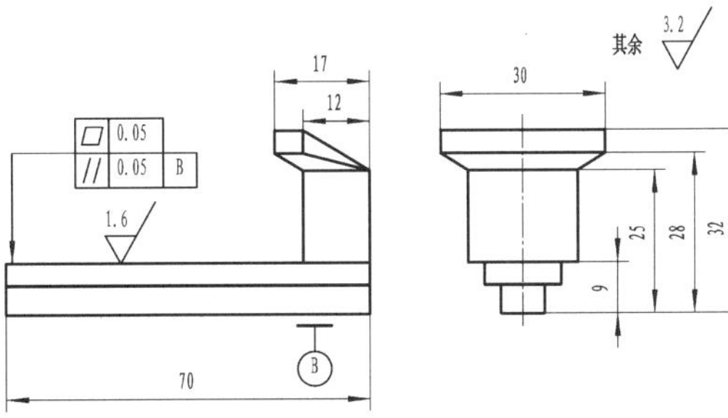 固定钳身钳口

续表

步骤	工艺方法及工艺步骤图示	
7. 划线、打样冲眼	划线、打样冲眼,注意位置一定要准确,观察时,要分别垂直于单条中心线,换90°再仔细观察,使样冲眼在十字线的中心.	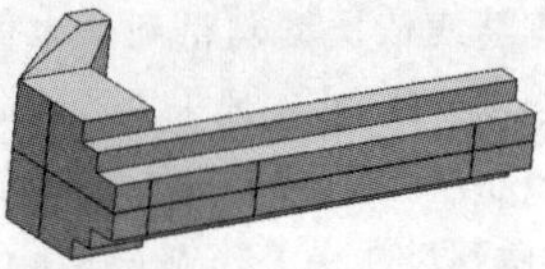
8. 钻孔、孔口倒角、攻丝	用平口钳装夹,在台式钻床上加工出盲孔 φ3.3 mm×6 mm;通孔 φ3.3 mm、φ8 mm;并进行孔口倒角.一定要注意起钻方法,一旦发生偏移,及时借正.孔将通时,要减少用力,防止扎刀. 攻丝,可加少量机油,起攻时可用角尺从两个方向(角尺旋转90度)检查丝锥轴线是否和孔口平面垂直,避免牙型歪斜,注意用力要均匀,防止断锥.正常攻丝后,要及时进行断屑动作处理,头锥攻完后,要用二锥进行校正.	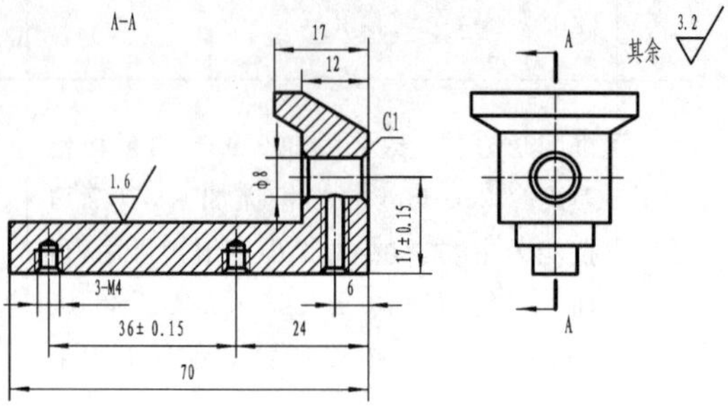
9. 修整	制作外形、倒棱、抛光	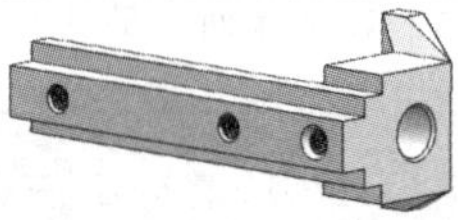

表 4-4-8 活动钳身的加工工艺步骤

步骤	工艺方法及工艺步骤图示	
1. 锉削长方体	锉削长方体:将前面锯割的毛坯,用300 mm 的粗板锉刀配合 250 mm 的细板锉加工,先粗、精加工出一组角尺面,再加工平行面达30±0.05 mm,32±0.06 mm 和 26±0.06 mm 的尺寸要求和形位公差(平面度 0.05 mm、垂直度 0.05 mm)要求(要求六面角尺),同时保证表面粗糙度达到 3.2 μm.如右图所示.	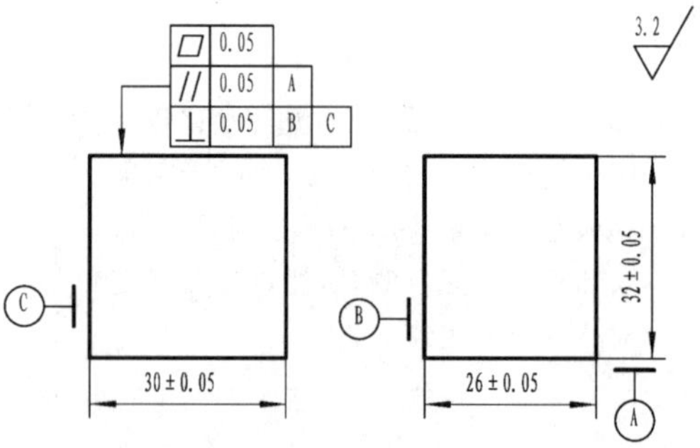
2. 锉削 T字外形面	加工活动钳身外形如下图:要求外形对称,同时要保证尺寸,加工中要注意对称度的测量和尺寸的保证.对称度测量时,可以用刀口角尺和千分尺配合测量,以提高测量精度.	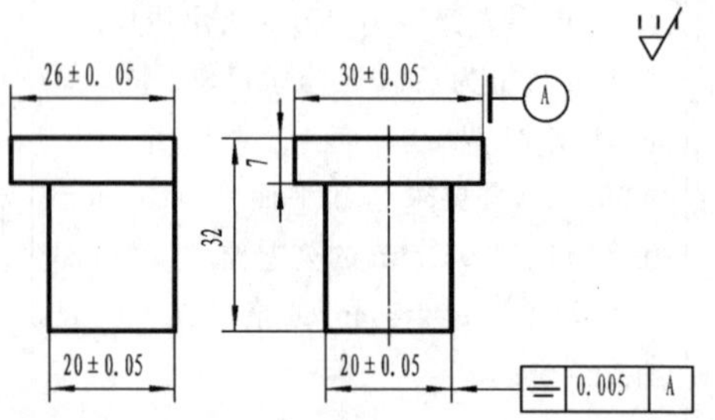

钳工工艺及实训

步骤	工艺方法及工艺步骤图示	
3. 锉配 T 形槽	加工活动钳身 T 形配合槽,需先钻底孔,再锯割去料,最后用方锉和三角锉及什锦锉进行锉配,要求配合间隙小于 0.05 mm,如图所示.	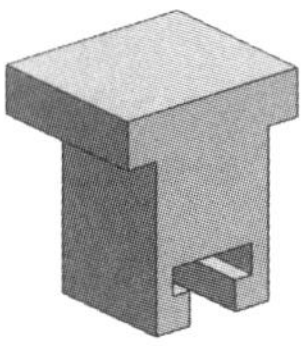
4. 配做外形	参照零件图尺寸,加工活动钳身上部形状如图,注意先留较大量余量,再与固定钳身锉配.保证钳口平齐.如右图所示.	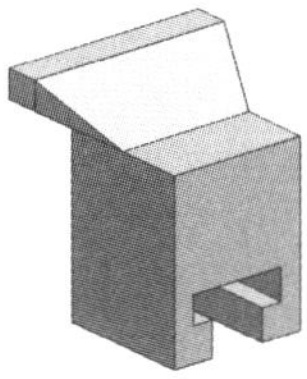 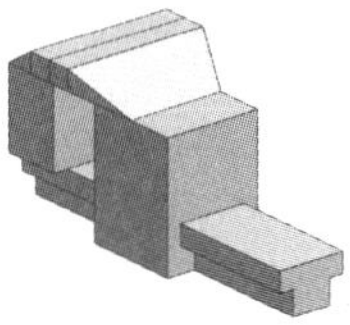
5. 划线	划线、打样冲眼,注意位置一定要准确,观察时,要分别垂直于单条中心线,换 90°再仔细观察,使样冲眼在十字线的中心.	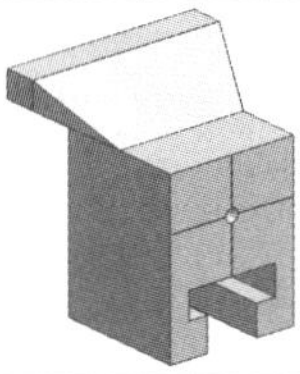
6. 钻孔锪孔	用平口钳装夹,在台式钻床上加工出通孔 φ5 mm 和台阶孔;再进行锪孔及孔口倒角.注意起钻方法,一旦发生偏移,及时借正.孔将通时,要减少用力,防止扎刀.	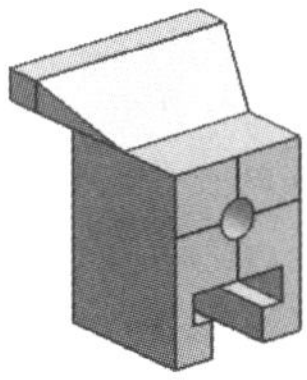 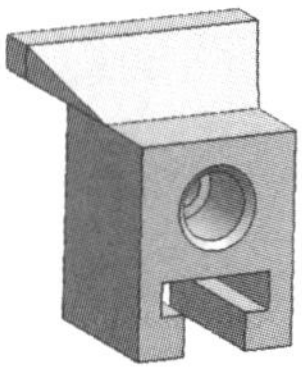
7. 攻丝	攻丝,可加少量机油,可用角尺从两个方向(角尺旋转 90 度)检查丝锥是否和轴线垂直,避免牙型歪斜,注意用力要均匀,防止断锥.正常套丝后,要及时进行断屑动作处理.头锥攻完后,要用二锥进行校正.	
8. 修整	制作外形、倒角、倒棱、抛光,使表面粗糙度达到 Ra1.6 μm 和 Ra3.2 μm.	

表 4-4-9 螺杆的加工工艺步骤

步骤	工艺方法	工艺步骤图
1. 准备毛坯	准备工量具、检查毛坯(车工配做),看是否进行倒角.倒角的角度是否达到要求.	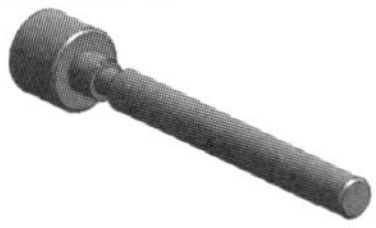

步骤	工艺方法	工艺步骤图
2. 套丝	套丝,可加少量机油,可用角尺检查板牙是否起正,避免牙型歪斜,注意用力均匀,防止断牙.正常套丝后,要及时进行断屑动作处理.套丝完毕,用标准的螺母进行检查.	

表 4-4-10　**小虎钳固定板加工工艺步骤**

步骤	工艺方法	工艺步骤图
1. 加工长方体	准备工量具、检查毛坯,划线、锯割、锉削长方体	
2. 划线、打样冲	根据展开长度划线(包含孔中心线和折弯线),打样冲眼.	
3. 钻孔、攻丝	在平口钳上钻孔,在台虎钳上攻丝,孔口倒角 C1.	
4. 弯曲成形	在台虎钳上用长方体垫铁和榔头进行折弯操作,注意装夹方法,一般先弯短边,再弯长边.	
5. 虎钳组装	将前面所作的固定钳身、活动钳身、手柄、螺母、螺杆及固定板再加上螺钉等组装成一台完整的小虎钳.	

【成绩鉴定和信息反馈】

请参照表 2-1-1-10 和表 2-1-1-11.

❋课外作业

1. 编制小虎钳固定板的加工工艺卡片.

2. 简述对称度的加工和测量方法.

3. 弯曲件的展开长度的计算方法有哪些?各用什么公式?零件图 4-4-4 的展开长度为多少?

模块五 技能鉴定训练

项目一　技能鉴定模拟训练

项目简述

本项目选用历年国家中职学校中级钳工职业资格技能鉴定题选,通过模拟实考场景的训练来提高学生技能鉴定的实战能力,提高学生工艺路线编制与综合技能运用的能力,训练良好的实作应试心理素质,为技能鉴定奠定基础,以使学生顺利通过考试.

项目内容

1. 三件拼块镶配的加工工艺.

2. 角度和对称度加工方法.

3. 配合件的检测方法.

项目目标

1. 丰富实战经验,合理分配考试时间.

2. 提高学生工艺路线编制与综合技能运用的能力.

3. 训练良好的实作应试心理素质.

4. 提高学生在规定时间内完成考件制作任务的能力.

任务　三件拼块镶配

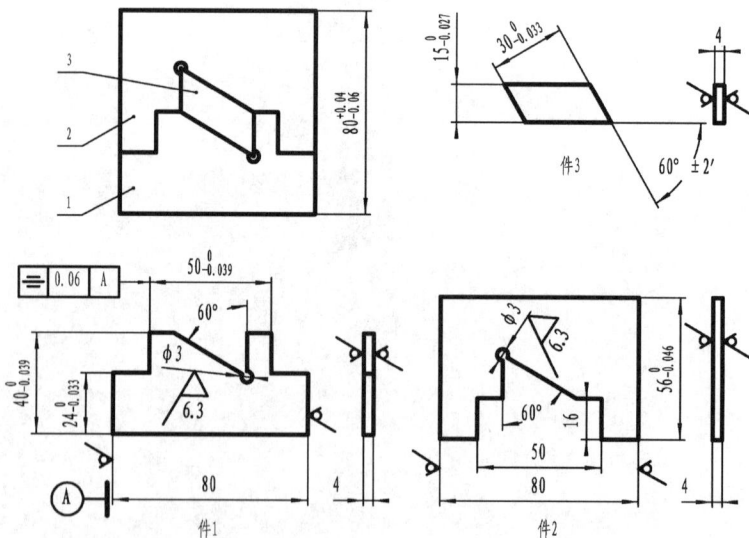

技术要求:1. 未注表面粗糙度为 Ra3.2 μm

2. 件 1 与件 2 两侧位错量≤0.05 mm

3. 件 3 与件 2 和件 1 位错量≤0.05 mm

图 5-1-1　三件镶配图

表 5-1-1 三件拼块镶配评分表

班次		工件号		姓名		总分		
序号	项目与技术要求		配分		评分标准		检测记录	得分
件（1）								
1	$50_{-0.039}^{0}$ mm		5		超差不得分			
2	$40_{-0.039}^{0}$ mm		5		超差不得分			
3	$24_{-0.033}^{0}$ mm		4		超差不得分			
4	Ra3.2 μm（9 处）		0.5×9		不合格不得分			
5	对称度 0.06 mm		3		超差不得分			
件（2）								
6	Ra3.2 μm（9 处）		0.5×9		不合格不得分			
7	$56_{-0.046}^{0}$ mm		5		超差不得分			
件（3）								
8	$30_{-0.033}^{0}$ mm		5		超差不得分			
9	$15_{-0.027}^{0}$ mm		5		超差不得分			
10	$60°±2'$（2 处）		2×2		超差不得分			
11	Ra3.2 μm（4 处）		2		不合格不得分			
配合								
12	$80_{-0.06}^{+0.04}$ mm		5		超差不得分			
13	60°处错位量≤0.05 mm		4		超差不得分			
14	两外侧错位量≤0.05 mm		4		超差不得分			
15	配合间隙≤0.04 mm（10 处）		3×10		超差不得分			
16	安全生产与职业素养		10		现场评定			
工时定额	5h			作业时间				

表 5-1-2 工量具准备清单

序号	名称	规格	数量
1	游标高度划线尺	0～300 mm	1 把/组
2	游标卡尺	0～150 mm	1 把/组
3	刀口直角尺	100 mm×63 mm	1 把/组
4	百分尺	0～25 mm	1 把/组
5	百分尺	25～50 mm	1 把/组
6	百分尺	50～75 mm	1 把/组
7	百分尺	75～100 mm	1 把/组
8	万能角度尺	0°～320°	1 把/组

序号	名称	规格	数量
9	划线平台	500 mm×350 mm	1个/组
10	划针		1支/组
11	划规		1支/组
12	样冲		1支/组
13	榔头	0.5kg	1把/人
14	方箱	200 mm×200 mm ×200 mm	1支/组
15	平锉刀	粗齿300 mm	1把/人
16	平锉刀	中齿150 mm	1把/人
17	方锉刀	中齿200 mm	1把/人
18	三角锉刀	中齿200 mm	1把/人
19	三角锉刀	中齿150 mm	1把/人

任务情景

三件拼块镶配是中级技能水平的钳工配合操作技能的综合训练,制作中要仔细认真,控制好基准尺寸和形位加工精度,试配中要仔细观察分析,做到每加工一步都要心中有数,不盲目加工,测量和工艺步骤也是训练的重点和关键,学生通过练习能丰富加工工艺及操作的经验,提高操作技能.

任务目标

1. 巩固钳工操作技能和训练加工工艺制定的能力.
2. 掌握多件工件拼块镶配的技能.
3. 掌握角度镶配的技能.
4. 在规定的工时定额内完成工件的加工.

技能练习

表 5-1-3　三件拼块镶配加工工艺过程

步骤	工艺方法及工艺步骤图示
1	检查毛坯尺寸,作精修整.(件1、件2、件3)
2	加工件3:先加工尺寸 $15^{0}_{-0.027}$ mm平行面,保证尺寸精度,再加工一角度面 60°,然后加工另一角度面 60°,保证尺寸 $30^{0}_{-0.033}$ mm,各面平面度≤0.02 mm,垂直度≤0.02 mm,平行度≤0.02 mm,表面粗糙度 Ra3.2 μm. 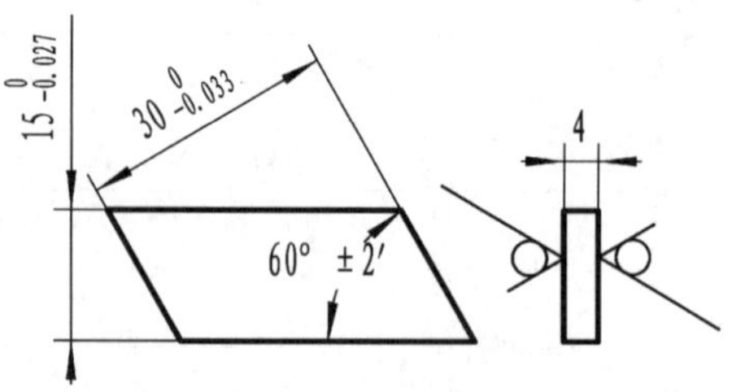

续表

步骤	工艺方法及工艺步骤图示	
3	加工件1：加工件1各尺寸面，达到图纸尺寸要求，保证各面平面度≤0.02 mm，垂直度≤0.02 mm，平行度≤0.02 mm，对称度≤0.06 mm；表面粗糙度 Ra1.6 μm；钻 φ3 消气孔；与件3配作60°角.	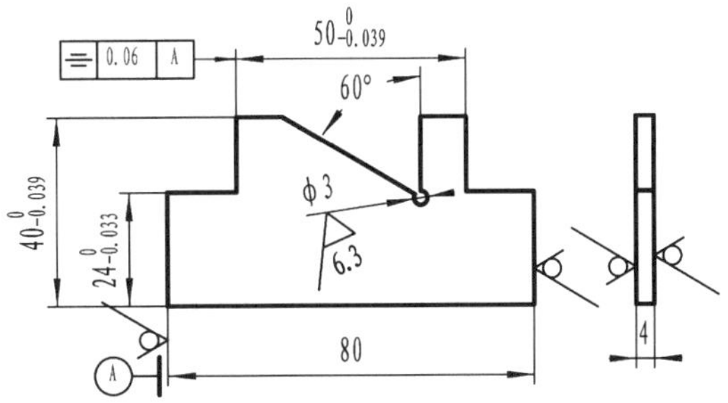
4	加工件2：以件1为母件配作件2各配合面；以件3为母件与件2和件1配作件2角度面60°；各配合面保证间隙单边≤0.04 mm，表面粗糙度 Ra3.2 μm.	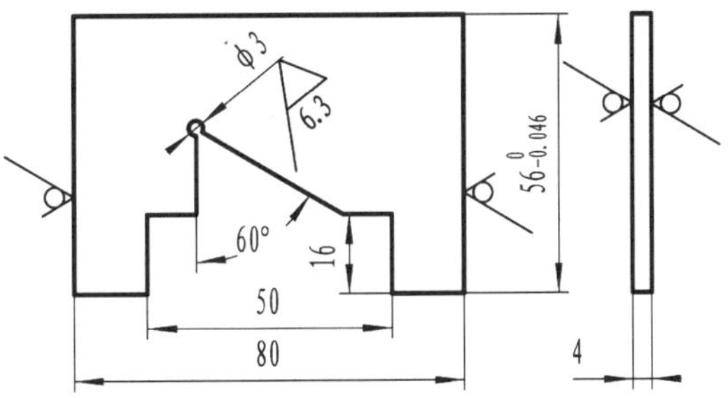
5	按图纸要求配作修整，件1与件2错位量≤0.05 mm；各间隙精修整符合图纸要求，配合长度尺寸精度达到 $80^{+0.04}_{-0.06}$ mm 要求.	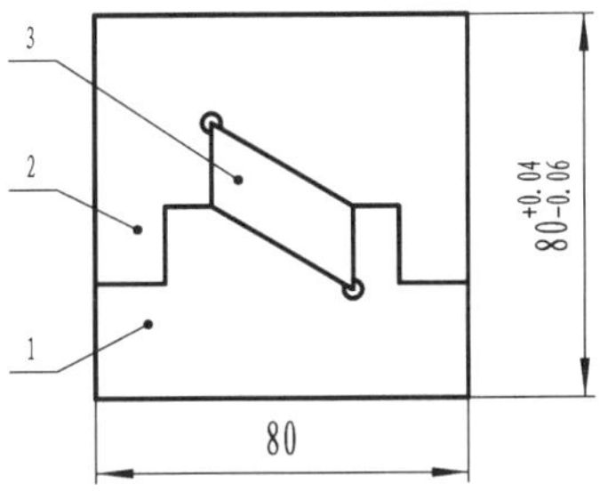

【成绩鉴定和信息反馈】

请参照表2-1-1-10和表2-1-1-11.

❋课外作业

1. 参考前面各项目，编写本项目的加工工艺卡片.

主要参考文献

1. 赵勇,李东明.模具钳工技术.武汉:华中科技大学出版社,2009

2. 万象.钳工工艺学.北京:中国劳动出版社,1996

3. 张文梁.钳工生产实习.第2版.北京:中国劳动出版社,1992

4. 侯文祥,逯萍.钳工基本技能训练.北京:机械工业出版社,2008

5. 温上樵,杨冰.钳工基本技能项目教程.北京:机械工业出版社,2008

6. 赵长祥,官德一,林立等.钳工工艺学.上册.重庆:重庆市劳动局,1998

7. 林立,周超伦,杨中一等.钳工工艺学.成都:西南交通大学出版社,2006

8. 戴刚,饶传锋,胡去翔等.模具钳工.重庆,重庆大学出版社,2007

9. 闻健萍,静恩鹤,田耘等.钳工技能与训练.北京:高等教育出版社,2005

10. 史彦敏,赵春江,孙红雨等.中、高级制图员.北京:化学工业出版社,2007